新型产业空间
高质量建设管理实战

肖时辉 主 编

黄如华 罗启添 唐文彬 李 鹏 李 栋 谢 晋 副主编

中国建筑工业出版社

图书在版编目（CIP）数据

新型产业空间高质量建设管理实战 / 肖时辉主编；黄如华等副主编. -- 北京：中国建筑工业出版社，2024. 12. -- ISBN 978-7-112-30851-4

Ⅰ. TU984.265.3

中国国家版本馆 CIP 数据核字第 20253JJ410 号

责任编辑：刘瑞霞
文字编辑：冯天任
责任校对：李美娜

新型产业空间高质量建设管理实战
肖时辉　主　编
黄如华　罗启添　唐文彬　李　鹏　李　栋　谢　晋　副主编

*

中国建筑工业出版社出版、发行（北京海淀三里河路9号）
各地新华书店、建筑书店经销
国排高科（北京）人工智能科技有限公司制版
建工社（河北）印刷有限公司印刷

*

开本：787 毫米 × 1092 毫米　1/16　印张：17½　字数：434 千字
2024 年 12 月第一版　　2024 年 12 月第一次印刷
定价：**188.00** 元
ISBN 978-7-112-30851-4
（44566）

版权所有　翻印必究
如有内容及印装质量问题，请与本社读者服务中心联系
电话：（010）58337283　　QQ：2885381756
（地址：北京海淀三里河路9号中国建筑工业出版社604室　邮政编码：100037）

新型产业空间高质量建设

关键节点

2022年5月，富山工业城新型产业空间开发前实景

2022年7月28日，富山工业城新型产业空间建设集中开工（签约）仪式暨富山工业城奠基仪式举行

2022年10月31日，富山工业城新型产业空间建设现场塔式起重机林立

2022年11月30日，富山工业城新型产业空间主体建筑全面封顶，较原计划提前30天

2023年1月，富山工业城新型产业空间建成后实景

2024年4月30日，富山工业城新型产业空间建成现状

FOREWORD

前　言

　　新型产业空间，是指适应新形势、赋能新技术、承载新产业，契合创新驱动发展要求的新型载体，通过集中布局建设以及模块化或定制化生产厂房、生活商业配套设施和提供生产性配套服务等方式，满足企业现代化生产和员工高品质生活需求。新型产业空间具有快速承接并赋能中小微科技创新型企业的显著优势，对加速形成具有明显区域竞争优势的集群化供应链和生态链体系具有重大意义。广东是经济大省，也是制造业大省。近年来，随着国家对产业发展政策的倾斜，大型、新型产业园区的建设管理指导需求日益提升。珠海市在"十四五"期间制定了详细的工业发展路线，重点推进"盘根计划全铺开""立柱项目快落地""产业空间大整合"等措施，不断夯实实体经济为本、制造业当家的根基，推动产业高质量发展。

　　正是在这样的背景下，本书依托的富山工业城新型产业空间项目展开了如火如荼的建设，国内外鲜有类似经验可供参照。该项目是珠海坚持"制造业当家"大布局的重要西部"引擎"。项目位于珠江口西岸的深厚软土区，淤泥层高含水率、高压缩性、低强度特性明显，面临作业机械进场、浅层固化、桩基施打、水泥土搅拌桩成桩、后期不均匀沉降控制等诸多难题，项目又极具"急、难、险、重"等鲜明特点，给设计、施工和管理带来了巨大的挑战。项目管理团队在极其艰难的环境下咬紧牙关、埋头苦干，为项目建设披荆斩棘、冲锋陷阵，建设高峰期现场施工人员超 15000 名、管理人员近 1000 名，实现了"5 天一层楼、38 天一栋厂房、95 天完成整区封顶……"的建设速度，最终建成全市连片规模最大、全省单一项目建设总量领先的产业新空间，刷新了珠海产业新空间建设纪录。在半年多的时间内，建成企业投资新型产业空间 183 万平方米，配套空间 17 万平方米；用一年多时间，建成市政道路 15.5 千米。其中，高标准厂房 63 栋，人才公寓 1486 间，饭堂 9 个，并配套商超、运动空间、产服中心、医疗服务中心、餐饮商业中心、快递服务等，为产业工人打造一站式"衣食住行闲"的高品质生活体验配套体系，为富山工业园推动新质生产力加快形成聚势赋能，为产业发展交上了一份满意的答卷。

　　实践是理论的基础，书中列举的大量案例均来自富山工业城新型产业空间建设实践，富有针对性、指导性和实用性。理论反过来又指导实践，本书围绕富山工业城新型产业空间项目，从规划设计引领、管理理念创新、管控措施落地见效等方面展开详细介绍。工程实战过程中，各参建单位管理团队正是依据动态工作复盘以及上升的理论总结，对富山工业城新型产业空间项目进行全过程、全要素、全方位管理，收效显著。理论与实践相辅相成，缺一不可的，不能孤立地强调一个方面。只有把理论与实际相结合，才能使理论发挥应有的作用；只有在理论科学的指导下进行创造性的实践活动，才能取得最佳效果。

  本书由肖时辉总体负责，同时负责确定本书的主题方向，梳理并敲定内容框架，组建编制团队，确定各章节实际案例，校审全书等。第 1 章概述由罗启添、张一恒、黄向平撰写；第 2 章实施策划篇由楚兴华、肖杰文撰写；第 3 章管理组织篇由李鹏、曾康撰写；第 4 章计划管控篇由唐文彬、胡忆华撰写；第 5 章报批报建篇由胡瑞军撰写；第 6 章规划设计管控篇由郭淑怡、王德意、李明高撰写；第 7 章投资控制篇由史红斌撰写；第 8 章进度管控篇由谢晋、王佳和、阳珊撰写；第 9 章质量管控篇由安学良撰写；第 10 章安全管控篇由黄如华、李纯刚、周继光撰写；第 11 章技术创新篇由李栋、李伟鹏、王宏、李陆海、朱泽敏撰写；第 12 章工程验收篇由杜华、刘武林撰写；第 13 章沟通协调篇由王创撰写；第 14 章风险管控篇由李太林撰写；第 15 章产业成效篇由曹雄撰写。

  由于作者水平有限，书中难免存在不足和错误之处，恳请读者、同行专家指正和提出宝贵意见。

肖时辉
2024 年 12 月

CONTENTS

目 录

第 1 章 概 述 / 1

1.1 引言 …………………………………………………………… 2
1.2 项目概况 ……………………………………………………… 4
1.3 投资建设运营思路和原则 …………………………………… 13
1.4 建设管理模式 ………………………………………………… 13
1.5 项目重、难点 ………………………………………………… 14

第 2 章 实施策划篇 / 15

2.1 实施策划的编制依据 ………………………………………… 16
2.2 实施策划的基本原则 ………………………………………… 16
2.3 目标与战略规划 ……………………………………………… 17
2.4 项目组织策划 ………………………………………………… 18
2.5 项目融资策划 ………………………………………………… 19
2.6 项目管理策划 ………………………………………………… 20

第 3 章 管理组织篇 / 31

3.1 管理组织结构设计 …………………………………………… 32
3.2 团队建设与管理 ……………………………………………… 36
3.3 党建引领 ……………………………………………………… 41

第 4 章 计划管控篇 / 43

4.1 总工期目标 …………………………………………………… 44
4.2 计划管控体系 ………………………………………………… 44
4.3 计划执行检查和纠偏 ………………………………………… 58

第 5 章 报批报建篇 / 63

5.1 报批报建内容 …………………………………………… 64
5.2 报批报建的流程 ………………………………………… 64
5.3 报批报建的要点 ………………………………………… 72
5.4 项目快速落地 …………………………………………… 74
5.5 推行区域评估简化审批事项 …………………………… 75
5.6 推行并联审批，提高审批效率 ………………………… 76

第 6 章 规划设计管控篇 / 79

6.1 高质量的园区交通规划建设模式 ……………………… 80
6.2 设计管理基本内容 ……………………………………… 87
6.3 设计全要素管理 ………………………………………… 89
6.4 设计变更与优化管理 …………………………………… 91

第 7 章 投资控制篇 / 95

7.1 投资控制总体目标 ……………………………………… 96
7.2 前期阶段投资控制 ……………………………………… 96
7.3 设计阶段投资控制 ……………………………………… 98
7.4 招标投标阶段投资控制 ………………………………… 100
7.5 施工阶段投资控制 ……………………………………… 102

第 8 章 进度管控篇 / 107

8.1 新形势下的管理体系 …………………………………… 108
8.2 项目快速响应与启动 …………………………………… 111
8.3 新形势下的全专业项目策划 …………………………… 112
8.4 新形势下的计划编制 …………………………………… 113
8.5 新形势下的全穿插施工模型 …………………………… 117
8.6 新形势下的计划管控方式 ……………………………… 118
8.7 创新驱动引领高效建设模式 …………………………… 124

第 9 章 质量管控篇 / 127

9.1 质量目标 ………………………………………………… 128
9.2 质量风险管理 …………………………………………… 128

9.3 质量管理运行体系……………………………………………………………… 129
9.4 质量管理成效…………………………………………………………………… 136

第10章 安全管控篇 / 141

10.1 安全风险辨识评估…………………………………………………………… 142
10.2 安全生产管理体系建立……………………………………………………… 146
10.3 安全生产过程管控措施……………………………………………………… 149
10.4 安全管控总结………………………………………………………………… 156

第11章 技术创新篇 / 175

11.1 标准化设计模式……………………………………………………………… 176
11.2 应对深厚淤泥地质条件的技术创新………………………………………… 179
11.3 浅层固化技术………………………………………………………………… 186
11.4 基于 GNSS 和 InSAR 数据融合的沉降预警技术…………………………… 188

第12章 工程验收篇 / 197

12.1 验收策划……………………………………………………………………… 198
12.2 验收风险识别及应对措施…………………………………………………… 204
12.3 验收实施过程………………………………………………………………… 206
12.4 验收复盘……………………………………………………………………… 218

第13章 沟通协调篇 / 221

13.1 沟通协调的对象……………………………………………………………… 222
13.2 外部沟通协调………………………………………………………………… 222
13.3 内部沟通协调………………………………………………………………… 225
13.4 其他协调解决问题途径……………………………………………………… 232

第14章 风险管控篇 / 233

14.1 技术风险管控………………………………………………………………… 234
14.2 质量风险管控………………………………………………………………… 239
14.3 工期风险管控………………………………………………………………… 241
14.4 资源保障风险管控…………………………………………………………… 242
14.5 安全风险管控………………………………………………………………… 244

第15章　产业成效篇 / 247

15.1　项目实施情况 ………………………………………………………… 248
15.2　产业成效 ……………………………………………………………… 258

参考文献 / 267

第 1 章

概　述

1.1 引言

珠海毗邻港澳，作为我国改革开放的前沿城市、四大经济特区之一及粤港澳大湾区建设核心城市，历经多年发展，已经取得了显著的经济成就。然而，面对全球经济形势的复杂变化与日益激烈的市场竞争，珠海亟须加快产业结构调整，推动新型产业空间建设，以实现经济高质量发展。

新型产业空间是指适应新形势、赋能新技术、承载新产业，契合创新驱动发展要求的新型载体，具备"低租金、高标准、规模化、配套全、运营优"五大特点。简单理解，即"顶装的配置，毛坯的价格"。在全球经济形势与产业转型升级背景下，珠海建设新型产业空间显得尤为急迫且必要。

1.1.1 全球经济形势对地方经济的挑战

（1）经济增速放缓与结构转型压力。随着全球经济增速放缓，传统增长方式难以为继。珠海作为一个以制造业和旅游业为主导的城市，面临着较大的经济结构转型压力。传统制造业在国际竞争中处于劣势，亟须通过新型产业的建设来提升竞争力和抗风险能力。

（2）贸易摩擦与不确定性增多。全球贸易摩擦加剧，对珠海这种依赖出口贸易的城市带来了直接影响。国际市场的不确定性增加，使得珠海的传统产业面临市场萎缩和贸易保护主义壁垒，迫使其寻求新的增长点和市场拓展方式。

（3）科技革命与产业变革的冲击。人工智能、大数据、物联网等新技术迅猛发展，推动了全球产业的深刻变革。珠海若不能及时抓住科技革命带来的机遇，将在未来的全球竞争中处于不利地位。因此，推动新型产业空间建设，以技术创新驱动经济发展，成为迫在眉睫的任务。

1.1.2 产业转型与升级的需求

针对珠海市产业链上下游中小项目进入难、成本高等突出问题，为有效降低中小项目落地成本，推进项目便利化进入，加快改变珠海市产业链不完整、产业集聚不充分的现状，按照"产城融合"现代产业发展模式，迅速打造一批价格低廉、集中高效、生活便利、"拎包入住"的高质量产业发展新空间，加快现代产业链构建和产业生态形成。主要形成以下内容：

（1）传统产业的升级改造。珠海的传统产业，如家电制造、电子信息等，需要借助新技术实现自动化、智能化升级。建设新型产业空间，可为这些传统产业提供智能制造平台和高端技术支持，实现产业链的高效整合与优化。

（2）新兴产业的培育与发展。珠海具有良好的区位优势和政策环境，非常适合发展新兴产业，如高端制造、新一代信息技术、新能源、新材料等。通过建设新型产业空间，珠海可以引进和培育更多的高新技术企业，形成产业集群效应，推动产业结构的优化升级。

（3）人才引进与科技创新。新型产业的发展离不开人才和科技创新。通过建设新型产业空间，珠海可以吸引国内外高端人才，促进产学研结合，打造创新生态系统，提高自主创新能力，支撑经济高质量发展。

（4）构建现代产业体系。珠海应结合自身优势，制定现代产业体系建设规划，重点发展高端制造、新能源、新材料、信息技术等战略性新兴产业；同时，推动传统产业的智能化、绿色化改造，提升自身在全球价值链中的地位。

（5）推动产业集群发展。新型产业空间的建设应注重产业集聚效应和集群发展，通过规划产业园区、科技园区等载体，形成产业链上下游紧密合作的产业集群，提高资源配置效率和协同创新能力。

（6）完善基础设施与配套服务。高标准规划和建设新型产业空间的基础设施，包括先进的物流、通信、能源等系统。同时，完善生活配套设施，为企业和人才提供良好的工作和生活环境，吸引更多优质企业和高端人才入驻。

（7）加强政策支持与资金投入。政府加大对新型产业空间建设的政策支持和资金投入，设立专项基金，提供税收优惠、融资支持等政策措施，鼓励企业加大研发投入，推动科技成果转化和产业化。

（8）促进产学研合作与技术创新。充分利用高校、科研院所和企业的资源，建立产学研合作平台，促进技术创新和成果转化。通过建设孵化器、加速器等创新载体，为初创企业和科技型中小企业提供全链条服务，助力其快速成长。

1.1.3　新型产业空间建设目标任务

斗门区以新能源、装备制造、新一代电子信息、集成电路、智能制造等为重点，新开工建设300万平方米产城融合新空间，改扩建老旧低效厂房200万平方米。2022年初，富山工业园被确定为斗门区的新型产业空间的主要承接区域，重点布局高端PCB（印刷电路板）、高端消费电子、5G通信、智能终端等主导产业，由大横琴集团进行富山工业城的产业策划及空间规划、高标准厂房建设工作。到2023年底，大横琴集团建成200万平方米的工业厂房及其配套设施，按照"低租金、高标准、规模化、配套全、运营优"的要求打造新型产业空间。

同时，新型产业空间还启动打造了"富山工业城大横琴蓝领宿舍项目"，打造一处员工舒心、企业安心的生产生活空间，打造完善便利的生活、商业配套设施和生产性服务配套体系，建设多样化员工宿舍。充足规划，灵活配置夫妻房、单人宿舍、双人宿舍、四人宿舍等员工宿舍，改善员工的住宿条件。

1.1.4　新型产业空间建设的预期

（1）提升经济竞争力与可持续发展能力。通过建设新型产业空间，珠海将吸引更多高新技术企业和高端人才，形成新兴产业集群，提高产业链的综合竞争力，增强经济抗风险能力和可持续发展能力。

（2）推动经济结构优化与产业升级。新型产业空间的建设将加速产业转型升级，优化经济结构，提高新兴产业对经济增长的贡献率，推动珠海从传统制造业和低端服务业向高端制造业和现代服务业的转变。

（3）促进就业与人才汇聚。新型产业的发展将创造大量高质量就业岗位，吸引各类专业人才汇聚珠海。通过建设宜居宜业的创新生态系统，提高城市吸引力和竞争力。

（4）实现区域协同发展与产业共赢。珠海新型产业空间的建设不仅将带动本地经济发展，还将与粤港澳大湾区其他城市形成产业协同效应，实现区域经济的共赢发展。

综上所述，全球经济形势和产业转型升级的背景下，珠海建设新型产业空间具备一定的急迫性和必要性。通过实施一系列科学务实的策略和措施，珠海可以在产业结构优化、经济竞争力提升、创新能力增强以及区域协同发展等方面取得重大突破，为实现高质量发展和长远繁荣奠定坚实基础。

本书主要以斗门区的新型产业空间的主要承接区域——富山工业园的二围片区，即"富山工业城"项目为研究对象；围绕富山工业城新型产业空间项目，从规划设计引领、管理理念创新、管控措施落地见效等方面详细介绍工程实战成功经验。

1.2 项目概况

1.2.1 富山工业城基本情况

1. 地理位置

700多年前，"前临雾海、后枕乾峰"的乾务镇开始谱写它欣欣向荣的历史；700多年后，依偎着乾务镇的富山产业新城也蓬勃发展起来。抬头见喜、人杰地灵、资源丰富的富山产业新城地处珠海最西部，东枕黄杨山、锅盖栋与西部主城区相连，西隔崖门水道与江门相望，南邻平沙游艇与休闲旅游区，北至御温泉与莲洲生态保育区接壤。

2. 用地情况

土地乃财富之母。如图1-1所示，珠海市富山工业城位于富山产业新城内，规划范围总面积152.53平方千米，其中陆域面积103.39平方千米，扣除山体面积15.61平方千米和河流等水域3.89平方千米，剩下的理论可开发用地达83.89平方千米，其中又包含城市规划中的农林用地14.84平方千米和坑塘沟渠0.21平方千米，园区总建设用地为68.84平方千米。目前已开发用地22.98平方千米，剩余可开发用地45.86平方千米，其中同时符合城市规划和土地规划的用地为10.95平方千米，有国土建设用地指标覆盖的仅为7.4平方千米，园区内具备立即建设条件的用地仅为1.45平方千米，少且分散，尚无法集中连片开发。

3. 行政区划

富山产业新城由12个村居、1个社区及临港片区组成，包括：南门村、大濠涌村、小濠涌村、八甲村、网山村、夏村、马山村、新村、三里村、南山村、荔山村、虎山村、沙龙社区及临港片区。

4. 人口概况

根据对现状村居及社区人口的调研统计资料，截至2017年底，富山产业新城现状总人口为79283人。其中，户籍人口43798人，流动人口35485人。户籍人口主要由社区（村居）的户籍人口组成，流动人口多为工业园区内务工人员。其中，流动人口大部分集中居住在南门村、虎山村、荔山村等村庄内，另有部分则居住在厂区宿舍。现状人口及分布情况详见表1-1。

图 1-1　富山工业城选址范围示意图

从人口分布来看，村庄人口分布相对均衡，其中马山村、荔山村和虎山村、南门村人口较多。从人口结构来看，各村及社区的流动人口比例较大，现状片区内户籍人口占总人口的 55%，流动人口占总人口的 45%，接近一半的人口为外来流动人口。

富山产业新城现状人口及分布情况一览表　　　　表 1-1

村名	户籍人口/人	流动人口/人	总人口/人
南门村	5600	5500	11100
大濠涌村	3240	400	3640
小濠涌村	7100	1800	8900
八甲村	未涉及村居建成区，未统计人口情况		
夏村	980	3000	3980
网山村	1650	3000	4650
新村	2000	300	2300
三里村	1605	375	1980
马山村	7640	5600	13240
南山村	2100	310	2410
荔山村	5300	7000	12300
虎山村	5320	7000	12320
沙龙社区	1263	1200	2463
临港片区	—	—	—
合计	43798	35485	79283

1.2.2　富山工业城总体规划

富山工业园整合原富山工业区、龙山工业区、三村工业区等镇属工业区，于2009年3月挂牌成立。园区规划总面积152.53平方千米，其中，陆域面积105.17平方千米。在2020年土地利用规划中，建设用地规模45.66平方千米，是珠海市土地资源较丰富、企业资源承载力较强、产业发展空间较大的园区之一。

根据珠海市委市政府部署，富山发展目标为"珠海市实体经济和工业发展重大平台"。斗门区第五次党代会提出"打造高端制造业集聚区"和"建设4.0版现代园区"，确定了富山工业城"千亿级电子信息高端产业集群和先进装备制造基地"的发展定位。新一轮国土空间规划明确"将富山工业城建设成为珠海实体经济发展的重大平台、大湾区千亿级电子信息产业集群、珠江西岸产业提质增效的新引擎、现代化产业生态新城"。

结合富山工业城的地理位置、土地资源、旅游资源和交通条件等自身禀赋，充分考虑生态环境保护要求，根据《珠海市城市总体规划（2001—2020年）》的思路和目标，将构建"一核、三心、三轴、九组团"的空间结构布局，具体如图1-2所示。

1. 一核

富山工业城（新城中心）：位于磨刀门水道东侧、虎山大涌南侧、雷蛛大道西侧。按照《珠海市城市总体规划（2001—2020年）（2015年修订）》布局，在平沙新城与富山工业城之间，规划形成富山工业城市级中心，重点发展服务全市的大型金融、办公、商业及综合服务设施，同时积极发展辐射珠江口西岸甚至更大区域范围的高标准的商务会展、文化娱乐及旅游休闲等设施。

2. 三心

包括斗门镇新镇中心、起步区新镇中心及富山南新镇中心。

斗门镇新镇中心位于黄杨大道北侧，斗门大道两侧。结合现状的斗门镇中心，规划形成包括行政办公、商业服务、教育、文化、体育、医疗等功能，辐射斗门镇区、龙山家电组团、南门村、大小濠冲村的新镇中心。

起步区新镇中心位于新城大道东侧、高标准基本农田南侧、五山大道西侧、沙龙涌以北，富山四路两侧。结合规划期末起步区的发展有利条件，规划形成一个具备完整的现代城市功能的新镇中心。

富山南新镇中心位于先峰大道与工业大道交叉口周边地区，远景作为珠峰大道以南地区的新镇中心。新镇中心包括行政办公、商业服务、商务办公、星级酒店、休闲娱乐、教育、医疗、文化、体育等功能。

3. 三轴

即雷蛛大道产业发展轴、新城大道生活发展轴、珠峰大道交通发展轴。

雷蛛大道产业发展轴：作为富山产业新城产业发展主轴，是贯穿斗门镇、富山产业新城、平沙新城、南水镇的最重要联系轴，将富山产业新城与周边地区串联起来，成为富山产业新城沿崖门水道的最重要城市产业发展主轴。

新城大道生活发展轴：串联区内各主要生活功能组团的重要城市发展轴线。

珠峰大道交通发展轴：区内连接西部中心城区的重要交通轴线，远景连接江门、湛江等粤西地区。

4. 九组团

包括六个产业发展组团和三个生活配套组团。

六个产业发展组团：龙山家电组团、雷蛛北装备制造组团、雷蛛装备制造组团、富山装备制造组团、富山信息技术组团、富山南新型产业组团。

三个生活配套组团：南门、大小濠冲居住配套组团，包括三村居住区、马山村居住区和荔山村居住区的富山中部配套组团，包括富山南居住区和虎山村居住区的富山产业新城配套组团。

图 1-2　富山工业城规划结构图

1.2.3　富山工业城定位谋划

1. 从"制造工厂"到"工业新城"

珠海明确提出"制造业当家"的战略目标，实体经济做优、做大、做强成为核心要义。富山工业城是斗门区乃至珠海唯一尚待开发的大规模产业空间，是"工业倍增、制造业当家"新主场。富山工业城可以借鉴国内具备相似区位背景（城市近边的非核心区域）、相似资源环境（大型滨水山体生态资源）以及相似功能定位（创新人才工作与居住的融合新城）的案例，如苏州新加坡工业园、上海临港新城·滴水湖片区以及宁波的滨海新城·杭州湾新区等。

其中，苏州新加坡工业园城区依靠"功能升级＋片区协同＋生态共享"的理念，其核心发展特色是不同功能区并存的夹层结构园区，功能区包括信息技术园、出口加工区、国际科技园、独栋湖高等教育区和现代物流中心。1994年以来，苏州工业园也经历了工业园区—产住同城—综合新城—新城CBD几个发展阶段，相应的产业从加工、装配的低成本为主，成长为电子信息、机械制造和生物医药、人工智能等新兴产业，实现了产业生态集群到"创新+服务导向"的转型发展。其中可以借鉴的是提供资源共享的一站式生产生活服务配套设施，包括"绿而优"的产业服务设施，如定制办公及产业服务平台配套、公共研发平台、公共检测服务、技术培训等设施；也包括"小而美"的一站式便利中心，这些是统一进行建造，配套活动场地及生活所需的公共服务设施，包括蓝领公寓、商业、医疗等配套设施。

上海临港新城·滴水湖片区是一个创新人才的集聚高地和产城融合的活力新城，其中的居住生活配套建筑量基本满足85%的员工的居住生活，配套了集中的服务设施来吸引产业人才入驻；包括人才生活配套（蓝领工人公租房、限价商品房）、教育和医疗配套（幼儿园、小学、中学、医院等）以及商业服务配套（购物中心及精品酒店等）。

宁波的滨海新城·杭州湾新区形成了生活、产业、生态三类功能单元，作为前湾新区高质量发展的细胞单元，滨海的创新发展核是为打造宜居前湾的典范，满足国内外创新创业人才就地安居的需求，南部产城服务核是增加混合度、开放度、强化对区域人才的集聚能力，东部先进制造区和西部新兴产业区是增加人才住房供应、多途径提供多样化住宅产品，吸引科技创新人才安居落户。

从目前优秀的产业新城强势突围的发展经验来看，主要有三点：其一是适配的产业体系，需要有明确的产业体系和精准的产业落位；其二是齐全的服务配套，包含产业配套服务，如金融服务、会议中心和培训基地等，日常生活服务，要提供满足各大人群基本生活需求的空间，如公寓、食堂、图书馆、培训中心等；其三是优良的园区环境，要有蓝绿融合和生态活力的景观空间。

2. 向创新模式3.0转变

大横琴集团深度参与富山工业城开发建设，打造大湾区的创新工业城，形成产业与服务共享之地，配套与活力聚集之地，城市与生态融合之地。由于开发时序和现状可利用建设用地的考虑，选取了富山的二围片区（约10平方千米）进行富山工业城的开发建设。

为精准化推进产业新城发展，大横琴集团前期走访了大量企业，拜访了众多产业专家，例如涉及新能源（锂电）的欣旺达电子，集成电路的紫光展锐、三安光电、台积电等公司，智能制造的汇川机器人和智能硬件的大华技术、千方科技等企业。顺应规划及趋势，建议在富山工业城形成三大主导产业及配套服务体系：其一是联动横琴形成以芯片制造、半导体材料和设备为主的集成电路半导体产业；其二是构建消费电池、动力电池、储能电池等的新能源板块；其三是培育可穿戴设备、智能车载电子、智能机器人的智能硬件赛道。针对三大产业，形成对应的标准厂房，按照不同体量厂房分别布局，如小型厂房靠近生活区及生态布局，中等厂房靠近干道居中布局，大型厂房因抗震要求远离城市干道布局。

另外，要形成以投促产、基建领先、服务创新的整体竞争力体系，扭转过去以成本洼地为主的吸附力模式，由此满足富山的企业、人才的各种需求，构建高品质产业新城。针对不同企业类型，提供三级化产业服务体系，助力产业发展。一级产业配套位于产业板块的核心簇拥位置，辐射整个富山产业空间全域，规模约70公顷，主要提供金融资本服务、人才培训服务和公共技术服务配套等功能；二级产业配套位于各主题产业组团内的生活与生产功能交会位置，占地约15～20公顷，提供人才创新互动街区和产业共享中心功能；三级产业配套位于产业组团内部，集咨询服务、休闲活动、生活交流等功能，满足职工生活休闲多样的需求，营造多元活力共享的休闲交往空间，提升产业组团内员工生活工作品质。同步完善教育、居住、休闲等配套需求，以精致贴心配套服务留住人才。对外进一步完善交通体系和水网蓝绿体系，进一步优化交通和形象界面。

根据相关规划，富山工业城片区市政道路建设完成后，将形成"三横一纵"4条交通性主干道（图1-3）。"三横"是马山北路、欣港路、富山大道；"一纵"是雷蛛大道；将建成多条城市次干道，包括滨港路、临港路、中心西路、富港路、滨山路等。地块对外交通设施已配备完善：陆运方面，两公里范围内建有铁路及高速路，铁路为广珠铁路，其中货运斗门站距离地块约一公里；高速路为高栏港高速，通过高栏港高速与其他高、快速路衔接（鹤港高速、黄茅海通道、香海大桥西延线、珠峰大道、西部沿海高速等）。水运方面，已规划设计通行5000吨级的西江航道从富山新城内的崖门水道通过，西江航道南接国际航线、北至肇庆和广西的梧州，是珠江西岸城市间重要的水路航道。空运方面，地块可由高栏港高速行至珠峰大道，由珠峰大道转至珠海机场高速，车程约45分钟。

图1-3　富山工业城对外交通规划图

1.2.4 富山工业城用地情况

富山工业城位于珠海市富山工业园二围片区，东临高栏港高速、北接江湾涌、西至崖门水道、南侧包含火烧茅顶山体至规划的富山大道，陆域用地总面积约 10 平方千米（图 1-4），其中规划主要修改范围约 2 平方千米（3000 亩），核心的产业配套区域面积约 1 平方千米（1600 亩）。新型产业空间实施前，规划范围内以自然水塘、园地、山体为主，已建成区总用地规模约 39.89 公顷（598 亩），主要以交通设施、公用设施为主，分布着广珠铁路斗门站、水质净化厂、110 千伏变电站等。

图 1-4　富山工业城分区示意图

1.2.5 富山工业城规划过程

为打造该新型产业空间，开展了一系列前期工作：

（1）开展产城发展研究。开展了《珠海市富山工业园雷蛛片区（一围＋二围）产城发展综合研究》，摸查富山一围投产及在建企业具体人口构成、富山二围产业结构及人口构成预测等情况，从而为产业工人提供科学的配套服务。根据研究结果，雷蛛片区 PCB 产业的就业岗位密度平均约为 400 人/公顷；企业带眷员工比例约为 20%，希望子女可在片区内享受教育服务设施的比例约为 19%；员工对园区内公共服务和商业设施的诉求主要为社区公园、运动场、银行、诊所、室内运动场、电影院、商场、超市、菜场等。根据研究结果，富山工业城将以集成电路生产（新型元器件）、智能装备制造与组装（高端数控机床、工业机器人、船舶起重运输设备）以及物流集散服务为主导的新一代电子信息产业集群，同时将是珠海环境优美、配套完善的产业新城示范区，未来将容纳 9.5 万名产业工人入住，包括富山二围片区8万就业人口及解决富山一围片区1.5万人居住缺口。

（2）进行控规修改。在上述"产城发展研究"的基础上，开展了《珠海市富山工业园C304b02管理单元（二围东片区）控制性详细规划修改及城市设计》，为产业和配套设施落地提供法定依据，同时为城市风貌管控提供科学指引。控制性详细规划修改按"富山创智谷+品富社区"对富山工业城进行打造，未来将作为高品质的示范工人社区和绿色、人本、共享、美丽的工人家园，形成富山未来重要的形象展示窗口。以规划的欣港路为界，北侧布局集中的工人宿舍区；南侧打造火烧茅顶山体公园，围绕山体公园布局产业研发、产业教育、产业综合服务等功能，形成包山面水、板块清晰的布局方案。

按照设计，北侧的"品富社区"板块用地范围为约1200亩，包括蓝领宿舍、学校、商业配套及道路绿地，形成南北滨水景观休闲轴和东西生活服务轴为主导功能的"T形轴线"，按5分钟社区生活圈相对均衡布局。其中，蓝领宿舍区净用地为705亩，学校用地51亩，商服用地41亩，道路公园及其他用地404亩。生活服务轴上沿线布置邻里中心、沿街商业、公共交通设施，结合未来的居住人口和家庭规模测算，预留了1处幼儿园和1所小学。同时，在广珠铁路东侧集合基本农田和耕地布置，新增约67亩发展备用地，未来可作为新兴产业用地进行布局。南侧的"富山创智谷"板块用地范围为405亩，包括了产业服务、研发及商业服务设施用地，并充分利用火烧茅顶沿山空间进行打造。其中，新型产业及商业混合用地约202亩、商业用地约24亩、道路绿化约179亩，未来作为产业研发、会议和职业教育的创智技术输出区域。

（3）积极争取政策支持。与珠海市自然资源部门政策沟通，争取市局支持建设用地规模、指标及稳定利用耕地调整相关工作。根据开发时序，确定分期开发建设范围如图1-5所示，其中需要争取指标的是富山二围东北一期358亩。

图1-5 富山工业城分期开发范围示意图

（4）推动厂房建设工作。为进一步落实《珠海市产业空间拓展行动方案》，在富山二围片区工业区内，结合集成电路半导体、新能源（电池）、智能硬件三类主导产业方向进行专用及通用厂房建设。匹配不同规模、不同类型的企业生产需求，对工业地块尺度、厂房设计要求、建设选址安排、规模需求、工程与分期建设计划等内容进行研究和梳理，为园区的企业招商、土地开发建设等提早做好谋划（图1-6）。

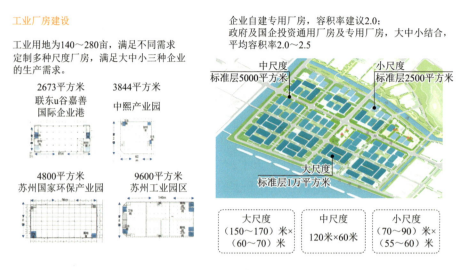

图1-6　富山工业城厂房建设研究布局示意图

1.2.6　富山工业城开发计划

1. 第一年

基础设施建设方面，富山二围北片区"三通一平"、主要市政道路建设基本完成；富山二围南片区土地及建设指标落位，富山二围东北片区一期2022年9月前完成土地征收及收储，土地及建设指标落位，填土工作全面开展。

产城融合建设方面，富山二围北片区正式启动厂房建设合计130万平方米，其中政府专项债投资建设30万平方米通用厂房，国企投资建设100万平方米专用厂房。国企投资蓝领宿舍1万套（50万平方米）及生活配套设施一期1万平方米建设正式启动。

国企投资厂房项目占地759亩，国企投资蓝领宿舍及生活配套设施占地218亩，政府投资厂房项目占地225亩。

2. 第二年

基础设施建设方面，富山工业城二围南片区北部、二围东北片区一期填土工作基本完成，富山二围南片区南部、二围东片区填土工作快速推进。富山二围北片区市政道路、河涌整治、市政配套设施建设完成；富山二围东北片区完成土地征收及收储，土地及建设指标落位，填土工作全面开展。

"产城融合"建设方面，富山二围北片区完成厂房建设合计200万平方米，其中政府专项债投资建设10万平方米，国企投资建设150万平方米，社会企业投资建设40万平方米。国企投资蓝领宿舍二期1.5万套及生活配套一期5万平方米封顶，并启动二期建设。

国企投资厂房项目占地1125亩，国企投资蓝领宿舍及生活配套设施项目占地342亩，政府投资厂房项目占地75亩，社会企业投资厂房项目占地300亩。

3. 第三年

基础设施建设方面，富山二围南片区全面启动城市开发建设，加快推进富山二围北片区、二围东片区城市配套建设、环境整治提升工作，片区产业配套、生活配套日臻完善，产城融合局面初步成型。

产城融合建设方面，富山二围北片区完成厂房建设合计 20 万平方米，其中社会企业投资建设 20 万平方米。国企投资蓝领宿舍 1 万套及生活配套二期 10 万平方米正式封顶。

社会投资厂房占地面积 150 亩，国企投资蓝领宿舍及生活配套设施项目占地 257 亩。

1.3 投资建设运营思路和原则

（1）合理控制建设成本。充分发挥"有效市场 + 有为政府"作用，坚持"保本、微利"原则，支持"土地划拨、政府与国企合作"和"国企招拍挂拿地建设"两种模式，以政府专项债券、财政奖励等方式降低建设成本；开展项目事前绩效评估，有效降低工程造价，确保新型产业空间的低成本建设。原则上，珠海市东部片区（珠海大桥以东）新型产业空间产业用房租金平均不超过 20 元/(月·米^2)，珠海市西部片区（珠海大桥以西）新型产业空间产业用房租金平均不超过 15 元/(月·米^2)。

（2）坚持高标准建设。以《珠海市工业厂房建设标准指引》为基础，满足企业生产的布局、荷载、层高、物流、强弱电、给水排水等指标要求，支持模块化或定制化厂房建设，为企业提供能用、好用、管用的生产空间。

（3）坚持规模化建设。新型产业空间要连片规模规划建设，珠海市西部片区在合理预留大项目连片"熟地"的基础上，单个新型产业空间项目用地面积不少于 5 万平方米，保障公共配套服务体系的建设空间，推动中小企业成链条、抱团式落户新型产业空间，加快完善优化产业生态。零星工业地块原则上优先用于中型以上优质产业项目。

（4）坚持生产与生活需求并重。新型产业空间要打造完善便利的生活、商业配套设施和生产性服务配套体系。生活、商业设施要满足员工吃、住、娱乐休闲及商务交流等需求；生产性服务配套体系要有针对性地提供供应链、营销、仓储物流、公共服务及其他专业性生产配套服务，打造既有高标准"硬设施"，又有高水平"软服务"的新型产业空间。

（5）坚持建设与招商同步。按照"谁建设、谁招商、谁运营、谁服务"的原则，授权新型产业空间运营国企按"即谈、即签、即落"模式直接决策，加快项目落地入驻效率。国企组建专业化的招商团队，遵循"边招商、边定制、边建设"基本思路，实现新空间建设与招商同步。国企落实"运营优"工作要求，承担综合运营商角色，提供便捷、高效、全面的综合性专业服务，持续提升新型产业空间运营管理水平。

1.4 建设管理模式

（1）政府投资模式。本项目园区配套道路工程等基础设施建设采用政府直接投资建设模式。

（2）国企代建模式。对于产业空间载体、标准化厂房、配套服务设施采用代建式的模式进行建设。其投资包含政府投资和国有企业共同投资，国有企业投资占80%，该部分厂房及配套设施共约200万平方米。

（3）社会企业投资模式。不同的企业都有自己的特色，20%的厂房由企业自己投资建设。

1.5 项目重、难点

（1）工业厂房建设高度标准化。富山工业城新型产业空间要引进不同的大中小型企业，形成几百家集成电路、新能源、智能家居等企业组成的产业集群；并通过调研企业需求，形成不同的产业组团，根据其规模、能耗、厂房需求可部分或全部选择标准厂房；标准厂房要满足大部分中小型企业和大型企业的部分厂房的需求。

（2）场地软土地质条件的应对。富山二围片区由吹填形成陆地，场区内较厚的流塑状淤泥层具有高压缩性和触变性，其极差的性能参数指标对软土地基处理、管网施工和路基开挖等造成极大的施工难度。

（3）多项目交叉并行施工。不同于常规开发模式，富山工业城新型产业空间土地一、二级同步开发，项目工期紧，多个项目同时建设，多方位联动，项目之间相互影响大，特别是市政配套设施和厂房施工同时进行，相互影响大。

（4）项目工程量大，施工强度大，地块外围与东部连接通道被河流断开，仅有一条桥梁通道，无法满足施工期间对外交通的要求。

第 2 章

实施策划篇

2.1 实施策划的编制依据

项目实施策划是实现项目建设目标的根本保障，是实现项目精细化管理、高质量建设的必要前提。富山工业城新型产业空间实施策划以政府产业布局及片区总体规划、项目建议书、批复的可行性研究报告、工程规划批复文件、企业发展战略和经营目标等为编制依据，具体包括：

（1）《广东省人民政府关于优化国土空间布局推动形成若干大型产业集聚区的实施意见》（粤府〔2021〕86号）。

（2）《广东省国土资源厅关于进一步规范土地出让管理工作的通知》（粤国土资规字〔2017〕2号）。

（3）《珠海市人民政府办公室关于印发〈珠海市产业空间拓展行动方案〉的通知》（珠府办〔2022〕60号）。

（4）《珠海市工业和信息化局关于印发〈珠海市产业新空间建设运营工作意见〉的通知》（珠工信〔2022〕112号）。

（5）富山工业城大横琴电子新型产业空间项目投资运营奖补协议。

（6）珠海市富山工业园C304b编制单元（二围片）控制性详细规划（2018年新编）。

（7）富山工业城-电子装备制造项目勘察报告。

（8）珠海市富山工业园厂房项目政府立项批文及方案设计审核意见书。

（9）《珠海市富山工业园二围北片区园区配套道路工程项目建议书的批复》（珠富经发函〔2022〕3号）。

（10）《关于珠海市富山工业园二围北片区园区配套道路工程可行性研究报告的批复》（珠富经发函〔2022〕4号）。

（11）《珠海市富山工业园二围北片区园区配套道路工程规划许可批复》。

（12）《关于珠海市富山工业园二围北片区区配套道路工程初步设计的批复》（珠富建函〔2022〕19号）。

（13）《关于珠海市富山工业园二围北片区园区配套道路工程概算的批复》（珠富经发函〔2022〕5号）。

2.2 实施策划的基本原则

（1）整体规划原则。项目实施策划须紧紧围绕政府工作部署及产业规划布局，结合片区建设总体规划等内容，将其作为项目实施策划编制的指导思想和上位依据，以提供明确的项目总体定位和具体定位。

（2）客观现实原则。项目实施策划需要编制人员对所涉及的项目现状、周边环境、外部条件等各类资源进行整理和分类，以明确其对项目实施的影响程度。

（3）切实可行原则。项目实施策划经实施后，为达到并符合项目的预期目标和效果，需要策划人员在编制阶段对可行性进一步充分论证和分析。不论是方案比选，还是经济技术分析等，均需要在梳理清楚边界条件的前提下，从多方案中论证比选最佳方案，以确保能够达到建设目标。

（4）讲求时效原则。信息的价值可能会随时间而改变，在任何环境下都应该意识到时效性原则的存在，并学会利用这一原则来指导决策和行动。项目实施策划作为项目各项工作开展的纲领性和指导性文件，需要在项目建设初期编制完成，在确保项目开始启动建设的同时，也有助于项目管理者掌握主动权，减少决策失误或损失，并具有提前预测风险、制定应对策略、防患于未然的作用。

（5）灵活机动原则。项目实施策划编制完成后，在实施过程中随着建设周期的延续，各项边界条件均存在改变的情况，需要策划人员在编制阶段提前考虑动态调整机制，实施过程中通过调整纠偏的方式及时对项目实施策划进行调整，以确保总体策划的顺利运行。

（6）利益主导原则。项目实施策划在运行过程中，必须实施全方位、全过程管理与控制，切实抓好项目前期管理、运行管理与控制及竣工收尾管理，对项目建设收入、成本、利润、债权、债务等进行集中核算管理，对资金收支进行管理与控制，最终实现项目利益最大化的目标。

2.3 目标与战略规划

随着企业竞争的日益激烈，项目管理已成为现代企业最为流行的管理方法之一。在项目管理的实施过程中，项目目标和战略规划是非常重要的一步。项目目标是指以战略为基础，通过将企业的使命和愿景细分为具体的、可操作的、可实现的目标，确定企业未来的发展方向和规划标准。战略规划是指以企业的长期发展目标为依据，对企业的资源进行分配和整合，以实现企业的使命和愿景的方式。两者都强调了企业的使命和愿景，并提供了一种全面、长远的发展思路。项目目标侧重于目标详细制定和实施方案，战略规划侧重于资源整合和威胁应对。项目目标和战略规划之间是不可分割的关系。目标规划是战略规划的落地实施，是企业战略规划的具体体现。战略规划是目标规划的前提，是企业规划的基础。

大横琴集团与斗门区政府深度合作，全面参与富山工业城新型产业空间建设，旨在打造全省知名的新兴科技城、产业城、工业城，服务珠海市现代化产业体系建设，加快发展新质生产力，重点深化"研发在横琴、生产在珠海"产业发展新模式，构建斗门富山"新质生产力"产业园，打造成为粤港澳大湾区"制造业当家"的示范园区。如图 2-1 所示，富山二围北片区占地面积 3800 亩，是富山工业城新型产业空间的高标准厂房集中建设区，也是主要的生产区域；二围东片区主要为生活配套的生活社区，包含公寓、商业配套等；二围南片区主要为发展预留用地，规划有物流仓储中心等功能。

富山二围北片区（图 2-2）作为新型产业空间的高标准厂房集中建设区，主要包括富山工业城二围北片区厂房（一期）工程、富山工业城高标准厂房一期工程和富山工业园二围北片区园区配套道路工程等项目，基本处于同步建设、同步开发状态。其中富山工业城二围北片区厂房（一期）项目总占地面积约 100 万平方米，总计容面积约 200 万平方米，总投资 78.26 亿元。项目分为 10 个区，共计 83 栋建筑单体，包括 63 栋厂房（总计容面积约 186 万平方米），20 栋配套建筑物。富山工业城高标准厂房一期工程用地面积约 40616 平方米，总建筑面积 132061 平方米。珠海市富山工业园二围北片区园区配套道路工程作为斗门富山工业城新型产业空间的配套基础设施，道路总长 15.546 千米，其中主干路 4 条，次干路 6 条，支路 3 条。

图 2-1　富山工业城新型产业空间总体规划示意图

图 2-2　富山工业城新型产业空间平面示意图

工程项目实施策划是指为使构思策划成为现实可能性和可操作性，而提出的带有策略性和指导性的设想，一般包括项目组织策划、项目融资策划和项目管理策划三种。

2.4　项目组织策划

项目组织策划是指由某一特定的个人或群体按照一定的工作规则，组织各类相关人员，为实现某一项目目标而进行的，体现一定功利性、社会性、创造性、时效性的活动。主要包括组织结构策划、任务分工策划、管理职能分工策划、工作流程策划等内容。

项目的具体实施根据国家规定，对大中型工程项目实行项目法人责任制。按照现代企业制度的要求设置组织结构，即按照现代企业组织模式组建管理机构和进行人事安排。这既是项目总体构思策划的内容，也是对项目实施过程产生重要影响的实施策划内容。为实现项目的投资目标、进度目标、质量目标，紧密围绕项目成立项目管理机构，如图 2-3 所示。

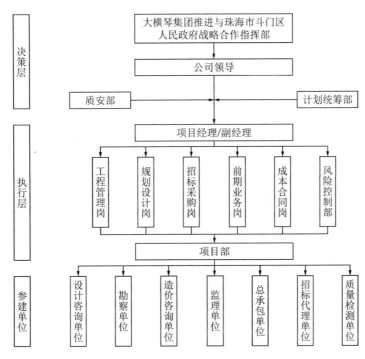

图 2-3　项目管理机构组织图

2.5　项目融资策划

资金是实现工程项目的重要基础。工程项目投资大、建设周期长、不确定性大，因此资金的筹措和运用对项目的成败关系重大。建设资金的来源广泛，各种融资手段具有不同的特点和风险因素，项目融资策划就是选择合理的融资方案，以达到控制资金的使用成本，降低项目的投资风险。影响项目融资的因素较多，这就要求项目融资策划有很强的政策性、技巧性和策略性，它取决于项目的性质和项目实施的运作方式。

新型产业空间的建设采用多种融资模式满足项目建设的资金需求。其中富山工业园二围北片区园区配套道路工程、富山工业城高标准厂房一期工程、马山北路（高栏港高速至中心西路段）道路工程、珠海富山产业新城马山生态岛道路及配套工程等项目采用政府投资模式，大横琴集团作为代建管理方统筹项目的建设管理，资金来源则为国家专项建设资金；富山工业城二围北片区厂房（一期）工程、蓝领宿舍采用国企投资模式，出资方为大横琴集团。

2.6 项目管理策划

项目管理策划是指对项目实施的任务分解和分项任务组织工作的详细策划。它主要包括前期工作进展、工程重难点分析及应对措施、工程项目管理目标、工程项目管理组织策划、工程项目招标策划、工程项目总平面策划（含三临配套等）、工程实施方案策划、项目工期计划管理、质量安全和应急管理等。

项目管理策划应根据项目的规模和复杂程度，分阶段分层次地展开，从总体的概略性策划到局部的实施性、详细性策划逐步进行。项目管理策划重点在提出行动方案和管理界面设计。

2.6.1 项目招标策划

富山工业园二围北片区园区配套道路工程作为富山工业城新型产业空间的配套基础设施，道路总长 15.546 千米，其中主干路 4 条，次干路 6 条，支路 3 条，总投资 19.33 亿元。本项目拟按照一个标段，采用 EPC（工程总承包）模式进行招标，以确保项目快速高效推进。

富山工业城二围北片区厂房（一期）项目共 10 个地块，总占地 100.73 万平方米，总计容面积约 200.73 万平方米。项目共计 83 栋建筑单体，包括 63 栋厂房（厂房共 183 万平方米），10 栋公共服务中心（含倒班宿舍约 1600 套，可满足 6000 余人的住宿需求），9 栋仓库，1 栋综合楼（配套共 20 万平方米），总投资 78.26 亿元。经分析研究，拟根据场地条件、地块分布情况、投资规模控制、工期实施安排、管理难度等多种因素，富山二围北片区厂房项目计划共分五个标段组织实施建设，即一标段包含 B 区、C 区、D 区，二标段包含 E 区和 F 区，三标段包含 G 区、H 区和 I 区，四标段为 J 区，五标段为 A 区，均采用传统 DBB（设计—招标—建造）模式，按照清单进行施工总承包招标工作。

2.6.2 现场总平面策划

1. 场地平整施工

如图 2-4 所示，富山二围北片区场地原始地貌为滨海滩涂地貌，后经富山二围北片区原吹填项目人工填筑抬高，其设计完成面为+3.8 米。经过两年多的自然沉降，勘察期间场地标高 2.21～5.82 米，勘察单位进场后，发现场地内广布淤泥层，其工程性质差，淤泥呈流塑状，厚度较大，最大厚度达 21 米，平均厚度约 15 米。

图 2-4 项目进场原地貌

图 2-4 项目进场原地貌（续）

结合现场实际地质情况，为满足项目施工进场需求，经设计研究提出如图 2-5 所示的两套场地平整方案：

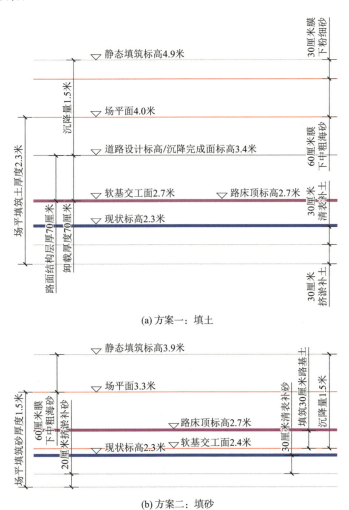

图 2-5 场地平整填筑方案

方案一：场平填土设计标高为4.0米，填料为外借素土，平均填筑厚度约2.3米（地形补差1.7米+清表0.3米及挤淤补土0.3米）。该方案实施优势：①项目周边土源丰富，运输方式多样，可快速满足项目建设需要；②总体投资费用较低。

方案二：场平填砂设计标高调整为3.3米，填料采用粉细砂。该方案实施优势：①由于粉细砂透水性较好，有利于场地排水；②由于粉细砂透水性较好，填筑过程中道路两侧的挤淤相对较少，有利于地块开发进场；③在确保施工机械正常进场的前提下，需要场平填筑的厚度较小；④减少填筑方量，加快工期。

由于现场地质条件较为复杂，且存在一、二级同步开发建设的情况。因此，场地平整施工不论是填土方案还是填砂方案，在采用陆运填筑过程中，均会对下卧软弱淤泥层造成挤压隆起，应合理安排土方填筑顺序和流线，加强监测，严格控制场平填筑对周边环境的影响，尽量避免挤淤形成的淤泥包。

2. 临时供水

根据富山二围北片区开发建设需求统计，经设计计算，沿着过渡期道路布设一条DN300的给水管，以满足市政道路及各厂区施工的需要。考虑施工期间各段管网具有移动的可能性，主要供水管线采用环状，孤立点可设枝状。

新建管材采用PE100管（SDR=11），承插电热熔接口，配套管件均采用塑料管件。管道工作压力为0.5兆帕，试验压力为1.0兆帕。临时给水街坊管结合周边厂房布局进行设置，每个地块厂房预留不少于1处街坊支管供地块进行接驳，支管管径为DN200，街坊管应伸出阀门井至少0.4米并用堵头封堵。沿路每隔90~120米设地上式室外消火栓，消火栓连接管由街坊支管引出。消火栓支管埋深约1.2米，法兰接管长按照标准计取；消火栓与给水支管的横向间距均为2.5米。

3. 临时供电

为满足富山工业园二围北片区整体开发建设施工用电的需求，临时过渡用电方案采用双回电源供电，电源点由富山变电站10千伏出线间隔引接。

线路情况主要为：①第一段由富山变电站10千伏出线间隔新出电缆，顶管跨河涌敷设至富山工业园二围南片区东南角景观绿化预留用地改为双回路架空线路；②第二段架空先沿富山工业园二围南片区东侧现有临时道路向北架设至富山工业园二围北片区东南角，引下改为电缆穿管保护敷设；③第三段富山工业园二围北片区内电缆沿规划道路及临时道路管廊带敷设。沿途设置六间隔户外开关箱，两回线路各12台，共24台户外开关箱。

施工场区内部的临时用电考虑线路的走向，尽可能节约施工电缆的长度。利用场外800千伏·安变压器作为项目临时用电接驳点。

4. 临时道路

临时道路施工内容：①进出富山二围北片区的进场道路；②富山二围北片区内部的施工便道。

布置原则及条件：①临时道路应结合片区厂区开发和市政道路施工建设综合布置，并与外围道路连接；②临时道路的设置宽度和规模需要满足片区开发及施工车辆和人行的交通需求；③施工场区内部临时道路应与仓库、料场的位置结合布置，并与场外道路连接。

论证分析：

（1）现状交通（图2-6）

进入富山二围北片区的主要通道为江湾涌大桥，道路为双向6车道，宽度为24米。

图 2-6　富山二围北片区现状进出通道平面示意图

（2）交通量预测

富山二围北片区开发的施工车辆交通需求：根据市政道路施工和地块施工所提供的交通需求，施工期间日均预计交通量将达到 2700 辆/天，高峰时间段为早晚高峰期，高峰小时约为 570 辆/时，多为重载材料运输车辆，即高峰小时约为 1140 标准车当量数/时。富山二围北片区开发高峰期间，预计场内工作人员将达到 15000 人，预计每日社会车辆进出将达到 1500 辆/天，高峰时间段为早晚高峰期，高峰小时为 600 标准车当量数/时。

施工车辆交通需求统计表　　　　　　　　　　　　表 2-1

序号	进场材料	日均车次/（车/天）
1	钢筋	75
2	混凝土	1278
3	模板	34
4	木枋	34
5	砌体	35
6	周转材料	54
7	土石方	1190
8	合计	2700

综上，富山二围北片区临时便道高峰小时单向交通流将达到 1740 标准车当量数/时，

双向四车道高峰小时单向通行能力为1800标准车当量数/时,饱和度较高,服务水平较低,为E级,需设置双向六车道以保证高峰期通行能力。

(3) 进场道路分析

基于交通需求量分析结果,进出富山二围北片区的仅有江湾涌大桥一个通道,且必然存在高峰期拥堵等问题,因此需要增设进出富山二围北片区的进场道路,一是缓解江湾涌大桥的通行压力,二是进一步方便施工车辆的通行。

经论证分析,为便于土方运输和施工机械车辆的通行,拟在江湾涌大桥的西侧,采用贝雷梁搭设两座栈桥跨越江湾涌,连接江湾涌两侧道路,如图2-7所示。两座栈桥相距约80米,每座栈桥长150米,宽度8米,标准跨径12米。栈桥采用贝雷梁上承式结构,桥头采用填土便道+混凝土桥台结构。

图2-7 富山二围北片区进场道路平面示意图

(4) 便道宽度分析

根据地块施工车辆交通需求,同时考虑到桩机等设备、预制管桩材料进场等需求,以及富山二围北片区市政配套设施项目施工车辆的交通使用,道路标准路段高峰期车辆交通需求至少需满足双向四车道(宽约14米)要求,若需保证高峰期不造成拥堵情况,建议设置双向六车道(宽约22米)。因富山二围北片区处于多地块、多项目开发建设阶段,场地内工人较多,考虑到施工期间及地块进场后过渡期使用的慢行功能及慢行安全问题,综合交警部门意见,建议于道路两侧各增设 2.5 米的人非慢行通道。

综上,综合考虑项目现状场地情况、项目实施工期紧、材料需求量大、现场交通组织复杂及慢行安全等因素,因此确定:施工便道两侧均有企业开发地块时设置 28 米宽便道,便道末端部分区域宽度设置 14.5 米。便道平面布置如图 2-8 所示,横断面如图 2-9 所示。

图 2-8 施工便道平面布置示意图

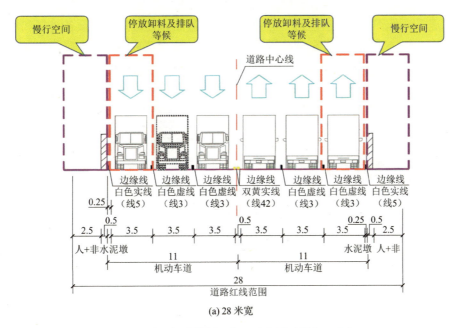

(a) 28 米宽

图 2-9 施工便道横断面布置示意图(单位:米)

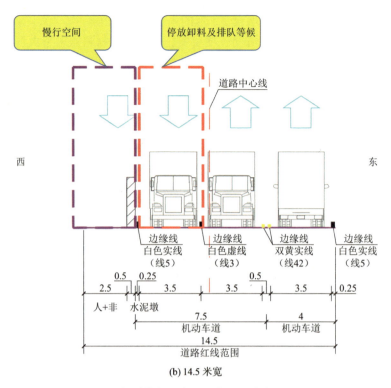

(b) 14.5 米宽

图 2-9 施工便道横断面布置示意图（单位：米）（续）

2.6.3 主要施工方案策划

1. 浅层固化工艺的选择

根据富山二围北片区场地地貌和勘察资料，该区域浅层为人工填土层，局部有吹填土，人工填土层质量密度为 1.82 克/厘米^3，天然含水率 22.1%，需采取一定措施对地表浅层土体进行处理，以确保能够快速达到一定的承载力，进而满足道路施工设备进场和片区快速开发的需要。经过工艺调研及案例分析，确定在现状地面清表后，对道路浅层 2 米厚的地基土体进行固化处理（图 2-10）。固化剂采用 P·O42.5 级普通硅酸盐水泥或以水泥基为主要材料的新型固化剂，掺量暂按 8% 进行，固化水灰比建议为 0.5～0.6，固化处理后表层地基承载力不低于 80 千帕。为保证浅层固化结束后能及早开展后续施工作业，在固化剂配制过程中加入早强剂。

(a) 原位垂直上下固化式　　　　(b) 翻松分层固化式

图 2-10 浅层固化施工示意图

具体的施工步骤：

（1）按照4米×6米左右的尺寸划分固化处理区域，相邻区块之间应有不小于5厘米的搭接宽度，避免漏搅，最终固化形成整体均匀性硬壳层。工效根据强力搅拌头8小时完成300立方米计算。

（2）搅拌设备直插式对原位土进行搅拌。

（3）设备正向运行逐渐深入搅拌并喷射固化剂，直至达到固化设计底部。

（4）设备反向运行缓慢提升搅拌并喷射固化剂，搅拌提升或下降的速率控制在10～20米/秒，固化剂的喷料速率控制在40～70千克/分，具体速率根据现场试验段或实际操作情况进行相应调整，满足施工过程能够均匀喷撒搅拌。

（5）固化搅拌完毕后，用搅拌机械的自重进行预压和养护，在有条件的情况下可铺设50厘米填土进行预压，预压时间宜在7天以上。

（6）浅层固化软基处理养护完成后，对固化后的厚度和承载力进行检测。

2. 深层软基处理施工工艺的选择

（1）方案一：堆载预压

施工工序：场地平整→施工排水板→施作集水井→分层碾压填土（同步埋设监测仪器）→现场观测→合格后卸载。

工艺要求：①排水板施工应严格按照设计的深度和间距施工，排水板回带长度不大于50厘米，回带率不超过排水板总数的5%。②水平排水砂垫层应一次性摊铺，不需要碾压，但应检查厚度是否满足设计要求。③集水井布置时应准确定位，确保位于道路中线上且间距符合设计要求。④堆载土应满足路基填料要求，松铺厚度不大于30厘米，压实度不小于92%，堆载表面应形成排水横坡。⑤土方卸载标准：根据监测数据推算的工后固结沉降不大于设计工后固结沉降要求；满载预压期不短于180天要求；连续5天实测沉降速率不大于0.5毫米/天，交工面不低于设计交工面标高。⑥竣工验收标准：处理范围内孔隙比e不大于1.5；处理范围内十字板剪切强度代表值不低于25千帕；浅层载荷板试验地基承载力特征值不低于100千帕。

（2）方案二：真空联合堆载预压

施工工序：场地平整→铺设中粗海砂垫层→打设黏土密封墙→打设塑料排水板→埋设监测仪器（孔压和分层沉降环）→场地清理二次整平后铺设滤管和安装真空设备→开挖密封沟→真空加载（观测地表沉降、水平位移、分层沉降和孔隙水压力等）→连续10天膜下真空压力稳定在80千帕以上后开始覆水或覆土→真空预压满150天，且连续5天沉降速率不大于0.5毫米/天→卸载→处理效果检测（室内土工试验、原位十字板剪切试验和静载试验）。

工艺要求：①排水板应严格按照设计深度和间距施工，同时配备深度记录仪或采用带铜丝的可测深排水板，打设设备为静压插板机或振动插板机，当地层中含有碎块石时采用振动插板机，排水板回带长度不大于50厘米，回带频率不超过排水板总数的5%。②水平排水砂垫层应一次性摊铺，不需碾压，但应检查厚度是否满足设计要求。③黏土搅拌桩施工应采用双轴搅拌桩机，施工工艺采用四搅四喷，下沉提升速率不大于1.0米/分。④密封膜四周埋入密封沟不小于1.0米，并用黏土压密，土工布须全部覆盖密封膜。⑤膜上保护砂垫层施工时应采用小型推土机推进摊铺，运土车不得直接在密封膜上行走。⑥反压体范围堆载土应满足路基填料要求,堆载表面应形成排水横坡。⑦膜下真空负压不低于80千帕。⑧泵后真空负压不低于96千帕。⑨真空卸载标准:根据监测数据推算的工后固结沉降不大于设计工后固结沉降要求;满载预压期不短于120天要求;连续5天实测沉降速率不大于0.5毫米/天,交工面不低于设计交工面标高。⑩验收标准:处理范围内孔隙比e不大于1.5;处理范围内十字板剪切强度代表值不低于25千帕;浅层载荷板试验地基承载力特征值不低于100千帕。

(3)方案三:水泥土搅拌桩

施工工序:室内试验→场地平整→工艺性试桩→水泥土搅拌桩施工→挖桩间土、凿桩头→质量检验。

工艺要求:①搅拌桩施工应按照布桩平面图进行桩位控制,桩长按穿透软土层1米进行控制。②根据施工技术规范要求,在水泥搅拌桩施工过程中,需要对桩位、桩顶标高、桩底标高、桩身垂直度及水泥用量进行现场控制,确保施工质量。③桩与桩搭接时间间隔不应大于6小时,若间隔太长,搭接质量无保证时,应采取局部补桩或注浆措施。④当遇到砂层下直接进入硬塑(坚硬)土层或全(强)风化岩层时应注意接合部位的注浆效果或改进工具,尽量将端头叶片往下移,减少叶片到钻头的距离,不提钻头,放慢搅拌速度,多喷浆。

经工艺分析和研究比选(表2-2),真空预压、真空联合堆载预压、堆载预压、水泥土搅拌桩等工艺均能满足富山二围北片区的深层软基处理要求,堆载预压及真空预压相比于水泥土搅拌桩复合地基有着明显的造价优势,因此有条件时优先采用排水固结法。除受现状构筑物影响区域和考虑一、二级同步开发建设相互影响区域需实施搅拌桩外,其余路段(区段)均采用堆载预压或真空预压。

软基处理工艺对比分析表　　　　　　　　　　表2-2

处理方法	优点	缺点	备注	综合单价/(元/米²)	工期/月
堆载预压	处理后,软土物理力学性质得到提高,残余沉降小,能降低部分管线支护费用	需要大量土方,处理淤泥过程中堆载路堤易发生失稳,工期较长,一般需12个月。施工中沉降量较大,对周边建筑物影响较大	沿线分布有建(构)筑物,采用堆载预压法可能对现状建筑物产生不利影响。影响范围约25米	382	10~12
真空预压	土方需求量较少,处理过程中稳定性易保证,工期相对堆载预压要短,一般为6~9个月。处理后软土物理力学性质得到提高,残余沉降小,能降低部分管线支护费用	施工中沉降量较大,对周边建筑物影响较大	沿线分布有建(构)筑物,采用真空联合堆载预压法可能对现状建(构)筑物产生不利影响。影响范围约25米	411	6~8
水泥土搅拌桩	处理后,软土指标及受力性能得到提高,沉降量小,处理效果佳	根据珠海地区经验,处理深度一般为15米,大直径水泥土搅拌桩采用特制大功率桩机,处理深度可增大至25米	处理深度不大于25米时,经造价比选后采用	905	4~5

结合场地处理要求、施工工期要求、厂房和市政道路同步开发实施、经济指标等客观条件制约影响,最终拟定:

(1)市政道路:富港路、中心西路、滨港路等主要采用堆载预压或真空预压处理工艺;

雷蛛大道、马山北路、欣港路、临港路等采用水泥搅拌桩处理工艺。

（2）厂房：厂房主体采用预应力管桩基础，因此处理标准仅考虑桩基安全施工即可，因此采用填土处理，填土厚度不小于 1.5 米；为避免厂房底板下方土体后期必然出现的沉降，将厂房底板按照筏板基础进行设计，同时可减少开挖量，节约工期；市政道路区域则考虑采用水泥搅拌桩等施工工艺，具体结合现场施工期间的荷载及预估沉降量确定。

第 3 章

管理组织篇

2022年2月，珠海市斗门区2022年重点项目集中签约暨开工仪式在富山工业园举行。为高效落实市委市政府"制造业当家"战略部署，加快打造横琴粤澳深度合作区战略拓展区，推动斗门区实体经济高质量发展，大横琴集团与斗门区签订框架协议。

作为横琴的"城市运营商＋产业发展商"，大横琴集团深耕横琴12年，在城市基础设施建设、产业平台载体搭建等方面成果丰硕，培养了一批集投资、建设与招商于一体的高水平专业团队，形成了全链条的"产业投资＋载体建设＋产业导入＋平台服务"新模式和可以快速复制运用的成熟经验。

大横琴集团充分发挥国资国企带头引领作用，以高起点、高标准、高效能起步，在重点领域和重点行业强化对斗门区配套支持力度，持续吸引人才、资本、技术等产业要素集聚斗门，为珠海支持服务横琴粤澳深度合作区、推进现代化国际化经济特区建设贡献国企力量。

2022年4月24日，珠海市召开产业发展大会，吹响了珠海全面"制造业当家"冲锋号。大横琴集团在推进斗门区建设发展工作专题会议中提出：大横琴集团要深入贯彻全市产业发展大会相关精神，紧紧围绕"制造业当家"总抓手，快速响应市委、市政府和市国资委的工作要求，进一步发挥国有资本引领带动作用，以更高站位、更宽视野、更实举措，强力推进产业发展工作，助力珠海加快建设新时代中国特色社会主义现代化国际化经济特区。

大横琴集团要求：公司全体员工统一思想、团结一致、紧跟步伐，迅速进入战斗状态，以饱满的精神状态、务实的工作作风推动各项工作取得新成效。由集团办公室负责组织集团董事、领导班子对斗门区项目进行调研，并组织召开集团"制造业当家"动员大会；根据工作推进要求，相关单位明确各项目具体责任人，项目责任人原则由各单位领导班子成员担任，确保责任落实，做到奖惩有据；并抓紧制定公司派驻斗门区工作人员名单，落实人员到斗门现场办公开展工作。

3.1 管理组织结构设计

3.1.1 "矩阵式"管理结构

为深入贯彻珠海市产业发展大会精神，紧紧围绕"制造业当家"总抓手，确保大横琴集团推进与珠海市斗门区人民政府战略合作各项工作指挥顺畅、高效运转，大横琴集团考虑到新型产业空间建设任务体量大、时间紧、任务重等特点，根据工作需要，成立了推进与珠海市斗门区人民政府战略合作指挥部（简称"指挥部"）。

指挥部搭建了"矩阵式"项目管理结构，凝心聚力助力新型产业空间建设高效建设。指挥部由集团管理层牵头组建，集团内部主要业务部门、关键业务岗位成员和其他各参建单位主要负责人共同组成。实现分工明确、权责清晰、流程顺畅、协作配合的功能，以适用、高效、精简的组织架构，锚定目标、奋力攻坚新型产业空间高质量建设。

在新型产业空间高质量建设方面，指挥部主要负责统筹新型产业空间和市政配套工程的建设。

由于成员来自不同公司和功能部门，在纵向专业分工管理条线的基础上，指挥部增加一条横向线条的项目管理维度，即在完成本职工作的同时，实现集团内部人员能力互补、共同协作，最大限度地利用现有资源，提高管理效率。主要体现在：

（1）指挥部是新型产业空间建设的核心组织，负责推进新型产业空间及配套工程高质量建设。

（2）参与新型产业空间建设的成员同时负责公司其他项目，在专业技术、工作任务中接受原业务部门的指导建议；但在新型产业空间建设这个项目中，接受指挥部工作安排，负责其中一个或多个项目建设。

（3）各业务组需要横向配合和畅通信息沟通。

（4）直接对接政府职能部门和其他参建单位，对各方的要求响应更快，现场管理也更加灵活。

如图 3-1 所示，指挥部下设办公室，负责统筹大横琴集团推进与珠海市斗门区人民政府战略合作各项工作任务，办公室下设综合协调组、投资工作组、融资工作组、规划前期组、城建项目组、房地产开发组、城市物管组、产业发展组、集成电路智造组、审计组，对应承担原大横琴集团推进与珠海市斗门区人民政府战略合作领导小组各组工作职能。

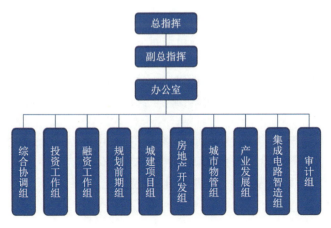

图 3-1　指挥部组织机构图

综合协调组：负责统筹协调推进与斗门战略合作，统筹大横琴集团派驻斗门办公人员的后勤保障工作，跟进领导小组部署各事项的落实。

城建项目组：负责牵头组织研究合作模式、起草战略合作框架协议；负责统筹管理斗门区的所有建设板块业务；依托大横琴集团资金优势和建设开发经验，协助组建项目管理团队，合作推动富山工业城、斗门智能制造经济开发区和斗门东湖片区等合作区域城市基础设施、产业配套设施、城市生活配套及二级开发项目的开发建设。

投资工作组：负责合作区域产业投资项目的相关工作，包括牵头引进外部产业项目落地相关园区，与斗门区政府合作设立基金投资类公司，合作发起设立基金，引进第三方合作发起设立非房、土地、工程建设相关方面的产业投资项目等。

融资工作组：负责牵头组织合作协议的起草、可行性研究报告的编制；负责牵头组织斗门区合作相关新公司的设立；负责斗门合作项目的融资模式策划、融资管理和经营目标设定，重点研究合作开发融资模式，控制公司资产负债率水平。

规划前期组：负责斗门合作区域的整体定位研究、产业规划、城市空间规划、产品定位、商业策划和前期业务（包括住宅及商住类项目摘地所需的可行性研究报告等）。

房地产开发组：负责大横琴集团在斗门区房地产开发项目的统筹策划、土地竞拍、销售等相关工作，负责富山工业城和斗门智能制造经济开发区的保障型人才房、厂房及配套项目的开发。

城市物管组：与斗门区开展城市咨询、城市物管、资产运营、城市资管数据等大资管业务；为斗门区政府、国资平台提供土地规划建议、项目开发策略、资产打理咨询等贯穿于由土地到资产退出各阶段的咨询服务。

产业发展组：负责斗门科创园区、富山工业城、斗门智能制造经济开发区、东湖半岛片区等合作区域范围内的产业招商、园区运营、产业培育、企业服务、人才服务等工作，具体包括参与编制园区产业规划和发展计划，参与制定园区运营工作方案、园区管理章程和园区发展扶持政策，以及园区的实际运营管理等。

集成电路智造组：推进大横琴集团、珠海先进集成电路研究院有限公司在斗门区开发、建设、运营集成电路相关专业园区；协调斗门区政府在土地、税收等方面给予相应的政策支持；推进珠海先进集成电路研究院有限公司与斗门区在集成电路产业规划、政策咨询、智库等领域的合作。

审计组：审计相关业务开展和建设过程中发现的问题、提出的建议，以及对被审计单位财务、业务活动的评价，发挥审计的经济监督职能，确保指挥部相关活动符合标准和要求，按照预定的方向合理运行。

指挥部作为斗门区战略合作统筹管理机构，负责沟通协调斗门区各职能部门，统一指挥部署与斗门区战略合作各项工作，统筹协调全集团公司力量，高效推进落实与斗门区战略合作相关事宜。

大横琴集团在推进与斗门区人民政府战略合作过程中遵循"全集团支持、全集团统筹、靠前指挥、专人到岗、逐步加强"的原则开展工作。全体员工统一思想、凝聚共识，以更高站位、更宽视野、更实举措，强力推进产业发展工作。

3.1.2 不同功能管理公司

负责富山二围北片区新型产业空间高质量建设管理的两家公司先后成立，明确业务范围完善业务管理架构。

珠海大横琴城投建设有限公司：2022年4月25日，珠海大横琴股份有限公司（简称"大横琴股份"）下属珠海斗门大横琴建设发展有限公司（简称"斗大建"）与珠海城投发展有限公司（简称"城投公司"）共同出资，成立珠海大横琴城投建设有限公司，由大横琴股份原班人马以推进富山二围北片区园区配套道路工程建设为主攻方向开展业务，实现"三块牌子一套人马"（股份公司、斗大建、城投公司），成为大横琴集团第一家开进斗门区产业建设的先遣部队。自成立以来，珠海大横琴城投建设有限公司迅速完成了组织架构、管理制度搭建及人员配备等工作，并同步推进业务发展。

大横琴电子有限公司：2022年6月8日，成立全资子公司珠海斗门大横琴电子有限公司。作为大横琴集团深度参与富山工业城新型产业空间建设、积极推动斗门区建设成为横琴粤澳深度合作区战略拓展区的重要载体，公司及关联单位主营业务范围涵盖房地产板块的投资、开发、运营，智能装备厂房、定制化厂房建设等业务。主要项目包括：富山工业城二围北片区厂房项目、富山工业城品富社区（一期）项目等。

3.1.3 现场指挥部

为高质量推进新型产业空间建设，大横琴斗门战略合作指挥部建立了现场指挥部，以适用、高效、精简的组织架构，锚定目标、奋力攻坚新型产业空间建设任务。组织集团公司、城投公司、电子公司相关领导和业务部门，厂房各标段和配套道路工程施工单位、监理单位、设计单位、造价咨询单位法人代表和主要负责人加入。

现场指挥部采用"1＋2＋N"的模式（图3-2）开展，"1"代表大横琴斗门战略合作指挥部。"2"代表厂房建设的电子公司及项目配套建设城投公司两家子公司，包括建设单位项目总监、副总监、执行经理及相关部门负责人。"N"是各参建单位，包括各施工单位副总或相当于副总以上人员，各设计单位项目负责人，各监理单位项目总监，各造价咨询单位项目负责人。具体为珠海建工控股集团有限公司、珠海市规划设计研究院、广东省珠海工程勘察院、广州市市政监理工程有限公司、湖南核工业岩土工程勘察设计研究院有限公司、北京市建筑设计研究院股份有限公司、广州市市政工程监理有限公司、北京银建建设工程管理有限公司、广东华禹工程咨询有限公司、珠海鸿立工程造价咨询事务所有限公司、广州工程总承包集团有限公司、清华大学建筑设计研究院有限公司主要负责人等。

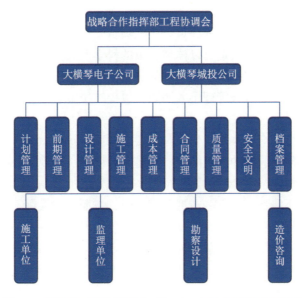

图3-2 指挥部工程协调例会"1＋2＋N"组织模式架构图

现场指挥部"1＋2＋N"项目管理模式是一种简洁、高效的管理组织方式，坚持每周六上午定期召开会议，能够及时了解项目建设的进展情况、遇到的问题、可行的解决方案，起到研究决策、业务培训、团结士气等积极作用。现场指挥部是项目建设管理组织结构方面最重要的组织,对富山工业城新型产业空间建设任务的顺利完成发挥了至关重要的作用。

3.2 团队建设与管理

大横琴集团举全集团之力支持富山工业城新型产业空间高质量建设管理,采取系列行之有效的措施完成项目团队建设与管理。

3.2.1 明确目标

统一思想、团结一致、紧跟步伐,迅速进入战斗状态,以饱满的精神状态、务实的工作作风推动新型产业空间高质量建设管理工作取得成效。

3.2.2 规范运行

指挥部的职责在于"管好人、管好事",完善工作流程、决策机制、协调方式等,确保项目高效推进。

1. 工作流程

明确任务流向,任务的传递方向和次序;明确任务交接,任务交接标准与过程;明确推动力量,流程内在协调与控制机制。

指挥部以完成新型产业空间建设管理任务目标为依据,其他各子公司和相关部门根据任务情况逐项落实,督促各部门与项目部相关工作,并将结果反馈到工程管理部或各部门负责人;再由工程管理部或各部门负责人汇总报各分管负责人;最终汇报给指挥部领导。

2. 决策机制

新型产业空间建设管理重大事项决策、重大项目安排,一般从大横琴集团层面制定和执行,以集体讨论的方式作出决定,以体现决策的科学和民主。

新型产业空间建设管理过程的一般事项的决策,由指挥部工程协调会来制定和执行。部分事项的决策权限下放给各级管理层或团队,以提高决策效率和响应速度。

3. 沟通方式

(1)指挥部工程协调会。本着工作实际需要的原则,每周六上午召开,各项目组提前梳理问题、会场汇报问题、集中解决问题、顺畅沟通协调、实现统一指挥,会议协调最终以会议纪要的形式印发,按照会议纪要执行。

(2)逐级汇报。下级在工作任务或遇到问题时,按照组织层级,由下向上逐级进行汇报,保证信息的准确传递和决策的及时制定。如:各标段承包单位→总承包单位→工程管理组→工程分管领导→副总指挥→总指挥。

(3)越级汇报。对于特定任务和紧急情况,指挥部允许适当越级汇报,以高效推进项目管理。

(4)微信工作群。富山工业城新型产业空间建设工作群遵循"统一建立、规范管理、专人负责"的原则,进行工作交流、任务部署、情况通报、问题研究、经验介绍和进展汇报等事项。发布重要通知、公告、会议安排等信息。是项目建设过程中一种全方位、全环境、高效的沟通方式,群策群力解决疑难杂症。

4. 清单管理

新型产业空间高质量建设管理最突出的办法是进行清单化管理。严格执行"工作项目化、项目清单化、清单责任化、责任限时化"四化管理，对表作战，化整为零、各个击破。表格化管理是提高管理水平，尤其是管理效率，做到"事有所知、物有所管、人尽其职、物尽其用"的高效管理方式。表格化管理也是采用系统思维的创新管理方法，通过运营体系建设，深入辨识项目各标段"职能""职责""内容""进度"的关系，杜绝任务分配的管理"真空"，消灭管理"盲区"和"死角"。

3.2.3 后勤保障

大横琴集团将斗门开发建设作为支持服务珠海市"产业高质量发展"战略部署、做大做强做优国有企业的主战场，在服务和融入珠海市重大战略布局中找准自身定位、明确主攻方向。大横琴集团下属股份公司、置业公司、大横发公司、世联行等企业集结力量，根据工作需要招聘岗位人员，加快推进开辟斗门产业建设主战场步伐，高标准、高质量做好斗门区的建设开发工作。

由指挥部办公室牵头，综合协调组协助做好现场办公地点租赁，通勤班车、工作车辆、宿舍、食堂等后勤保障工作。坚持"以人为本、产城融合"，从衣食住行方面解决员工生活生产配套的需求，让员工有温度地"安心搞建设，吃住不操心"。

（1）办公场所。指挥部先后在斗门才知大厦、富山湾区产业园、富山工业园租赁临时办公场所，就近推进项目建设和管理。

（2）通勤班车。为方便员工上下班，2022年7月25日公司单独开通了3条富山路线班车，根据员工上下车各据点停靠，保障员工上下班通勤，3条路线分别从横琴出发，经金湾、斗门前往富山工业城。

（3）员工宿舍。为保障员工休息，要求各子公司视情况租用富山空置宿舍，配置生活用品，保障员工正常的生活起居。

（4）员工食堂。协调员工在园区食堂或富山工业园管委会食堂就餐，部分员工直接发放餐补。

3.2.4 绩效考核

富山工业城新型产业空间建设采用量化考核的方式，保障项目有序推进。绩效量化考核体系的各项考核指标，紧紧围绕年度建设任务，就成本控制、年底完工、质量安全、维稳等重点指标，严格按照已下达的项目实施计划，细化各项任务分解，形成具体量化考核指标，将责任落实到各级具体人员。凡下达计划、各类任务事项等均动态录入考核系统（图3-3），被考核部门及个人完成任务后将工作成果（比如现场完成照片、设计文件等）上传系统，系统自动分析是否按期完成。

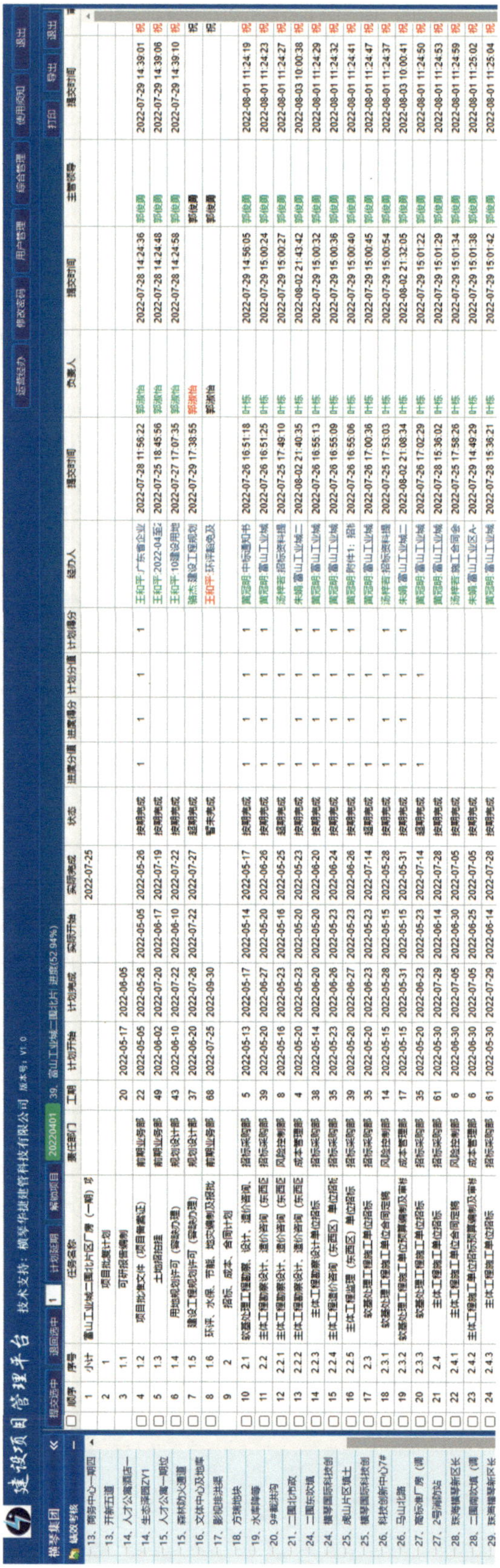

图 3-3 项目管控平台考核体系图

3.2.5 激励措施

为保障新型产业空间高质高效如期建成,充分激励全体工作人员,大横琴集团印发了《富山工业城新型产业空间工程项目激励办法》。

富山工业城项目建设工期紧迫、任务艰巨、形势严峻,鉴于项目的重要性及特殊性,为保障项目高质高效如期建成,充分激励全体工作人员,特制定项目激励办法。大横琴集团推进与珠海市斗门区人民政府战略合作指挥部全体建设任务工作人员紧紧围绕项目建设总体目标,增强工作的使命感和紧迫感,落实责任、攻坚克难,责无旁贷地完成任务。激励办法中明确了总体目标、分阶段目标,奖金发放对象,奖金发放原则等。

3.2.6 签署责任状

为高效推进富山工业城新型产业空间的建设,指挥部要求全体参建单位和个人必须进一步提高政治站位,鼓足干劲、攻坚克难,坚决全面按期完成新型产业空间建设目标。同时,项目成员分别签署《决战决胜富山工业城新型产业空间建设目标责任状》,工作人员相互监督、相互鼓励,为项目建设奋力冲刺。

3.2.7 其他举措

为确保项目稳步推进,指挥部制定印发了项目建设一级总控计划,逐项分解各项目标任务,及时对比施工情况,查找偏差,确保项目按照既定目标有序推进。指挥部根据项目存在的主要问题和薄弱环节,系统部署了决战目标任务的重点工作举措。要求各单位采取不断加强人员投入、高效推进规划验收、保障工程款审批支付、加强进度管理、筑牢安全防线等措施,确保项目按照既定目标有序推进。

在标准厂房项目的最后冲刺期,为有效督促施工单位加大人员投入,指挥部根据厂房项目建设实际情况,拟定了《富山工业城二围北片区厂房项目清点实到人数责任表》《富山工业城二围北片区厂房项目劳动力投入情况统计表》(表 3-1),要求大横琴集团建设板块所有在岗职人员(男性)全面出动,参与人员清点及监管工作,保证实际投入工人数与计划投入工人数相符。要求晚班人数不少于白班计划人数的 50%。明确了以下内容:

(1)排班原则。股份公司、置业公司全体男同事全部排班,按每人负责 5 栋,每天不超过 15 人的标准,对一标、二标、三标、五标涉及年底 150 万平方米建设任务的厂房和配套单体建筑的区域进行清点。

(2)清点方式。清点责任人须根据《清点人数责任表》对应的楼栋号完成现场工人清点,并在《富山工业城二围北片区厂房(一期)项目劳动力投入情况统计表》进行签字,记录工人数量、清点时间、清点日期,拍照上传到微信工作群,次日归档至大横琴集团建管部。

(3)后勤保障。夜间清点时间要求为 20:00—22:00,指挥部统一做好考勤管理,对于离家远的同事,做好富山后勤住宿保障工作。

(4)动态调整。当实际清点工人数量与计划要求不符时,须及时调整人员,多渠道增加工人数量,各参建方均可推荐劳务作业班组。

(5)实行激励措施,制定奖罚考核方案。为激励一线工人工作积极性,各标段施工单位出台内部劳动竞赛方案,制定具体的奖罚措施。直接奖励给工人,调动各分包单位和班组的积极性,提高工作效率。

厂房项目劳动力投入情况统计表　　　　　表 3-1

富山工业城二围北片区厂房（一期）项目劳动力投入情况统计表

统计日期：2022年12月2日

序号	标段	地块	栋号	建筑面积（平方米）	计容面积（平方米）	计划投入人员 早（人）	计划投入人员 晚（人）	实际清点 早（人）	实际清点 晚（人）	清点工人人数责任人 早 清点时间	清点工人人数责任人 早 签名	清点工人人数责任人 晚 清点时间	清点工人人数责任人 晚 签名	备注
1	一标	B区	1号	32218.96	39816.2	258	129	85	34					
2			2号	32218.96	39816.2	258	129	111	18					
3			3号	32218.96	39816.2	258	129	107	38					
4			4号	32218.96	39816.2	258	129	81	7					
5		B区	5号	32218.96	39816.2	258	129	121	35					
6			6号	32218.96	39816.2	258	129	128	35	16:20		20:10		
7			公共服务中心	20924.72	20924.72	167	84	62	15	16:00		20:25		
8			仓库	600	600	5	3	0	0	15:41		19:50		
9		C区	1号	32218.96	39816.2	258	129	87	33	16:40		20:50		
10			2号	32218.96	39816.2	258	129	74	14	17:11		20:05		
11			3号	32218.96	39816.2	258	129	107	6	9:50		9:20		
12			4号	32218.96	39816.2	258	129	93	37	10:20		9:10		
13			5号	32218.96	39816.2	258	129	95	41	10:45		8:57		
14			6号	32218.96	39816.2	258	129	102	45	11:10		8:35		
15	一标		公共服务中心	20924.72	20924.72	167	84	62	28	9:30		8:10		
16			仓库	600	600	5	3	6	3	9:30		19:40		
17		D区	1号	20945.02	25975.06	168	84	24	30	10:00		20:00		
18			2号	20967.7	25997.74	168	84	55	4	10:30		20:30		
19			3号	20945.02	25975.06	168	84	50	4	11:30		20:55		
20			4号	20967.7	25997.74	168	84	85	2	11:55		21:20		
21		D区	5号	20945.02	25975.06	168	84	64	14	9:00		19:46		
22			6号	20945.02	25975.06	168	84	89	14	9:25		19:58		
23			7号	14916.57	18440.61	119	60	72	5	10:00		20:20		
24			公共服务中心	14939.23	14939.23	120	60	77	10	10:27		20:57		
25			仓库	600	600	5	3	6	0	10:55		21:15		

3.3 党建引领

为顺利完成项目竣工验收备案目标,保障重大工期节点"后墙不倒",积极开展"党建+进度"品牌创建活动(图3-4),并开展基层示范党支部建设,实现项目建设与党建工作的互动发展。

图 3-4 新型产业空间建设党建共建活动

3.3.1 创建示范党支部

以"党建+互联网"为抓手,利用"学习强国""智慧党建""知鸟"、企业微信等平台,与"三会一课""主题党日"等联动,强化线上线下理论学习,实现学习自主化。党员骨干开展了学习贯彻党的二十大精神、安全文化、科技创新以及"党课进现场、教育进食堂"等专题党课活动,把业务培训与思想工作结合起来,营造了互学促长的良好氛围;并将思想引领转化为技术优势,运用了多项新技术,完成多项专利、工法、论文及研发立项。

3.3.2 服务中心工作,推动融合落实

党支部以"党旗飘扬、党徽闪光"行动为抓手,以"班子好、队伍好、活动好、制度好"为标准,全面推进"四个一批"建设,打造党建领头羊,培育支部工作"四个强"。成立了多支党员先锋队、攻坚突击队、青年突击队和志愿服务队,划设多个党员责任区,创新性地设置"楼栋长"和"工程组",党员干部树信心、聚精神、战泥潭、拼固化、迎风雨、抢资源、保交通、抓落实,以"开工即大干""大干即冲刺"的工作状态,集中精力"干"项目,完善资源"抢"进度,用好平台"管"工程,多种举措"算"项目,强化提升"促"项目。

3.3.3 发挥榜样力量

坚持实行一线工作法,敢啃硬骨头,确保工程高效、快速推进。在工程施工中,党员

干部积极发挥主力军作用,采用新型模架技术代替传统支撑架体推进工程建设,采用软基浅层固化技术解决进场难题。支部班子为党员、群众上党课,与团员青年座谈,开展结对共建成为常态,多名党员骨干与新员工签订师徒协议,一对一地帮扶教学,助力新员工成长成才。

第 4 章

计划管控篇

在富山工业城新型产业空间建设中,各参与方按照各自的职能职责,负责不同类型的项目建设。其中,非经营性建设项目由财政出资建设,主要包括市政基础设施、政府投资的厂房等;有经营性质的产业空间载体和配套服务设施,主要包括厂房、职工宿舍等,由企业拍地并出资建设;生产经营所需的设备安装、园区提升改造等,由园区入驻企业自行出资采购和建设。具体情况如下:

(1)市政基础设施、政府投资的厂房:富山工业园二围北片区园区市政配套道路工程、富山二围北片区绿美工程、富山工业城高标准厂房一期工程、马山北路(高栏港高速至中心西路段)道路工程、珠海富山产业新城马山生态岛道路及配套工程、富山站至二围北片区电缆通道工程等。

(2)产业空间载体项目和配套服务设施:富山工业城二围北片区厂房(一期)项目、富山工业园二围片区员工宿舍工程等。

(3)生产设备安装、园区提升改造:富山工业城Ⅰ区企业投产配套项目等。

4.1 总工期目标

项目总工期根据政府关于新型产业空间建设、招商等工作总体部署,综合考虑内外部因素制定。项目总工期目标(即关门工期)一旦确定,各项目计划管控工作均围绕关门工期开展。针对新型产业空间建设招商总体工作安排,建设单位对重大项目指定了如下的关门工期节点:

(1)富山工业城二围北片区厂房(一期)项目:①在2022年12月31日前完成150万平方米新型产业空间厂房建设,取得建设工程规划条件核实批前公示;②2023年12月30日前完成200万平方米厂房竣工验收备案。

(2)富山工业园二围北片区园区配套道路工程项目:①在2024年1月30日完成雷蛛大道(合心路—兴港路)、欣港路、马山北路、规划一路部分路段、滨港路北段等路段建设;②2024年3月30日全面完成临港路、滨港路南段、规划二路部分路段、雷蛛大道南段、中心西路南段、部分富港路等路段建设。

(3)富山工业城高标准厂房一期工程:2024年8月31日前完成竣工验收。

建设单位组织各方单位将项目总工期目标制作成可视化的图表,悬挂于会议室、办公室、项目部门口等醒目位置,即挂图作战(图4-1、图4-2),时刻提醒各方单位及人员项目关门工期节点。

4.2 计划管控体系

为实现富山工业城新型产业空间建设总工期目标,建设单位按照自上而下的原则,将各项目的总工期目标进行细化分解,分层级编制实施计划,并正式下达给建设单位内部合同执行部门及合同乙方单位,以指导建设单位做好自身负责的工作和参建单位承担工作的计划管理。建设单位计划管控部门按照下达的实施计划开展计划调度、协调督办等工作，合同执行部门按照下达的实施计划安排合同工期。乙方单位再根据其内部分工，将合同工期细化分解，落实到其内部员工，从而使参与项目建设的每个人都能够在总工期目标的框架要求下有序开展工作（图 4-3）。

图 4-1　富山工业城二围北片区厂房（一期）项目挂图作战

图 4-2　富山工业园二围北片区园区配套道路工程挂图作战

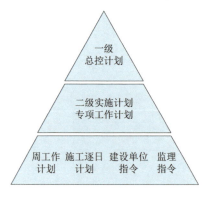

图 4-3　计划管控体系

4.2.1　一级总控计划

一级总控计划是对项目建设全过程各里程碑事件的开始及结束时间所做的计划，里程碑事件主要包括：

（1）财政投资项目：取得项目启动文件、项目建议书批复、可行性研究报告批复、方案设计批复、初步设计批复、概算批复、取得工程规划许可证、土地划拨、取得施工图审图合格证、预算批复、施工单位招标、取得施工许可证、开工、基础完成、结构封顶、工程完工、竣工验收。

（2）企业投资项目：项目启动文件、土地招拍挂、项目备案证、方案设计批复、初步设计内部审批、概算内部审批、取得工程规划许可证、取得施工图审图合格证、预算内部审批、施工单位招标、取得施工许可证、开工、基础完成、结构封顶、工程完工、竣工验收。

不同投资规模、资金来源、建设内容的工程项目的建设流程不同，因而一级总控计划的活动事项、搭接关系亦不相同。例如，如图4-4所示，对于政府投资的市政工程，笔者所在地政府部门要求在申请建设用地规划许可证之前需提供建设工程规划许可证，以便一次性确定用地红线，因此需先完成规划设计条件、方案审批、初步设计、施工图设计等工作。

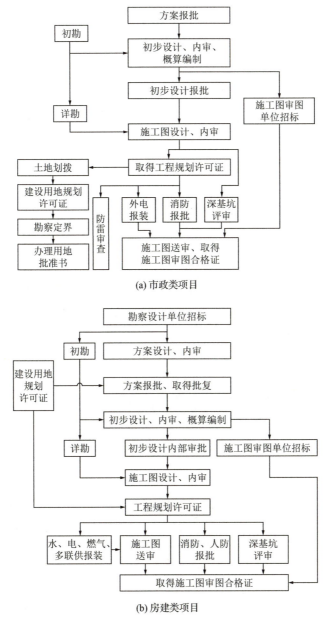

图4-4 市政类项目与房建类项目勘察设计阶段工作流程对比

一级总控计划由建设单位计划管理部门组织项目部和各参建单位编制，政府投资项目还需征询建设主管部门意见，最后以建设单位名义印发红头文件正式下达。下达的一级总控计划主要包括：富山工业园二围北片区园区配套道路工程项目一级总控计划、富山二围北片区绿美工程一级总控计划、富山工业城高标准厂房一期工程一级总控计划、马山北路（高栏港高速至中心西路段）道路工程一级总控计划、珠海富山产业新城马山生态岛道路及配套工程一级总控计划、富山站至二围北片区电缆通道工程一级总控计划、富山工业城二围北片区厂房（一期）项目一级总控计划（表4-1）、富山工业园二围片区员工宿舍工程一级总控计划、富山工业城Ⅰ区企业投产配套项目一级总控计划等。一级计划的要素包括项目名称、工作序号、任务名称、前置任务、计划完成的起止时间、责任部门、分管领导、经办人员等内容。

厂房（一期）项目一级总控计划节选　　　　　表 4-1

序号	任务名称	计划时间			需协调政府部门	建设单位			
		开始时间	结束时间	时间（天）	政府部门	责任部门	分管领导	责任人	经办人
1. 项目批复计划									
1.1	可研报告编制	2022年5月17日	2022年6月5日	19		投资发展部			
1.2	项目批准文件（项目备案证）	2022年5月5日	2022年5月26日	21	区政府 富山经发局	前期业务部			
1.3	土地招拍挂	2022年6月2日	2022年7月20日	49		前期业务部			
1.4	用地规划许可（容缺办理）	2022年6月10日	2022年7月22日	43	区政府 市自然资源局富山分局	规划设计部			
1.5	建设工程规划许可	2022年6月20日	2022年7月26日	37	区发改局 市自然资源局富山分局 富山建设局 富山经发局	规划设计部			
1.6	环评、水保、节能、地灾编制及报批	2022年7月25日	2022年9月30日	68		前期业务部			
2. 招标、成本、合同计划									
2.1	软基处理工程勘察、设计、造价咨询、监理单位招标	2022年5月13日	2022年5月17日	4		规划设计部、成本管理部、风险控制部、招标采购部			
2.2	主体工程勘察设计、造价咨询(东西区)、监理(东西区)单位招标	2022年5月20日	2022年6月27日	38		规划设计部、成本管理部、风险控制部、招标采购部			
2.2.1	主体工程勘察设计、造价咨询(东西区)、监理(东西区)单位合同定稿	2022年5月16日	2022年5月23日	7		规划设计部、工程部、风险控制部			
2.2.2	主体工程勘察设计、造价咨询(东西区)、监理(东西区)单位预算编制及审核	2022年5月20日	2022年5月23日	3		成本管理部			
2.2.3	主体工程勘察设计单位招标	2022年5月14日	2022年6月20日	37		招标采购部			
2.2.4	主体工程造价咨询（东西区）单位招标	2022年5月23日	2022年6月26日	34		招标采购部			

续表

富山工业城二围北片区厂房（一期）项目一级总控计划

序号	任务名称	计划时间			需协调政府部门	建设单位		
		开始时间	结束时间	时间（天）	政府部门	责任部门	分管领导	责任人	经办人
2.2.5	主体工程监理（东西区）单位招标	2022年5月20日	2022年6月27日	38		招标采购部			
2.3	软基处理工程施工单位招标	2022年5月20日	2022年6月23日	34		成本管理部、风险控制部、招标采购部			
2.3.1	软基处理工程施工单位合同定稿	2022年5月15日	2022年5月28日	13		工程部、风险控制部			
2.3.2	软基处理工程施工单位预算编制及审核	2022年5月15日	2022年5月31日	16		成本管理部			
2.3.3	软基处理工程施工单位招标	2022年5月20日	2022年6月23日	34		招标采购部			
2.4	主体工程施工单位招标	2022年5月30日	2022年7月29日	60		成本管理部、风险控制部、招标采购部			
2.4.1	主体工程施工单位合同定稿	2022年6月30日	2022年7月5日	5		工程部、风险控制部			
2.4.2	主体工程施工单位招标预算编制及审核	2022年6月30日	2022年7月5日	5		成本管理部			
2.4.3	主体工程施工单位招标	2022年5月30日	2022年7月29日	60		招标采购部			

4.2.2 二级实施计划和专项工作计划

二级实施计划是以一级总控计划中关键节点为目标，进一步细化分解后形成的季度工作计划。二级实施计划一般在施工阶段下达，原则上不突破一级总控计划要求。二级实施计划包含的要素与一级总控计划相同，但各项计划活动是可量化的现场形象进度。园区市政配套道路工程项目二级实施计划如表4-2所示。

园区市政配套道路工程项目二级实施计划节选　　　表4-2

编号	任务名称	工期（天）	开始时间	完成时间	剩余工程量	机械人员配置	具体工效	施工单位			监理单位		建设单位	
								直接责任人	第一责任人	责任领导	直接责任人	责任领导	直接责任人	责任领导
1	富山工业园二围北片区园区配套道路工程		2023年4月1日	2024年10月30日										
1.1	雷蛛大道下桥倒边段西半幅AK0+00~AK0+140	87	2024年4月5日	2024年6月30日										

续表

编号	任务名称	工期（天）	开始时间	完成时间	剩余工程量	机械人员配置	具体工效	施工单位 直接责任人	施工单位 第一责任人	施工单位 责任领导	监理单位 直接责任人	监理单位 第一责任人	监理单位 责任领导	建设单位 直接责任人	建设单位 第一责任人	建设单位 责任领导
1.1.1	水泥搅拌桩（含检测）	41	2024年4月5日	2024年5月15日	1363根	4台桩机、4座后台、工人20名	16根/(天·台)									
1.1.2	工业污水	15	2024年5月16日	2024年5月30日	92米	1台钢板桩机、1台挖机、工人10名	15天/段									
1.1.3	生活污水	18	2024年5月24日	2024年6月10日	196米	1台钢板桩机、1台挖机、工人10名	15天/段									
1.1.4	雨水	18	2024年5月29日	2024年6月15日	66米	1台钢板桩机、1台挖机、工人20名	15天/段									
1.1.5	路基土回填	10	2024年6月11日	2024年6月20日	5500平方米	土方车4台、挖机1台、压路机1台、工人6名	1天/工作面									
1.1.6	碎石水稳（含养护）	10	2024年6月17日	2024年6月26日	2300平方米	运输车4台、摊铺机1台、挖机1台、平地机1台、压路机2台、工人10名	1天/工作面									
1.1.7	给水	6	2024年6月21日	2024年6月26日	160米	1台挖机、工人5名	15天/段									
1.1.8	过路排管	7	2024年6月21日	2024年6月27日	7处	1台挖机、工人5名	10天/段									
1.1.9	沥青摊铺	3	2024年6月27日	2024年6月29日	2100平方米	运输车4台、摊铺机1台、挖机1台、压路机2台、工人10名	1天/工作面									
1.1.10	交通标线	1	2024年6月30日	2024年6月30日		工人3名	2天/工作面									
1.1.11	人行道砖铺设	11	2024年6月20日	2024年6月30日	560平方米	叉车1台、挖机1台、工人5名	70米^2/(组·天)									
1.1.12	非机动车道彩色沥青混凝土	14	2024年6月17日	2024年6月30日	420平方米	运输车1台、挖机1台、工人5名	200米^2/(组·天)									
1.1.13	安监照明交通杆件基础	10	2024年6月21日	2024年6月30日	5个	挖机1台、工人5名	10个/(组·天)									
1.1.14	杆件与设备安装	5	2024年6月26日	2024年6月30日	5个	吊车1台、工人5名	8杆/(组·天)									

在富山工业城二围北片区厂房（一期）项目中，因项目建设体量大、工期极其紧张，

建设单位采取了按月度编制和下达二级实施计划的方式，如表 4-3 所示。

厂房（一期）项目月度工作计划节选　　　　　　　　　表 4-3

序号	任务名称	计划时间			责任部门	分管领导	部门负责人	经办人
		开始时间	结束时间	时间（天）				
1号地块厂房结构施工								
（1）	4号厂房软弱场地处理完成100%	2022/9/1	2022/9/15	12	工程部			
（2）	4号厂房桩基础施工完成80%	2022/9/1	2022/9/30	13	工程部			
（5）	3号厂房软弱场地处理完成100%	2022/9/1	2022/9/15	14	工程部			
（6）	3号厂房桩基础施工完成60%	2022/9/1	2022/9/30	15	工程部			
（9）	2号厂房软弱场地处理完成100%	2022/9/1	2022/9/15	16	工程部			
（10）	2号厂房桩基础施工完成50%	2022/9/1	2022/9/30	17	工程部			
（13）	1号厂房软弱场地处理完成100%	2022/9/1	2022/9/15	18	工程部			
（14）	1号厂房桩基础施工完成10%	2022/9/1	2022/9/30	19	工程部			
（17）	5号厂房软弱场地处理完成100%	2022/9/1	2022/9/15	20	工程部			
（18）	5号厂房桩基础施工完成30%	2022/9/1	2022/9/30	21	工程部			
（21）	6号厂房软弱场地处理完成80%	2022/9/1	2022/9/15	22	工程部			
（22）	6号厂房桩基础施工完成20%	2022/9/1	2022/9/30	23	工程部			
（24）	7号厂房软弱场地处理完成80%	2022/9/1	2022/9/15	24	工程部			
（25）	7号厂房桩基础施工完成20%	2022/9/1	2022/9/30	25	工程部			
（27）	仓库软弱场地处理完成20%	2022/9/1	2022/9/15	26	工程部			
（28）	仓库桩基础施工完成5%	2022/9/1	2022/9/30	27	工程部			
（30）	公共服务中心软弱场地处理完成50%	2022/9/1	2022/9/15	28	工程部			
（31）	公共服务中心桩基础施工完成10%	2022/9/1	2022/9/30	29	工程部			

对于对一级总控计划影响较大、涉及不同业务部门和参建单位配合完成的工作，可编制专项工作计划，以加强对该项工作的计划管控。例如，富山工业城二围北片区厂房（一期）项目前期阶段拍地工作对后续的方案报批、用地规划许可证、工程规划许可证办理等关键里程碑节点影响巨大，因此针对土地招拍挂工作建设单位编制和下达了专项工作计划（表 4-4），以严控拍地过程中各项工作的完成期限。

厂房（一期）项目专项工作计划　　　　　　　　　表 4-4

序号	任务名称	计划时间			分管领导	部门负责人	部门经办人	设计单位负责人	备注
		计划开始时间	计划完成时间	天数（天）					
1	用地范围、规划条件、功能及相关限制性条款等指标确定阶段	2022/6/2	2022/6/14	13					
（1）	确定项目方案	2022/6/2	2022/6/10	9					
（2）	明确用地范围、规划条件、功能等指标	2022/6/11	2022/6/11	1					

续表

序号	任务名称	计划时间			分管领导	部门负责人	部门经办人	设计单位负责人	备注
		计划开始时间	计划完成时间	天数（天）					
（3）	与政府沟通指标并达成一致意见	2022/6/11	2022/6/12	2					
（4）	总平面图及相关功能指标书面盖章送达政府确认	2022/6/13	2022/6/14	2					
2	土地估价和挂网阶段	2022/6/15	2022/6/30	16					
（1）	协助政府明确土地出让方式	2022/6/15	2022/6/20	6					
（2）	协助政府委托评估单位确定地价	2022/6/21	2022/6/25	5					
（3）	协助政府上会同意并取得书面同意意见	2022/6/11	2022/6/27	17					
（4）	协助政府开始挂网公示	2022/6/28	2022/6/30	3					
3	竞拍确认成交阶段	2022/7/1	2022/7/20	20					
（1）	领取挂牌文件	2022/7/1	2022/7/15	15					
（2）	公司办理CA证书并完成网上注册	2022/7/1	2022/7/15	15					
（3）	完成竞买资格申请并通过审查	2022/7/1	2022/7/15	15					
（4）	缴纳竞拍保证金	2022/7/1	2022/7/15	15					
（5）	网上报价/竞价	2022/7/1	2022/7/15	15					
（6）	签订土地出让合同并支付地价款	2022/7/16	2022/7/20	5					
（7）	签订成交确认书	2022/7/15	2022/7/20	6					

4.2.3 周工作计划

周工作计划是将二级实施计划进一步切分、细化，以周为周期下达的工作计划。周工作计划的下达、执行、检查等环节均在一周内完成，是较为密集的计划管控方式。富山工业城二围北片区厂房（一期）项目建设体量大，共划分了5个施工标段，建设单位每周对各标段施工单位下达周工作计划。周工作计划的检查也有利于建设单位详细掌握现场具体进展及各施工单位的工作状态，预判一级总控计划、二级实施计划节点可能产生的滞后，以便及时采取约谈施工单位等应对措施。

周工作计划的统计工作是密集的，大量填报工作需由现场一线管理人员完成，因此应提前设计好周工作计划模板，在满足统计需求的前提下，尽量简化操作难度。周工作计划的要素包括当前工序、总工程量、截至上周累计完成工程量、本周计划完成工程量、本周实际完成工程量、周计划完成比例、下周计划完成工程量、下一个关键节点、对比关键节点滞后情况、滞后原因和纠偏措施等，详见表4-5。设置模板可以方便对比前后两期下达的周工作计划，以避免填报错误。建设单位对周工作计划规定了以下工作流程：

（1）每周四召开由业主代表、监理单位、施工单位及相关参建单位参加的工程例会，对编制的周工作计划进行审议后下达。

表 4-5

园区市政配套道路工程周计划检查对比表

富山工业城厂房项目（一期）进度对比周报（二标）
第九期（2023年3月30日—2023年4月5日）

填报时间：2023年4月6日（工程量数据截止至4月5日凌晨）

说明：1. 打"/"代表没有此项工作。

标段①	区域②	地块③	建筑物④	当前节点⑤	单位⑥	总工程量⑦	第八期累计完成工程量⑧	本期（本周）计划完成工程量⑨	本期（本周）实际完成工程量⑩	周计划完成比例⑪=⑩-⑨	含本期（本周）累计完成工程量⑫=⑧+⑩	含本期（本周）累计完成占总工程量比例⑬=⑫÷⑦	下期计划完成工程量⑭	下一关键节点完工（实体完工）	下一个关键节点考核时间	对比关键节点完成后情况（竣工答案）	对比下达的一、二设计中滑后情况	滞后原因	纠偏策略	备注
二标段	E区	7	1号厂房	一、主体完工情况															
				（一）软基处理施工	立方米				已完成										
				（二）桩基础施工	根				已完成				基础分部验收	2023/2/20					
				（三）主体结构施工	平方米				已完成										
				（四）建筑外立面施工	平方米	13950	13950	0	0	0%	13950	100%		主体结构验收	2023/3/20					
				1. 涂料施工	平方米	12000	12000	0	0	0%	12000	100%								
				2. 铝合金安装	平方米	7600	7600	0	0	0%	7600	100%								
				（五）屋面工程	平方米				已完成										
				二、剩余工程量																
				钢体抹灰安装	平方米	32189	30902	316	320	100%	31222	97%	79	工程主体完工（实体完工）	2023/4/30	暂无滞后				
				机电安装	百分比	100%	75%	5%	10%	100%	85%	85%	5%							
				设备用房机电安装	平方米	7597	7278	79	80	100%	7358	97%	79							
				一层机电安装	平方米	7597	7278	79	80	100%	7358	97%	79							
				二层机电安装	平方米	7597	7273	79	80	100%	7353	97%	79							
				三层机电安装	平方米	1800	1800	0	0	0%	1800	100%								
				四层机电安装	平方米	32189	31860	71	75	100%	31935	99%	18							
				屋面层机电安装																
				（三）室内装修施工																
				一层装修施工	平方米	7597	7510	18	20	100%	7530	99%	18							
				二层装修施工	平方米	7597	7510	20	20	100%	7530	99%	20							
				三层装修施工	平方米	7597	7530	15	15	100%	7545	99%	15							
				四层装修施工	平方米	1800	1800	0	0	—	1800	100%								
				（四）红线内小市政																
				室外软硬处理（水泥搅拌桩、瓦斯喷粒、浅层固化、换填）	平方米	47002	25700	2970	3720	100%	29420	63%	2850	室外市政施工	2023/5/15					
				室外道路及绿化施工	百分比	39816	21850	2850	3600	100%	25450	64%	2850							
				室外给水管线施工	米	1460	15%	0	15	—	15%	15%	0							
				室外雨、污排水管线施工	米	1165	1015	70	70	100%	1085	74%	70							
				室外供电管线施工	米	835	835	50	50	100%	885	76%	50							
				室外燃气管线施工	米	3060	1400	—	—	—	1400	46%	300							
				室外通信管线施工	米	1500	600	—	—	—	600	40%	160							

进度情况小结：
1. 本周完成产值：
2. 截至本周累计完成产值：
3. 总建安费（计划完成产值）：

本周完成投资情况

存在问题

施工单位项目经理签字确认　　年　月　日　　　　监理单位总监理工程师签字确认　　年　月　日

（2）施工单位每周填报周工作计划检查对比表，每周五下班前将电子版发送到建设单位计划管理部门。周六召开工程协调例会前，将经施工单位项目经理、监理单位总监理工程师、电子公司工程部负责人签字确认的纸质表格提交建设单位计划管理部门。

（3）施工单位、监理单位将每周工作计划检查对比表作为工程例会的固定议题。

（4）建设单位通过对比本周实际完成与下达的周计划、当前累计完成与实体工程总量，形成对各标段施工单位的周计划完成情况排名和累计完成工程量排名。

（5）各标段施工单位的周计划完成情况排名和累计完成工程量排名作为建设单位工作简报的一项内容定期上报有关单位。

（6）建设单位计划管理部门将历次已签字的周计划检查对比表归档留存，作为项目结束后评判业主代表、施工单位、监理单位等是否履职到位的依据。

4.2.4 施工逐日计划、材料供应计划和作业票

在项目冲刺阶段，为加强对现场进度的管控力度，提出了下达施工逐日计划的工作方式。施工逐日计划根据上一级计划工期节点、现场剩余实体工程量、劳务班组工人和机械工效等，倒排计算出每日需完成的工程量和对应的资源投入量。施工逐日计划的要素包括：工区、分项工程、工序名称、工程量、计划开始时间、计划完成时间、完成情况及剩余工期、剩余工程量、今日作业量、次日计划量、计划投入资源、实际投入资源等，详见表4-6。施工逐日计划的下达、执行、检查周期是天，因此是一项频率十分密集的计划管控手段。应用施工逐日计划对项目进行计划管控，要求建设、施工、监理现场管理人员必须对施工工序、现场剩余未完工程量、工人和设备工效、每天实际完成工程量等数据有准确的把握，对项目管理人员提出了很高的工作要求。

施工逐日计划确定后，施工单位通过作业票的形式（表4-8）将计划要求下达给劳务班组，作业票明确了当天计划完成的工程量，计划投入的工人和设备数量等要求。

为配合施工逐日计划，还需编排好材料设备保障计划，确保施工所需的材料设备按时进场，避免影响现场进度。材料设备供应商情况表统计了材料类型、材料数量、工程量、厂家名称、联系方式、是否已签订供应合同、是否现场实地考察、供应总量、当日到货数量、已到货数量、剩余未到数量、最迟到货时间、运输方式等信息，详见表4-7。通过将材料设备采购计划与施工逐日计划进行对比，并结合对材料供货厂商现场调研，项目管理人员能够研判材料供应方面可能存在的风险，及时采取措施督促采购工作进度。例如，扩大供货商范围、驻场监造等，详见图4-5。

施工逐日计划表

表 4-6

填报日期：2025年1月12日

说明：滞后的工序标红色底色。工期形势严峻的工序标黄色底色。正常的工序标白色底色。已完成的工序标绿色底色。

序号	作业区段	分项工程	施工工序	开始时间	珠海建工内部计划完成时间	军令状工期	完成情况及剩余工期	剩余工程量占比	总工程量	剩余工程量	单位	今日作业量计划	今日作业量实际	次日计划量	白天人员计划	白天人员实际	夜班人员计划	夜班人员实际	白天机械计划	白天机械实际	夜班机械计划	夜班机械实际	材料是否满足	今日是否晚是24小时	劳务班组直接责任人	施工单位直接责任领导	监理单位直接责任领导	建设单位直接责任领导
1		视频桩		2023年1月15日		军令状无要求	已完成		0	0	根	0	0	已完成														
2		土方开挖		2023年12月19日	2023年12月14日		已完成	0%	1500	0	立方米	0	0	已完成														
3		工业污水	钢板桩支护	2023年12月11日	2023年12月21日		已完成	0%	52	0	米	40	0	已完成														
4			沟槽开挖	2023年12月12日	2023年12月18日		已完成	0%	52	0	米	0	0	已完成														
5			管道安装	2023年12月13日	2023年12月21日		已完成	0%	92	0	米	0	0	已完成														
6			沟槽回填	2023年12月13日	2023年12月22日		已完成	0%	92	0	米	0	0	已完成														
7			钢板桩拔除	2023年12月14日	2023年12月24日		已完成	0%	92	0	米	0	0	已完成														
8		生活污水	钢板桩支护	2023年12月13日	2023年12月19日		已完成	0%	160	0	米	0	0	已完成														
9			沟槽开挖	2023年12月13日	2023年12月19日		已完成	0%	160	0	米	0	0	已完成														
10			管道安装	2023年12月14日	2023年12月20日		已完成	0%	160	0	米	0	0	已完成														
11			沟槽回填	2023年12月14日	2023年12月20日		已完成	0%	160	0	米	0	0	已完成														
12			钢板桩拔除	2023年12月15日	2023年12月27日		已完成	0%	160	0	米	0	0	已完成														
13		雨水管	沟槽开挖	2023年12月19日	2023年12月26日		已完成	0%	30	0	米	0	0	已完成														
14			混凝土垫层	2023年12月19日	2023年12月26日	2024年1月8日	已完成	0%	30	0	米	0	0	已完成														
15	雷峰大道倒边施工段AK0+00—AK0+140		管道安装	2023年12月20日	2023年12月28日		已完成	0%	30	0	米	0	0	已完成														
16			沟槽回填	2023年12月21日	2023年12月28日		已完成	0%	30	0	米	0	0	已完成														
17			钢板桩拔除	2023年12月22日			已完成	0%	140	0	米	0	0	已完成														
18		雨水渠	钢板桩支护	2023年12月19日	2023年12月24日		已完成	0%	140	0	米	0	0	已完成														
19			沟槽开挖	2023年12月20日	2023年12月25日		已完成	0%	140	0	米	0	0	已完成														
20			混凝土垫层	2023年12月21日	2023年12月26日		已完成	0%	140	0	米	0	0	已完成														
21			底板钢筋模板砼	2023年12月22日	2023年12月27日		已完成	0%	140	0	米	0	0	已完成														
22			侧墙钢筋	2023年12月23日	2023年12月28日		已完成	0%	140	0	米	0	0	已完成														
23			侧墙及支模板砼	2023年12月24日	2023年12月29日		已完成	0%	140	0	米	0	0	已完成														
24			顶板钢筋	2023年12月25日	2023年12月29日		已完成	0%	140	0	米	0	0	已完成														
25			顶板及支模板砼	2023年12月26日	2023年12月30日		已完成	0%	140	0	米	0	0	已完成														
26		路基整平、填筑	—	2023年12月30日	2024年1月3日	2024年1月15日	滞后	64%	140	90	米	90	0	50	2	3	2	3	3	1	3	0						
27			混凝土垫层	2023年12月29日	2024年1月2日		滞后	100%	140	140	米	140	0	140	2	1	1	0	1	0	1	0						
28		接驳管廊	底板钢筋模板砼	2023年12月31日	2024年1月1日		滞后	100%	140	140	米	140	0	140														
29			墙体砌筑	2024年1月2日	2024年1月6日	2024年1月15日	2	100%	2	2		47	0	70														
30			通信套管	2024年1月4日			3	100%	3	3		35	0	47														
31			中粗砂回填	2024年1月7日			未开始			140	米	0	0	0														
32			盖板	2024年1月9日			未开始			140	米	0	0	0														

表 4-7

材料设备供应商情况表

富山二围北市政配套道路材料供应商情况表

说明：滞后供应的材料标 红色 应急底，工期形势严峻的材料标 黄色 应急底，已完成供应的材料标 绿色 应急底，正常供应时的材料标识应急底。

填报日期：

序号	道路名称	区域划分	材料类型	材料数量	核算工程量	厂家名称	联系方式	供应关系		供应能力					运输方式	驻场人员			责任单位					
								是否已签订供应合同	是否现场实地考察	供应总量	今日到货数量	已到货数量	剩余未到数量	最近到货时间		施工单位	监理单位	建设单位	劳务班组 第一责任领导/直接责任人	施工单位 第一责任领导/直接责任人	责任单位 第一责任领导/直接责任人	监理单位 第一责任领导/直接责任人	建设单位 第一责任领导/直接责任人	
1	欣港路东	雷城大道-中心西路	水稳	9139.20	立方米	×××公司		是	是	9139.20	2125	6829	184.76	2024年1月5日	汽运									
2			沥青	2950.74	立方米	×××公司		是	否	2950.74	0	0	2950.74	2024年1月15日	汽运									
3			路缘石	2090.00	米	×××公司		是	否	2090.00	0	300	1790	2024年1月5日	汽运									
4			铺装石材	3838.00	平方米	×××公司		是	否	3838.00	0	0	3838	2024年1月6日	汽运									
5			路灯	71.00	座	×××公司		是	否	71.00	0	0	71		汽运									
6			安监	—	—	×××公司		是	否	—	0	0	0	2024年1月6日	汽运									
7			井盖	84.00	座	×××公司		否	否	84.00	0	0	84	2024年1月6日	汽运									
8	欣港路西	滨港路-雷城大道	水稳	13784.87	立方米	×××公司		是	是	13784.87	1800	8462	5322.87	2024年1月15日	汽运									
9			沥青	4682.81	立方米	×××公司		是	是	4682.81	0	0	4682.81	2024年1月15日	汽运									
10			路缘石	7837.00	米	×××公司		是	是	7837	0	178	7659	2024年1月15日	汽运									
11			铺装石材	3769.93	平方米	×××公司		是	是	3769.93	0	0	3769.93	/	汽运		/	/						
12			路灯	97.00	座	×××公司		是	否	97	0	0	0	2024年1月15日	汽运									
13			安监	21.00	台	×××公司		是	是	21	0	0	21	2024年1月20日	汽运	/	/	/						
14			井盖	149.00	座	×××公司		是	是	149	0	0	149	2024年1月15日	汽运									

作业票　　　　**表 4-8**

日期：　2023年12月10日

道路名称	施工部位	作业班组	班组现场负责人	工区施工员	工区负责人
中心西路	欣港路东	×××	×××	×××	×××

施工内容							
序号	分项工程	工序	今日计划量	计划人员	计划设备	今日完成量	备注
1	路基土	路基填筑	200米	—	推土机2台、压路机1台、挖机2台、运输车辆6台		
2	管廊	砌筑	30米	7	—		
3	水稳层	水稳层2层	100米	4	压路机1台、摊铺机1台、运输车辆12台		
4	生活污水	沟槽开挖及打钢板桩	沟槽开挖40米、打钢板桩××米	3	钢板桩机1台、挖机2台		
5	雨水渠	浇筑混凝土	60立方米	10	—		

其他资源投入		
上午	下午	夜班
钢筋工5人，自卸吊1台	木工6人、泥水工8人、自卸吊1台	装管工人3人

班组现场负责人：　　　　工区施工员：　　　　工区负责人：

×××有限公司

珠横城投函〔2023〕244号

关于珠海市富山工业园二围北片区园区配套道路工程水稳、沥青、路缘石供应量风险警示的函

×××有限公司：

斗门大横琴5.0产业新空间是落实广东省、珠海市高质量发展、推进“制造业当家”主战场。珠海市富山工业园二围北片区园区配套道路工程（以下简称本工程）是斗门大横琴5.0产业新空间关键配套基础设施，建设任务重，工期紧迫。根据珠海市委市政府、斗门区委区政府相关指示精神及大横琴集团统一工作部署，本工程分为2024年1月30日、2024年3月30日（以下简称“1.30”　“3.30”）两个关键完工时间节点，工期十分紧迫。

11月30日，我司组织各参建单位对涉及“1.30”　“3.30”节点工期道路的水稳、沥青、路缘石供应厂家进行调研（详见附件），发现存在以下问题：**一是**水稳厂家虽已签订合同，但所有抢工道路段均由同一场地提供，该厂场内仅有两条生产线，目前设备处于停机状态，当水稳料大量集中供应时，若设备出现故障将严重影响水稳铺设进度。**二是**沥青虽由两家厂家供应，一家负责“1.30”节点的沥青料供应；另一家负责“3.30”节点的沥青料供应，当沥青料大量集中供应时，仅由一家厂家供应存在供应不足风险。**三是**路缘石厂家至今未签订合同，根据现有产能若不及时签订合同将无法满足抢工道路的需求。**四是**资金问题，经了解水稳、沥青料费用大部分都是现结或月结，若未及时付款将影响水稳、沥青料供应，存在风险。

综上，根据调查情况，水稳、沥青、路缘石均存在供应不足风险，请你司提早谋划、降低不确定因素影响，为后续路面工程施工做好充足准备，避免因材料不足造成节点无法完成的情况。

特此致函。

附件：路面水稳、沥青、侧平石三大材料考察报告

×××有限公司

××××年××月××日

（联系人：　，电话：　）

图 4-5　材料供应计划风险提示函

为确保施工逐日计划、材料设备采购计划统计数据的及时性、准确性，建设单位制定了以下工作流程：

（1）数据填报。《施工逐日计划表》《材料供应计划表》通过在线共享文档的方式进行

实时填报。由施工单位各路段责任人及相关部门的现场管理人员负责基础数据的统计和填报，每日分三次对现场人、机、料情况进行清点：①上午，9:30 前填报当日上午现场实际资源；②下午，14:30 前填报下午现场实际资源；③晚上，20:00 前填报夜班资源，按时按要求填报。

（2）数据审核。建设单位各路段直接责任人、第一责任人于每日定时组织施工、监理单位对应路段的工区经理和负责人对当天填报的数据进行会审：①通过现场抽查复核等方式，确保各项数据的真实性、及时性；②研判各道工序的工期形势，对滞后的工序标涂红色，工期形势严峻的标涂黄色，已完工的工序标涂绿色；③结合实际情况指导明日计划的编制，要确保计划的科学性和合理性；④建设单位各路段直接责任人将上述审核结果反馈给施工单位对应负责填表的工作人员，由其在共享文档中更正当日填报的信息。

（3）分析数据及时纠偏。施工单位各工区经理以每半天为一个检查周期进行实际工作量和资源的分析，发现人员设备较计划量不足，且任务未完成，立即向项目经理、该路段建设单位直接责任人反馈，并督促分包单位立即调整资源，增加投入。

（4）每日梳理进度。在项目部每日碰头会上，根据工作表格梳理研究进度推进，分析总结进度偏差，制定纠偏措施。

（5）专人牵头统筹。施工单位指定专人统筹工作，负责表格的优化、填报进展的督办、数据的核对、突出问题的分析通报等工作，并负责每周向项目经理汇报表格化运行情况。每日表格汇总完毕后报至监理单位审核，于次日上午 10:00 前报送至建设单位工程管理部。

4.3 计划执行检查和纠偏

对下达的一级总控计划、二级实施计划、专项工作计划、周工作计划、施工逐日计划应建立检查机制，将计划的执行情况与已下达计划节点进行对比，及时发现滞后情况，并研究采取纠偏措施。计划检查和纠偏工作贯穿新型产业空间项目建设的始终，确保各项工作不偏离计划主线。

（1）一级总控计划执行情况的检查和纠偏

一级总控计划的各计划活动均为里程碑事件，两个相邻活动的间隔时间较长，因此一级计划的检查应随项目推进动态开展，以便及时研判节点滞后风险。影响一级计划节点的风险点往往是一些制约项目推进的难点堵点问题。例如，方案设计、设计变更、施工场地占用、资金问题等，因此应将一级计划的检查和纠偏的重点放在对于这些问题的协调进展上（相关内容详见第 13 章）。

在计划检查过程中，判定某一项计划活动是否已经完成，应以不影响下一个计划活动的开展为标准。计划管理部门在检查时应明确各项活动完成的判定标准，并要求执行部门提供对应的成果文件。

（2）二级实施计划执行情况的检查和纠偏

二级实施计划的各计划活动对应可量化的现场形象进度。在新型产业空间各项目建设中，建设单位计划管理部门将每月应完成的节点列成台账，定期组织到现场实地对照检查，检查过程留存影像资料，作为判定计划节点完成的依据，详见表 4-9。

第 4 章 计划管控篇

表 4-9

二级计划完成情况检查对比表

二级实施计划中×月节点共×项，截至×月×日现场已完成×项，暂未完成×项。

序号	工作事项	需完成节点	负责人	负责部门	分管领导	依据文件	完成情况	现场照片
1	富山高标准厂房一期工程铺设真空预压水平管道系统	2022年10月7日	×××	×××	×××	2022年10月19日集团建设管理部下达的2022年第四季度的二级实施计划	已完成	
2	富山高标准厂房一期工程铺设保护土工布2层、密封膜2层，密封膜压入密封沟	2022年10月14日	×××	×××	×××	2022年10月19日集团建设管理部下达的2022年第四季度的二级实施计划	已完成	
3	富山高标准厂房一期工程试抽真空并堆载80千帕	2022年10月24日	×××	×××	×××	2022年10月19日集团建设管理部下达的2022年第四季度的二级实施计划	未完成	
4	三甲东片区地块填土工程（一期）项目部投入使用	2022年10月10日	×××	×××	×××	2022年10月19日集团建设管理部下达的2022年第四季度的二级实施计划	已完成	
5	三甲南片区地块填筑工程围堰施工准备工作	2022年10月15日	×××	×××	×××	2022年10月19日集团建设管理部下达的2022年第四季度的二级实施计划	已完成	

在排除外部问题的情况下,二级实施计划产生偏差一般是施工组织和管理方面原因造成的。建设单位要注意过程中收集现场问题。例如,在富山工业城二围北片区厂房(一期)项目中,建设单位组织对现场 10 个工区、80 余个单体建筑每天现场清点工人数量,对现场投入不满足进度要求的,书面发函至施工单位,明确提出纠偏要求;必要时还可以采取约谈施工单位领导的方式,加强对施工单位的统筹力度。最后,在相关措施均无效的情况下,建设单位还可以考虑按照合同约定予以违约处罚。

(3)周工作计划、施工逐日计划的检查和纠偏

周工作计划、施工逐日计划的各计划活动也是可量化的现场形象进度,节点的设置较二级实施计划更为精细,因此现场实地检查的工作量较大,一般由建设单位对施工单位、监理单位上报的情况进行随机抽查和核实。在富山工业城二围北片区厂房(一期)项目建设中,建设单位对 5 个施工标段每周计划按时完成率、累计完成率进行排名,在工程协调例会上通报,对各标段施工进度起到了很好的督促作用,详见表 4-10。

周工作计划、施工逐日计划产生偏差一般是由于现场投入班组数量不足或材料设备采购进度滞后导致。在富山工业园二围北片区园区配套道路工程建设中,建设单位采取以下纠偏措施:①定期组织对现场检查,对具备作业条件但没有施工的作业面拍照留底,在工程协调例会上通报,如图 4-6 所示。②组织监理、施工单位对主要材料供货商驻场监造,水泥稳定土等材料在生产厂家处通过验收后方可装车运输到现场。③在项目关键冲刺阶段,建设单位组织施工单位每天召开碰头会,研究当天施工计划和现场资源投入计划。④与施工单位达成共识,对夜间加班的班组予以即时兑现的现金奖励。

图 4-6 对具备作业条件但现场投入不足作业面的记录

厂房（一期）项目周计划及军令状节点检查对比汇总表

表 4-10

富山工业城三围北片区厂房（一期）项目周计划及军令状节点检查对比汇总表

第十三期（2022年12月9日—2022年12月15日）

一、本周实际完成与下达的周计划工程量对比

一标　施工单位：×××公司　监理：×××公司

序号	工作内容	下达的周计划工程量	本周实际完成工程量	单位	周计划完成百分比	本周排名
1	一层主体施工	1900	3100	平方米	100%	
2	二层主体施工	1100	3500	平方米	100%	
3	三层主体施工	700	1000	平方米	100%	
4	四层主体施工	5600	8594	平方米	100%	
5	五层主体施工	600	1200	平方米	100%	
6	出屋面机房	0	3430	平方米	100%	第二名
7	一层砌体施工	716	1652	立方米	100%	
8	二层砌体施工	890	2367	立方米	100%	
9	三层砌体施工	1010	2551	立方米	100%	
10	四层砌体施工	630	1979	立方米	100%	
11	五层砌体施工	80	179	立方米	100%	
12						

二标　施工单位：×××公司　监理：×××公司

序号	工作内容	下达的周计划工程量	本周实际完成工程量	单位	周计划完成百分比	本周排名
1	一层主体施工	—	—	平方米	—	
2	二层主体施工	—	—	平方米	—	
3	三层主体施工	—	—	平方米	—	
4	四层主体施工	2768	1286	平方米	46%	
5	五层主体施工	1685.6	1686	平方米	100%	
6	出屋面机房	798	2095	平方米	100%	第三名
7	一层砌体施工	0	754	立方米	100%	
8	二层砌体施工	767	975	立方米	100%	
9	三层砌体施工	1821	2162	立方米	100%	
10	四层砌体施工	2812	2072	立方米	74%	
11	四层砌体施工	2862	1628	立方米	57%	
12						

三标　施工单位：×××公司　监理：×××公司　桩基检测：×××公司

序号	工作内容	下达的周计划工程量	本周实际完成工程量	单位	周计划完成百分比	本周排名
1	承台	0	29	个	100%	
2	一层主体施工	14932	22032	平方米	100%	
3	二层主体施工	0	739	平方米	100%	
4	三层主体施工	1615	201	平方米	12%	
5	四层主体施工	5537	5891	平方米	100%	
6	五层主体施工	0	1918	平方米	100%	第四名
7	出屋面机房	0	254	平方米	100%	
8	一层砌体施工	2430	486	立方米	20%	
9	二层砌体施工	1980	1485	立方米	75%	
10	三层砌体施工	1951	3270	立方米	100%	
11	四层砌体施工	4539	5379	立方米	100%	
12	五层砌体施工	170	170	立方米	100%	

四标　施工单位：×××公司　监理：×××公司

序号	工作内容	下达的周计划工程量	本周实际完成工程量	单位	周计划完成百分比	本周排名
1	一层主体施工	—	—	平方米	100%	
2	二层主体施工	2720	440	平方米	100%	
3	三层主体施工	0	2720	平方米	100%	
4	四层主体施工	—	—	平方米	—	
5	五层主体施工	—	—	平方米	—	
6	出屋面机房	—	—	平方米	—	
7	一层砌体施工	192.6	192.6	立方米	100%	
8	二层砌体施工	754	400	立方米	100%	
9	三层砌体施工	1254	754	立方米	100%	
10	四层砌体施工	1254	1254	立方米	100%	
11		1254	1254	立方米	100%	
12						

五标　施工单位：×××公司　监理：×××公司

序号	工作内容	下达的周计划工程量	本周实际完成工程量	单位	周计划完成百分比	本周排名
1	一层主体施工	—	—	平方米	—	
2	二层主体施工	—	—	平方米	—	
3	三层主体施工	2131.9	2489.9	平方米	100%	
4	四层主体施工	2489.9	392	平方米	16%	
5	五层主体施工	1244.9	0	平方米	0%	
6	出屋面机房	820.41	820.41	平方米	100%	第五名
7	一层砌体施工	884	1135	立方米	100%	
8	二层砌体施工	2058	1673	立方米	100%	
9	三层砌体施工	3208	1533	立方米	48%	
10	四层砌体施工	3275	524	立方米	16%	
11	四层砌体施工	600	1310	立方米	100%	
12						

二、当前累计完成与实体工程总量对比

标段	截至本周累计完成产值（万元）	总建安投资（万元）	累计完成百分比	排名
一标	×××	×××	×××	第一名
二标	×××	×××	×××	第二名
三标	×××	×××	×××	第四名
四标	×××	×××	×××	第五名
五标	×××	×××	×××	第三名

第 5 章

报批报建篇

在富山工业城项目的前期报建工作中，建设单位积极主动联系各级政府部门，熟悉各职能部门手续办理流程，应用多年的前期报批报建经验，有效突破项目重难点，对一些审批关键点有针对性地作出应对思路和措施，依法依规、及时有效完成项目前期报批工作，推进项目建设进度。

5.1 报批报建内容

前期报批报建业务主要包括：组织开展项目立项（项目建议书、可行性研究报告、项目备案）、办理各类许可证书（用地预审及选址意见书、用地划拨、用地规划许可证、使用林地审核同意书、施工许可证）、编审和报批报建各类文件（环境影响评价、水土保持方案报告、防洪评价、通航影响论证）、申请农用地转建设用地、办理临时用地、防雷审查等工作。

5.2 报批报建的流程

5.2.1 项目建议书报批

1. 项目建议书报批流程图（图 5-1）

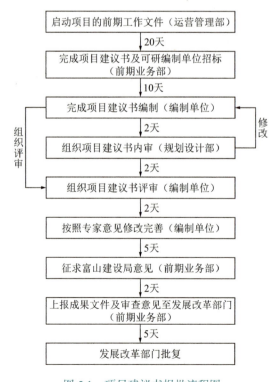

图 5-1　项目建议书报批流程图

2. 资料清单

（1）关于申报××工程项目建议书的函（报建设局），附项目建议书成果文件。

（2）关于申报××工程项目建议书的请示（报经发局），附项目建议书成果文件及建设主管部门审查意见。

5.2.2 可行性研究报告报批

1. 可行性研究报告报批流程图（图 5-2）

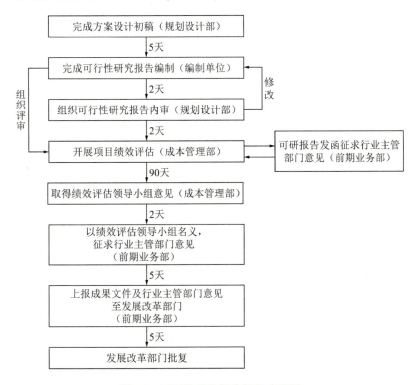

图 5-2 可行性研究报告报批流程图

2. 资料清单

（1）关于征求××项目可行性研究报告审查的函（绩效评估阶段报行业主管部门）附可研报告成果文件。

（2）关于申报××项目可行性研究报告的函（报建设局）附可研报告成果文件及绩效评估领导小组出具的绩效评估意见。

（3）关于申报××项目可行性研究报告的请示（报经发局）附可研报告成果文件及绩效评估意见、主管部门意见。

5.2.3 用地报批

1. 用地报批流程图（图 5-3）
2. 资料清单

（1）核查三区三线、土规、土地利用现状等用地情况：用地范围图 CAD 版（国家 2000 坐标）。

（2）用地预审及选址意见书：①申请函；②用地范围图 CAD 版（国家 2000 坐标）；③营业执照、授权委托书、法人及受托人身份证明；④区级政府出具的项目启动会议纪要或文件。

（3）土地划拨：①申请函；②用地预审及选址意见批复；③可行性研究报告批复。

（4）建设用地规划许可证：①申请函、用地规划许可申请表；②营业执照、授权委托书、法人及受托人身份证明；③公示完成证明材料（申请受理后由建设单位在项目用地范围内进行用地情况公示，期限 10 天）。

（5）农转用报批：委托第三方单位或按照自然资源部门指导开展组卷工作，对外报批由自然资源部门负责。

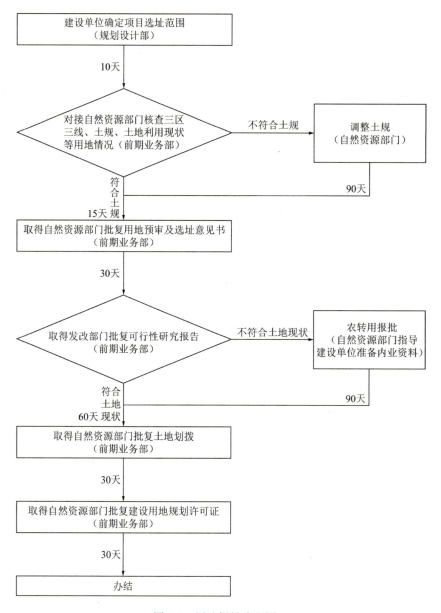

图 5-3　用地报批流程图

5.2.4 环境影响评价报批

1. 环境影响评价报告报批流程图（图 5-4）

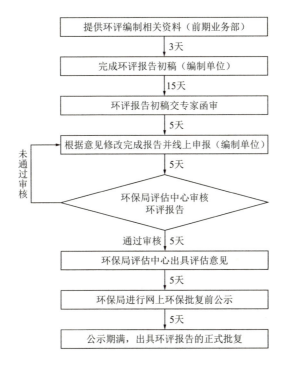

图 5-4　环境影响评价报告报批流程图

2. 资料清单

（1）送审阶段：①项目启动文件；②关于报送××环境影响报告（送审稿）的函；③××项目环境影响报告（送审稿）。

（2）报批阶段：①项目启动文件；②××项目环境影响报告专家意见；③关于报送××项目环境影响报告（报批稿）的函；④××项目环境影响报告（报批稿）。

5.2.5 水土保持报批

1. 水土保持报批流程图（图 5-5）

2. 资料清单

（1）送审阶段：①项目启动文件；②关于报送××项目水土保持方案报告（送审稿）的函；③××项目水土保持方案报告（送审稿）。

（2）报批阶段：①项目启动文件；②××项目水土保持方案报告专家意见；③关于报送××项目水土保持方案报告（报批稿）的函；④××项目水土保持方案报告（报批稿）；⑤××项目生产建设项目水土保持方案审批承诺书；⑥××项目生产建设项目水土保持方案行政许可申请表。

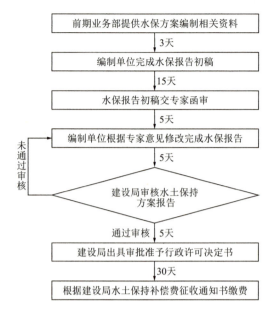

图 5-5　水土保持报批流程图

5.2.6　防雷报批

1. 防雷设计技术评价报批流程图（图 5-6）

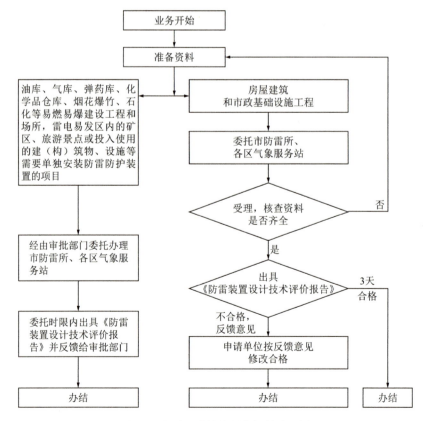

图 5-6　防雷设计技术评价报批流程图

2. 资料清单

（1）新建、扩建、改建建设项目防雷装置设计技术评价委托书。

（2）新建、扩建、改建建设项目防雷装置设计技术评价信息表。

（3）廉洁诚信承诺书。

（4）申报图纸（2套）。

5.2.7 施工许可证报批

1. 施工许可证办理流程图（图5-7）

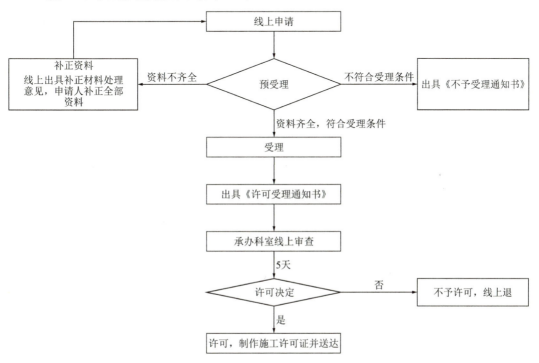

图5-7 施工许可证办理流程图

2. 资料清单

（1）建设工程施工许可申请表（各单位盖公章）。

（2）建设工程规划许可证。

（3）施工图审查合格书（包含技术性审查合格书）。

（4）建筑工程施工许可办理承诺书（各单位盖公章）。

（5）建筑工程项目安全生产文明施工目标管理责任承诺书。

（6）建设工程施工现场管理人员配备表（施工、监理）。

（7）开工前质量安全文明施工条件审查表。

（8）立项批复文件（政府投资项目提供立项批复文件，社会投资项目提供投资项目备案证，政府、国企项目依法必须招标的工程项目须提供中标通知书）。

（9）施工合同。

（10）监理合同。

（11）用地规划许可证。

（12）法人委托书和五方质量终身责任承诺书（盖单位公章和执业注册章，法人签名）。

（13）地基基础工程交接记录（非必要，桩基和主体不为同一个施工单位，办理主体施工许可时须提供）。

5.2.8 临时用地报批

1. 临时用地报批流程图（图5-8）

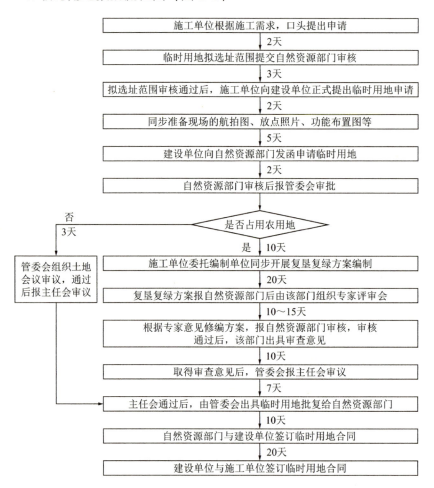

图 5-8　临时用地报批流程图

2. 资料清单

（1）关于××项目临时用地的申请。

（2）功能布局图。

（3）测量成果。

（4）临时用地承诺书。

（5）工程建设用地规划许可证。

（6）临时用地范围图。

（7）航拍图。

（8）授权委托书、法人证明书。

（9）营业执照。
（10）现场放点照片。

5.2.9 防洪报批

1. 防洪报批流程图（图 5-9）

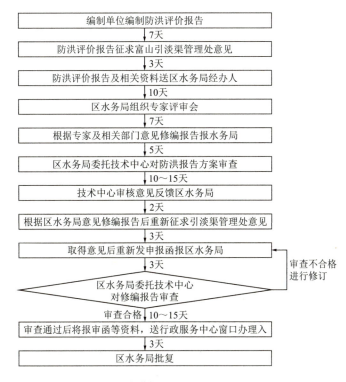

图 5-9 防洪报批流程图

2. 资料清单

（1）关于××项目建设方案审批的函。
（2）××项目防洪评价报告（报批稿）。
（3）建设单位内审意见。
（4）与第三者利害关系的说明。
（5）企业营业执照。
（6）法人证明、授权委托书、法人身份证、代理人身份证。
（7）技术审查意见表。

5.2.10 通航影响论证报批

1. 通航影响论证报批流程图（图 5-10）
2. 资料清单

（1）关于征询××项目通航条件意见的函（报市航道事务中心），附成果文件及申请材料真实性保证声明。
（2）广东省交通运输厅航道行政许可申请书（报省交通厅），附成果文件、建设依据、市航道中心出具的技术意见、身份证明材料、建设依据（规划）文件、航评报告及航道事务中心复函。

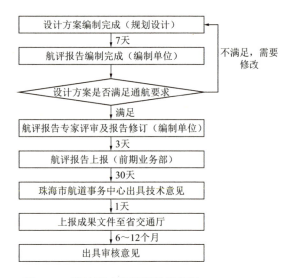

图 5-10　通航影响论证报批流程图

5.3　报批报建的要点

5.3.1　项目建议书

根据《珠海市发展和改革局关于征求〈进一步细化政府投资类项目立项用地规划许可阶段强制并联审批流程〉意见的函》，建议各区参考市里做法，将项目建议书和可行性研究报告合并报批，并在可行性研究报告中增加对项目必要性论证的内容。建设单位积极协调富山经发局，依据珠海市相关文件，将项目建议书与可行性研究报告合并报批，减少了审批环节，缩短了报批时间。

需编制项目建议书的项目，在编制单位确定后即刻安排编制单位驻场工作，并由建设单位与富山经发局对接，加强沟通，提早介入，尽快审批。

5.3.2　可行性研究报告

根据《广东省人民政府关于印发广东省全面开展工程建设项目审批制度改革实施方案的通知》（粤府〔2019〕49号）文件要求，政府投资项目需进行可行性研究报告的编制与评审。

根据项目进度及类别情况确定可行性研究单位。为保障可行性研究报告编制能满足报批要求，在区职能部门下达建设任务后，将项目可行性研究、初步设计合并招标，设计单位同步开展可行性研究、初步设计工作，保证项目可行性研究编制深度符合报批标准；或在项目方案取得区管委会及相关职能部门的审核通过后，再根据方案启动可行性研究报告的编制及报批工作——以最快速度推动项目进展。

科学完善、合理可控地编制可行性研究估算。可行性研究阶段是投资决策的起始，其投资估算是项目决策的依据，直接影响项目实施后的运行情况。可行性研究估算投资控制太紧，容易出现概算突破，投资包不住的情况；而投资控制太松，则起不到投资控制的作用。一般来说，可行性研究估算投资控制要合理且适当留有余地。如有概算突破估算情况，报区管委会批准，或根据情况对可行性研究报告进行调整。

5.3.3 环境影响评价报告

根据生态环境部《建设项目环境影响评价分类管理名录》文件要求，建设项目须按规定办理环评审批手续，并按类别确定做报告书、报告表、登记表。一般建设项目按项目类别办理环评审批，并按类别确定是做报告书，还是做报告表或登记表。

深入落实文件要求，精准编制环评报告。根据《关于印发〈广东省豁免环境影响评价手续办理的建设项目名录（2020年版）〉的通知》（粤环函〔2020〕108号）文件规定，公园（含社区公园、湿地公园等）防洪治涝工程、河湖整治工程、人行天桥及地下通道、改造项目、农村人居环境整治工程、栈道及绿道工程等，豁免办理环评手续。

5.3.4 水土保持报告

根据水利部《开发建设项目水土保持方案编报审批管理规定》（水利部令第5号）、《水利部关于修改部分水利行政许可规章的决定》（水利部令第24号）文件要求，占地在5公顷以上或开挖土石方量超过5万立方米的开发建设项目应当编制水土保持报告书，其他需动土类建设项目应当编制水土保持方案报告表。

水土保持报告的编制在设计方案稳定后进行。鉴于近年来国家对生态文明建设的高度重视，行政审批部门对水土保持报告的编制深度也有更严格的要求，比如弃土方量、弃土去向等须一一列明。在设计方案稳定后再编制水土保持报告，可确保报告内容更为精准，从而节约报批时间。

5.3.5 用地报批

根据《珠海经济特区土地管理条例》要求，建设项目涉及用地的，都须向区自然资源管理部门办理用地手续，包括用地预审、用地划拨、用地规划许可证等。如项目涉及占用农用地，还须先进行农用地转建设用地报批等工作。富山二围片区大部分建设项目都存在占用农用地的情况，须将项目占地范围进行农用地转建设用地报批，取得合法手续后才能开工建设。

因此，建设单位在收到任务时要及时了解项目拟建范围的用地情况。若项目拟建范围占用农用地，则在项目立项时，即开展农转建报批工作，待报批完成后，项目再行开工建设。由于每年建设用地指标有限，须积极协助自然资源管理部门提供资料，配合完成农转建报批手续。

5.3.6 用林报批

按照国家林业局《国家林业局关于印发〈占用征收征用林地审核审批管理规范〉的通知》（林资发〔2003〕139号）、《建设项目使用林地审核审批管理办法》（国家林业局令第35号）文件精神，涉及占用林地项目，应编制项目使用林地可行性研究报告并取得林地批复手续后才能开工。

对于用林报批，在申报时除了要考虑项目红线范围的用林报批，还须考虑施工范围的临时施工便道、堆场等临时用林报批，确保施工占用林地不超过批准范围，避免产生违法用林。临时用林期满后，应及时对使用的林地进行恢复。

在项目实施过程中，因方案调整、建设内容增加等导致项目用林范围发生变化时，应及时调整或增报用林手续，避免产生违法用林的情况。

5.3.7 施工许可证

建筑工程施工许可证是认可施工单位符合各种施工条件、允许其开工的批准文件，是建设单位进行工程施工的法律凭证。根据《中华人民共和国建筑法》第七条："建筑工程开工前，建设单位应当按照国家有关规定向工程所在地县级以上人民政府建设行政主管部门申请领取施工许可证。"加快办理施工许可证的措施如下：

（1）提前介入，主动对接。建立建设单位、施工单位、监理单位三方联系工作群，高效沟通协作，在施工单位产生后即梳理准备办理施工许可证所需材料。及时提供《建设工程施工现场管理人员一览表》《建设工程监理现场管理人员一览表》《工人工资支付专户监管协议》等资料，提前将施工、监理人员在市住房建设系统备案，避免出现因单位和人员未备案而产生的系统无法填报等问题。

（2）容缺办理，提高效率。协调建设主管部门容缺受理：先提供建筑工程施工许可申请表、建设工程规划许可证、施工图审查合格证、建筑工程施工许可办理承诺书等必要申报材料，尽早取得施工许可证，其余资料容缺，后续补齐。

5.3.8 临时用地

（1）临时用地的办理范围。根据临时用地办理的相关规定，因建设项目施工或者市政基础设施及公共服务设施配套建设需要申请临时用地，包括工程建设施工中设置的临时办公用房、预制场、拌合站、钢筋加工场、材料堆场、施工便道和其他临时工棚用地；工程建设施工过程中临时性取土、取石、弃土、弃渣用地；架设地上线路、铺设地下管线和其他地下工程所需临时使用的土地。

（2）加强临时用地管理。委派专业人员开展土地现场巡查，避免出现施工单位使用临时用地发生超建、偏建、私自占地等违法行为。高度重视临时用地退地工作，在临时用地到期后，督促施工单位严格按照合同要求落实拆除、平整、复绿，若出现拆除不完整、不彻底，平整土地未达到合同约定标高要求，复绿不完全、不到位等情况，及时敦促施工单位进行现场整改，并采用履约处罚措施，以现场管理和金融处罚手段有效加强临时用地管理，确保按质如期退地。

5.4 项目快速落地

为确保厂房（一期）项目在 2022 年 12 月 31 日前完成 150 万平方米新型产业空间厂房建设，在 2023 年 12 月 30 日前完成 200 万平方米厂房竣工验收备案的任务目标，通过实行产业项目"标准地"供应,"带项目""带方案"出让土地,"预审查"等具体措施,实现了"拿地即开工",为项目节约了宝贵时间成本。保障项目快速落地的具体措施如下:

(1)采取"标准地"供应。富山工业园管委会、珠海市自然资源局富山分局、斗门区工业和信息化局建立工业用地"标准地"控制指标体系,明确工业用地地块固定资产投资强度、容积率、单位能耗、环保要求、产业方向、安全生产要求等基本指标,并将标准明确、达到净地出让条件的用地纳入"标准地"用地库,建设单位在拿地前了解掌握地块的使用要求和投资、环保、能耗等标准。

(2)提前编制规划设计方案。在项目洽谈阶段,根据富山管委会提供的规划设计条件和控制性指标,及"带方案出让"各个阶段所涉及的审批事项、审批条件、申请材料目录等内容,建设单位提前编制规划设计方案。

(3)提前开展规划许可预审查。将原本要等项目"拿地"后才开展的建设用地规划许可证、建设工程设计方案、建设工程规划许可证等审查审批环节置于"拿地"前预审查。通过审查前置,缩短"拿地"到开工的时间。

(4)将规划设计方案纳入供地方案挂牌出让。将招商部门提出的产业准入条件、履约监管要求、产业监管协议以及审查通过的建设工程设计方案一并纳入供地方案,区政府批复后,在公共资源交易中心发布出让公告,按程序进行交易。

(5)拿地后并联核发证书。在取得土地使用权,签署国有建设用地使用权出让合同后,珠海市自然资源局富山分局2个工作日内同步核发《建设用地规划许可证》和《建设工程规划许可证》,为拿地即开工创造了条件,大大简化了审批流程和审批环节。

5.5 推行区域评估简化审批事项

为进一步扩大园区有效投资、提高审批效率、减轻企业负担,节约社会资源,加快工程建设项目落地,富山工业城二围北片区推进实施工程建设项目区域评估工作。

5.5.1 事项范围

富山工业城二围北片区在2021年开发之前为一片净土,整体区域近年填筑完成,区域内的水文、质地情况基本一致,有关专项评估工作非常适合实行区域评估,具体包括:压覆重要矿产资源评估、地震安全性评价、地质灾害危险性评估、环境影响评价、土壤污染状况调查评估、节能评价、水土保持方案编制等。

5.5.2 实施主体

区域评估工作由富山工业园管委会组织实施,管委会各主管部门负责各自所属行业的委托编制、组织审查评估、汇总发布等工作,并制定结果应用、加强事中事后监管等具体措施。

5.5.3 实施方式

(1)委托编制。各主管部门按照有关规定确定委托方式选择编制单位,明确编制时限,并完成报告委托编制工作。

（2）组织评审（邀请专家参与评审）。报告编制完成后，各主管部门组织评审，形成最终成果。

（3）审查认可。各主管部门对评估评审结果进行审查认可，并制定结果应用、加强事中事后监管等具体措施。

（4）汇总发布。管委会按事项进行评估结果汇总，并通过印发、网站等途径公布，供建设单位下载使用。

（5）结果运用。各审批部门对已完成区域评价的建设项目，正式实行简化措施。

5.5.4 结果应用及监管要求

1. 强化结果运用

区域内工程建设项目共享区域评估评审结果，实行告知承诺制审批。

编制项目可行性研究报告时，相关专业篇章可直接引用评估结果，并着重说明与结果的符合性。发展和改革部门组织可行性研究报告评审时，对符合区域评估结果的事项，一般不需审查。

对按规定需要单独编报评估评审报告的事项，判断是否可以免于单独编制、单独评审专项报告；对于不能免于编制的专项报告，依区域评估对专项报告的内容进行简化，实行告知承诺制、备案制等形式简化评估评审或审批，即来即办。

2. 加强事中事后监管

对实行告知承诺制、备案制等形式的项目，各主管部门应制定加强区域评估事中事后监管的具体措施，创新监管方式，落实监管责任，确保开展区域评估评审后监管不放松、不缺位，相关工作标准不降低。

5.6 推行并联审批，提高审批效率

富山工业城厂房及市政配套项目能够快速推进，得益于富山工业园管委会各职能部门在行政审批方面依据《珠海市深化工程建设项目审批分类改革实施方案》（珠建法〔2022〕9号）、《关于进一步推进工程建设项目审批提速增效的若干措施》（珠建法〔2022〕10号）和珠海市住房和城乡建设局《关于进一步加大工程建设项目并联审批的通知》等文件，采取并联审批方式推进项目前期的各项审批工作。并联审批切实提高项目审批效率，大大缩短了项目前期工作时间，具体包含以下四个阶段：

（1）立项用地规划许可阶段。并联审批主要事项：政府投资项目可行性研究报告审批、固定资产投资项目节能审查、用地划拨审批、建设用地规划许可证核发。

（2）工程建设许可阶段。并联审批主要事项：建设工程规划类许可证核发、应建或易地修建防空地下室的民用建筑项目许可、初步设计审查、水土保持方案审批、环境影响评价报告审批。

（3）施工许可阶段。并联审批主要事项：施工许可证核发、特殊建设工程消防设计审查、雷电防护装置设计审核、通信报装、高压临时用电、临时用水报装。

（4）竣工验收阶段。并联审批主要事项：建设工程规划条件核实合格证核发、特殊建设工程消防验收或其他建设工程消防验收备案、人民防空工程竣工验收备案、建设工程城建档案验收、雷电防护装置竣工验收、房屋市政工程竣工验收备案。

通过并联审批，新型产业空间各项目在极短的时间内完成了各项前期审批工作。如富山工业园二围北片区园区配套道路项目于2月9日承接并取得立项批复，于3月12日按计划进场开工；富山二围南片区地块填土项目于5月5日承接，7月27日进场开工；高标准厂房一期项目于5月18日承接，7月30日进场开工；富山二围东片区地块填土项目8月5日取得立项、可研、概算、预算批复文件，8月底进场开工。这些项目在短短两个月时间内完成包括项目建议书、可行性研究、初步设计、用地、施工图审查合格证、工程规划许可证、概算、预算、工程招标等在内的前期各项工作。

规划设计管控篇

6.1 高质量的园区交通规划建设模式

结合富山工业城新型产业空间发展定位,打造以现代综合交通助推产业发展和产城融合的高质量园区交通模式,一方面,积极实现产城交通一体化,加速片区产业集聚;另一方面,结合城市开发运营前置,加强道路交通与城市用地开发时序匹配。此外,结合园区建设,优化施工道路建设及施工交通组织方案。在区域交通方面,实现"10-20-30"市域时空目标,即 10 分钟上区域高速公路,与周边邻近组团 20 分钟互达,与西部核心城区 30 分钟互达。在园区交通方面,实现"20-60-75"交通指标,通勤时间不超过 20 分钟,机动化公交分担率占比达 60%,绿色出行方式占全方式比例不低于 75%。

6.1.1 产城交通融合发展

结合富山工业城新型产业空间未来发展定位,需重点加强产业片区与城市配套片区交通衔接,实现产城交通融合。一是外部交通方面,加强广珠铁路、高栏港高速两侧道路衔接研究,减少铁路、高速公路对片区的分割影响,改善富山二围片区与周边片区道路交通衔接。二是内部交通方面,积极完善中心河两侧道路,以及南北通道衔接,提升富山二围片区内部组团衔接效率。同时,进一步完善产业园区公交场站、线路组织等内容,支撑产城交通融合。

1. 海陆铁一体化对外交通(图 6-1)

图 6-1 富山二围片区集疏运体系示意图

依托富山二围片区港口、铁路、货运场站等设施,通过发展多式联运,积极融入湾区发展，强化区域交通设施互联互通，实现海陆铁交通一体化，积极服务和支撑全市重大交通发展战略，通过交通互联，实现产业集聚，加强重点产业布局与区域交通设施的高效衔接，通过大通道、大枢纽引来大产业。

2. 城市道路主要节点组织方案（图 6-2）

图 6-2　主要节点交通组织方案示意图

一是完善跨河通道，结合中心涌 6 级航道、江湾涌 9 级航道等通航要求，规划 11 处跨河通道，通过桥梁两侧辅道与沿河道路衔接。二是加强主要通道衔接与区域高快速通道衔接转换效率，保障雷蛛大道沿线主要节点主线连续，加强欣港路、富山大道与高栏港高速衔接，规划设置 5 处菱形立交，由于欣港路受道路沿线排洪渠等限制，与高栏港高速右进右出。三是结合广珠铁路现状预留桥涵条件，沿线通道共设置 4 处跨线桥，下穿铁路。

3. 货运交通方案（图 6-3）

（1）货运通道规划

结合雷蛛作业区、斗门货运站、高栏港高速等对外交通枢纽设施及产业空间货车走廊交通需求分布，规划形成"三横两纵"的骨架货运通道，实现货运车辆由区域物流枢纽或通道快速集散到达对应产业园区，实现客货分离。

（2）基于货运需求特征的横断面优化

在满足相关规范要求的前提下，综合考虑园区出行特征、驾驶安全性、建设成本、道路设计方案衔接等因素，主要货运通道车道宽度不低于 3.5 米，港口物流对外关键通道单车道宽 3.75 米。富山大道作为雷蛛作业区、斗门货运站对外与高栏港高速衔接的重要通道，沿线分布片区的港口作业区、区域物流集散服务和智能装备制造用地，大型货车出行需求占比较高，建议在原道路红线宽度基础上，机动车道宽度均调整为 3.75 米。马山北路、滨港路、临港路、滨山路为次干路等级，服务北侧组团货运需求，承担该片区的货运车辆集散需求，考虑到电子信息产业货运车辆特征，车道宽度建议按 3.5 米设计，可满足通道货运需求。欣港路作为客货运复合通道，既承担港口物流和沿线集成电路组团的货运集散，又联系东侧配套生活居住组团对外出行，考虑通道实际车辆组成特征以及建设经济性，建议机动车道设置 2 条 3.5 米车道、1 条 3.25 米车道，既能保障基本慢行需求、又能实现空间集约、满足产业组团货运需求。

图 6-3　富山二围片区主要货运通道分布示意图

6.1.2　以人为本，品质绿色交通

优化片区道路交通组织，实现客货交通分离，保障交通安全，同时，依托良好的山水资源，结合居住、公共服务、生态等空间，完善慢行交通网络等规划布局，满足多样化生产、生活出行需求，支撑富山二围片区打造"山-城-江-海"别具特色的空间多样、集约高效、职住平衡的新城格局。

1. 慢行交通网络方案（图 6-4）

结合片区规划用地布局，充分发挥江湾涌、中心涌及山体等生态资源优势，高标准打造慢行交通空间，打造以休闲功能为主的特色慢行系统，营造宜居宜产的生活氛围，支撑产业发展，提升城市慢行品质。慢行空间的设计原则一是以人为本，充分考虑慢行交通的特性，重点强调慢行交通与机动化交通在时间和空间上的分离；二是充分尊重自然，慢行交通应与自然景观结合，打造更加舒适、安全的慢行通行空间。

片区依托道路网络，结合通勤交通需求、沿线用地条件和道路设施条件构建，构建形成三级慢行通道，最终构筑"以人为本"的慢行交通系统，通过步行、自行车与公共交通系统的紧密结合，达到引导"慢行＋公交"出行目的。以马山北路、欣港路、富山大道、雷蛛大道为主要廊道形成"三横一纵"的一级慢行道，依托临港路、欣联路、合富路等打造二级慢行道。

图 6-4　富山二围片区慢行网络示意图

2. 公共交通方案（图 6-5）

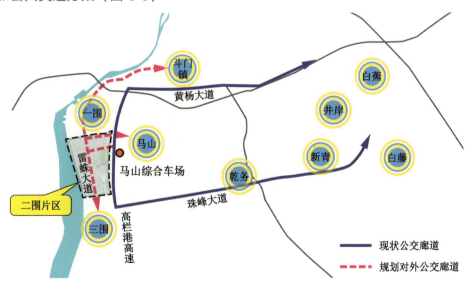

图 6-5　富山二围片区规划对外公交廊道示意图

综合考虑富山二围片区通勤出行特征，园区区位等实际条件，建议构建"快-干-支-微"多层级公交线网，形成以园区微循环公交为主体，多层级公交线网差异化服务的公交系统，以满足多样化公交需求。

（1）跨组团干线公交

整体形成"两横一纵"的干线公交廊道。通过增加欣港路、马山北路公交廊道，加强与马山综合车场线路衔接；增加雷蛛大道公交廊道，南北向串联斗门镇、一围、三围等片区；同时可通过延长部分跨组团线路至规划公交首末站。

（2）园区通勤公交线路（图6-6～图6-8）

图6-6　富山二围东片区与富山一围片区园区通勤线路

图6-7　富山二围东片区与北片区通勤线路

结合富山二围片区与富山一围片区用地布局，设置富山二围东片区与富山一围片区、富山二围北片区园区以及富山二围南片区园区的通勤线路。

富山二围东片区与北片区：北片区为近期重点开发片区，针对交接班期间的高峰集聚客流，开通3条公交线路，实现北片区-公交首末站/居住区之间快速公交出行。线路1为园区内部接驳线路，主要沿欣联路—临港路—雷蛛大道—马山北路，串联东片区内部与欣联路以北片区。线路2为园区内部接驳线路，主要沿欣联路—富港路—中心西路，串联东片区与欣联路以南片区。线路 3 为园区快速接驳环线，主要沿欣联路—雷蛛大道—欣联路，沿线不用等信号灯，可实现东西片区快速出行，并结合雷蛛大道立体过街，引导员工向西侧厂区快速集散。

富山二围东片区与南片区（远期）：结合富山二围南片区园区的开发建设，增加 3 条通勤线路，线路 1 主要沿欣联路—欣港路—雷蛛大道，串联东片区居住区、首末站等与南片区主干路沿线地块；线路 2 主要沿欣联路—临港路—雷蛛大道，串联东片区南部与富山二围南片区西部；线路 3 主要沿欣联路—滨山路—雷蛛大道—中心东路，串联东片区北部与富山二围南片区东部。

图 6-8　富山二围东片区与南侧片区园区通勤线路

6.1.3　高效服务园区建设的施工交通组织

新型产业空间建设期间，通过高效的施工道路建设和施工交通组织，为新型产业空间高质量建设提供交通保障。

1. 施工便道网络

根据新型产业空间各地块施工工程量预测施工车辆需求及分布，为满足施工车辆需求，构建井字形内部施工便道网络，主通道为雷蛛大道、临港路，分流通道为合心路、欣港路，其中雷蛛大道建议双向 7 车道，临港路建议双向 4 车道，合计施工便道规模双向 11 车道。

2. 施工便道设置方案（图 6-9）

施工便道设置要保障产业地块建设进度要求，同时，尽量减少对周边道路施工影响，结合道路沿线绿化带、慢行空间、地块内红线退让绿化带等设置施工便道，采用混凝土硬化路面，分幅设置断面。

(a) 施工车辆需求分布　　　　　　　(b) 详细设置方案

图 6-9　施工便道设置方案

注：pcu 为标准车当量数。

3. 施工交通组织方案（图 6-10、图 6-11）

图 6-10　施工车辆内部分区交通组织方案

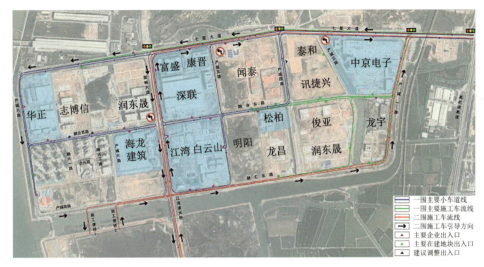

图 6-11　施工车辆区域交通组织方案

富山二围片区内部采用分区交通组织，进场时，3、4、6、7、9 号地块走雷蛛大道西侧通道，2、4、5、8 号地块走临港路东侧通道；离场时，3、4、6、7、9 号地块走雷蛛大道东侧通道，2、4、5、8 号地块走西侧支路便道。

同时，为了降低富山二围片区施工车辆对富山一围片区等其他片区的影响，优化施工车辆片区交通组织方案。富山二围片区雷蛛大道沿线施工车辆，通过江湾涌大桥—雷蛛大道—七星大道进出，避免在富山一围片区内部次支路穿行，实现快进快出。富山二围片区经由施工便桥的施工车辆利用产城一路—融汇东路—产城一路，在富山一围片区外围形成施工车辆通道，减少沿线小车干扰，提升通行效率。

6.2　设计管理基本内容

设计是工程建设的第一环节，也是最重要的环节之一，直接关系到工程的成败，是工程质量、进度、安全与经济效益的载体。设计管理是建设单位与设计单位之间联系的桥梁，行之有效的设计管理能够快捷有效地将建设单位对工程项目的需求、定位及目标等传递至设计单位。设计单位通过提供不同阶段的成果文件、进行设计交底及设计变更等，将其对建设单位意图、理念的理解和把控情况，动态反馈给建设单位，最终达到对项目质量、进度、安全及经济效益等进行整体把控和风险预警的目的。

常规项目的设计管理分为立项及策划配合阶段、勘察设计单位招标阶段、勘察设计过程管控阶段、施工配合阶段、设计后评价阶段五大主要阶段。贯穿五大设计阶段的主要设计管理工作有：

（1）收集勘察设计基础资料和建设协议文件、项目审批文件。

（2）组织协调勘察与设计单位（或多个设计单位）、设计单位与第三方技术咨询服务单位、设备制造、物资供应、施工单位等的配合与互提资料。

（3）组织研究和审查确认重大设计方案。

（4）对工程设计中提出的采用超出国家现行技术标准的新技术、新工艺、新材料、新设备，组织技术论证、科研实验、成果鉴定审查工作。

（5）组织审查技术方案、设计标准。

（6）组织优化设计。

（7）组织设计单位编制项目工程概算。

（8）组织审查初步设计文件和施工图设计文件。

（9）组织和参加设计技术和图纸会审，形成文字记录。

（10）控制和审查施工过程中的设计变更。

（11）做好勘察设计文件的接收、分发、保管与归档工作。

（12）按合同办理勘察设计等费用的支付与结算。

（13）督促设计单位按合同约定派驻现场代表，解决现场技术问题，对未达到设计深度的图纸及时补充完善。

（14）对设计单位履职情况进行监督，对于履职情况进行考核。

（15）组织现场施工过程中图纸问题的收集、整理，完成设计变更，建立相关台账。

（16）其他与设计相关的工作。

（17）建设单位提出的与设计管理相关的工作。

富山工业城新型产业空间主要包含标准工业厂房和片区内市政基础设施建设等工作，包含约200万平方米标准工业厂房、13.21万平方米高标准厂房与13条长约15.5千米的市政配套道路等建设内容，要求在短时间内完成建设工作，以确保产业的入驻与投产。项目涉及范围广、协调难度大、任务重、时间紧，需要短期内投入大量的人力、物力。新型产业空间建设在推进过程中厂房与基础设施分两个项目开展建设工作，其中厂房建设按照传统设计—施工模式进行推进，市政基础设施项目按照 EPC 模式开展工作。

为落实每一个建设工作环节，杜绝纸上谈兵现象，厂房项目管理团队在产生勘察设计单位前便制定了详尽的内控计划，制定各阶段关键节点。在进行现场充分踏勘，并对建设时序、要求等相关基础资料详尽分析研究后，针对项目实际情况确定了以下设计原则和理念：

（1）首期产业园厂房均不设置地下室。

（2）综合考虑企业需求及工期要求，确定厂房建筑高度控制在24米以内，层数为4层。

（3）优先开展面向中小企业的标准化厂房设计，按标准化、模块化方式开展设计工作。

（4）二期面向有意向的大型企业定制化标准厂房，针对拟招商企业需求精准开展设计工作，设计工期根据定制化进展确定。

（5）厂房外立面设计要确保品质感，同时严控成本。

（6）园区总体规划采用以人为本的设计理念。

对于市政基础设施配套项目，在 EPC 单位产生前，项目管理团队便对前期场地填筑资料及现场实施情况，项目项建、可研、初勘报告及初步设计等技术文件进行了分析研究，并多次至现场实地踏勘。结合类似项目经验，总结本项目个性化特征点，同时针对项目建设进度、质量及安全等要求，制定了后续施工图设计的管控要点及风险点等。施工图设计阶段，设计管理团队与设计单位进行了充分的对接，将前期摸排研究情况与设计单位进行了沟通交流，要求针对项目设计阶段重点、难点，配备专业能力强、经验丰富的岩土、道路及管线专业设计人员；要求设计单位对前期已收集的成果文件进行研究分析，梳理完善已批复初步设计所依据的勘察测量数据、外部条件等，形成施工图设计阶段需重点注意事项的台账，并在施工图设计阶段逐项落实复核，确保施工图设计成果经济、合理、可控。同时，针对厂房和市政配套设施两个项目的建设时序、建设内容，以及软基与主体结构相互影响等内容进行了统筹论证和研究。

6.3 设计全要素管理

设计阶段项目管理的核心并不只是对设计单位的工作进行监督，而是通过建立一套沟通、交流与协作的工作机制，解决设计单位与总承包单位以及其他项目参与方的沟通和协作问题，以保障项目的进度、质量和投资三大控制目标的实现。

6.3.1 设计进度管理

设计阶段进度控制的最终目标就是按质、按量、按时提供设计成果文件。在这个总目标下，设计进度控制还可细分为阶段性目标，市政工程设计阶段主要细分为：设计准备工作、方案设计、初步设计、施工图设计等阶段。

在项目设计进程中，设计任务的完成情况通常很难量化，且设计工作具有多阶段、多环节、多专业的特点，因此，工程设计进度的控制是设计管理工作中的重点和难点。为实现设计进度目标，建设单位要协同设计单位制定工作计划和各专业的出图计划。

为确保勘察设计工作按照计划节点推进，在勘察设计单位产生后，项目管理团队组织召开设计单位进场会议，通报设计总体进度计划、项目设计管理控制目标、建立联络机制，并形成会议纪要和填写《进场会记录表》。为确保设计工作满足进度节点要求，提高设计质量，进场会议结束后，项目管理团队将进一步督促勘察设计单位限期内提交详细的且加盖公司公章的勘察设计工作计划、驻场办公地点及《拟投入人员配置表》（拟派人员应与投标承诺人员须一致）。须驻场设计的，在各阶段设计工作开展前，项目管理团队组织对设计单位驻场情况进行检查，并填报《驻场考勤签到表》。为加强过程控制，建设单位应及时对推进过程中产生的问题及滞后的节点处理和纠偏，并实行周报、月报汇报制度，要求勘察设计单位填报《工作周报或月报表》。

本新型产业空间较常规项目不同，在考虑高标准工业厂房设计的同时，还需兼顾片区内市政基础设施项目的设计，确保二者推进节点科学合理，最大程度保障项目实施的经济合理性，整个过程除考虑二者整体进度外，还需综合考虑各个专业设计之间的配合时间。例如，道路工程作为管网工程的前置条件，但管网基础、管槽基坑的设计又反过来影响道路横纵断面、软基处理等设计，这就需要管线专业人员提前介入，加强与道路专业的配合。同时，由于工业厂房与市政道路同步建设，除规划建设的永久市政配套工程外，还需提前建设过渡期道路及配套工程，并考虑各专业交叉、近远期交叉、周边项目交叉等复杂因素，通过总体把控、任务分解、专业协同、驻场督办等手段，保证进度目标的实现。

例如，在配套道路工程项目设计管理过程中，建设单位通过编制设计任务分解表、设计工作计划表以及设计工作计划进度横道图等，将设计工作任务根据项目实际情况进行详细分解，并按照要求的时间节点通过图表等工具对其可视化处理，使设计工作任务的管理目标一目了然。在项目设计工作开始以后，定期收集设计完成情况的数据和信息，掌握实际进度,并将其与计划进度进行比较,监控进程,必要时采取有效的对策,以确保每项设计工作按进度计划进行。

6.3.2 设计质量管理

工程设计质量控制包括设计对象和设计成果两方面。一是工程质量标准,包括采用的技术标准、设计使用年限、工程安全性、可靠性、可实施性等;二是设计成果质量,包括设计图纸的准确性、各专业设计的协调性、设计文件的完备性和明确性、满足使用功能前提下的经济性。市政项目的设计在技术上是否可行、结构是否安全可靠、工艺是否先进、经济是否合理等,往往在工程项目的施工过程中或建成后的使用中才能反映出来。这就需要在工程设计的质量控制中,采用更加科学的方法,加强设计质量管理。

1. 设计前控制

(1)设计条件:设计基础条件、指标与目标等要求是设计的基石,原始勘察测量、水文地质资料以及区域设计经验也同样起着至关重要的作用。由于珠海市富山工业园二围北片区为在刚填筑完成的场地开展工程建设,因此需要进一步收集填筑项目的勘察、设计、竣工图等资料,组织设计单位与参建各方踏勘现场,形成《设计期间各方现场踏勘确认表》,确保设计单位在开展设计工作前充分了解和掌握场地现状、原始情况、前期施工的情况。为确保勘察资料的准确性,加强外业成果质量的过程把控,项目管理团队及建设单位各部门不定期对勘察钻孔进行旁站和现场随机抽查,填写《勘察现场随机抽查表》,各部门对现场勘察情况及勘察成果进行审查,形成问题清单,正式发出《对勘察报告提出问题表》至勘察单位;勘察单位收到后,须在 5 个工作日内完成修改并填写《〈对勘察报告提出问题表〉答复表》,逐一进行回复。根据随机抽查及内审结果,项目管理团队组织研判,针对同一区域相邻孔位勘察结果差异较大、同一区域不同项目勘察结果差异较大、与现场实际情况存在明显差异及其他认为需要重新勘察的情况,酌情开展原位钻探检验工作,原位钻探检验工作可在原勘察外业完工后立即进行。根据意见修改完善后,勘察单位填报《勘察成果审批表》,报各相关部门确认,以确保勘察成果质量。

(2)设计大纲:包括设计原则、设计规程、规范、技术标准;基本数据和条件,设计参数、定额、指标;建设规模论证、设计方案比选;重大技术问题论证研究的技术路线与方法;设计计算公式与应用软件;要求达到的经济效益与技术水平等。设计成果完成后,设计单位须按照设计导则和设计指引等文件对成果的常见问题进行逐项核对,并填写《设计常见问题自查表》,以确保设计成果满足要求。

(3)建立工程设计质量控制措施与设计校审制度,完善质量保证体系,审查设计单位是否建立内部专业交底及专业会签制度等。

2. 设计过程控制

设计质量过程管控尤其重要,应贯穿于整个设计、施工阶段。在设计过程中,设计成果应根据现场环境变化、业主要求等不断优化完善;在施工阶段,主要体现在对设计变更成果质量的管控中。方案设计、初步设计及施工图设计等成果完成后,设计单位须填写《设计成果审批表》报建设单位进行审核;审核结果合格的(即满足相关法律、规范、合同、管理办法等要求的)方可作为支付和结算依据。此外,设计单位还应对各设计阶段成果文件进行对比,包括初步设计与已审批方案设计进行对比、施工图设计与已审批初步设计进行对比,并形成对比表。初步设计与方案设计对比表须附在初步设计文本中,施工图设计与初步设计对比表须附在施工图设计文本中。

针对部分重点项目或复杂项目，建设单位可充分调动内部技术人员对重点技术环节进行集中审图，邀请高水平技术顾问，组织召开专家技术评审会或咨询会。设计单位须对集中审查意见进行逐一回复。无论采纳与否，设计单位须针对审图意见逐一进行回复，填写《审图意见落实回复表》，最后再由建设单位对意见落实情况进行复核确认，确保成果质量可控。

根据政府要求，本新型产业空间需在片区内与市政道路同步或先行建设约 200 万平方米的高标准厂房。为保障市政基础设施与高标准厂房建设工作，项目需增设过渡期临时道路，以满足市政道路及厂房施工的便道及招商通行道路等功能需求，同时还需考虑厂房建设过程中及建成后对永久道路的影响。另外，在市政配套项目 EPC 单位进场后，发现场地地质情况非常差，大部分区域无法满足施工机械设备进场需求。受上述政府要求及外部环境变化等影响，在施工图设计阶段，根据需求增加了过渡期道路及管线等，在保障永久市政配套道路实施的同时，确保满足场地内每个地块的水电功能需求；对场地平整材料进行了调整，以满足施工机械进场需求，并尽可能减少场地软弱土（淤泥）挤出量；为减少永久市政道路软基处理及管线沟槽开挖对在建和已建厂房影响，根据专家意见，结合类似相关经验，综合考虑经济安全性，对可能影响建构筑物安全区域的软基处理由真空预压法调整为水泥土搅拌桩复合地基处理。

3. 设计方案论证审查

为更好地解决和分析问题，制定更加科学合理的方案，在设计过程中需对一些主要、关键性方案进行论证分析，以加强对方案优劣势的理解，避免出现决策上的失误和风险，以达到项目工期、质量、经济与安全等目标，提高方案执行的针对性和有效性。设计阶段主要管理手段有如下三个方面：

（1）采取必需的措施，要求设计单位进行多方案比选和设计方案优化，包括工程规模、材料选择、结构体系、专业工程方案、施工工艺与方法等。

（2）针对部分重点项目或复杂项目，建设单位可充分调动内部技术人员对重点技术环节进行集中审图，邀请高水平技术顾问，组织召开专家技术评审会或咨询会。

（3）对特别重大技术问题或技术复杂的工程设计方案，组织开展专门的科研试验项目，研究落实，再进行全面比较，确定最佳设计方案。

例如，厂房（一期）项目在外墙结构设计过程中对外墙结构采用一次现浇与采用 ALC 墙板等方案，从工期、造价、质量及安全等各方面进行了充分的方案论证分析。最终，考虑到项目工期风险大，外墙结构一次现浇工期更快、成本较为经济、安全及质量有保证，推荐外墙结构一次现浇的做法，有效保障了项目的顺利完工与使用。

此外，设计阶段的项目管理还包括了设计阶段投资管理，具体内容在第 7 章进行介绍。

6.4　设计变更与优化管理

6.4.1　设计变更

常规项目的设计变更是指对已经取得施工图审图合格证（或绿色图章）的施工图所表

达的设计内容（包括结构、功能、规模、设备、材料等）、设计标准及技术标准的修改，以及对施工图设计缺陷的完善和设计优化。

EPC项目的设计变更一般是指在项目实施阶段，对原已确定的初步设计或施工图中的建设标准、技术、规格及工程量等方面的修改和调整等。

常规项目设计变更可由建设单位、施工单位、监理单位以及设计单位提出，主要变更原因有：①因项目定位、功能需求、设计规模、设计标准等发生变化而提出的变更；②因施工图与现场实际情况不符，或施工过程中因施工质量、进度、工艺等因素引起的设计修改而提出的变更；③因施工图存在错、漏、碰、缺，或设计深度不够等而提出的变更。

EPC项目设计变更一般由建设单位和EPC单位提出，主要变更原因有：①政府或建设单位新的要求；②现场施工条件无法达到要求，或发生不可预见因素等主客观因素而提出的设计变更。

6.4.2 设计变更优化

为确保对设计变更的内容、投资、工期等进行有效控制，需制定严格的设计变更管理办法，明确完善的变更流程及责任边界，对设计变更的依据充分性、变更方案的经济可行性、工期、安全等方面进行全面管理。

1. 制定完善的设计变更管理制度

一套全面完整的变更管理制度，包括变更的定义、分类、提出、审查、审批、实施和验证等各个阶段的操作流程及相应责任部门和责任人。完善的制度建设可以使变更开展有章可循，提升变更的时效性和执行效率，确保变更方案及时实施，加快项目整体推进。富山工业园二围北片区园区配套道路工程便是得益于代建单位建立的完善且经过诸多项目考验的设计变更管理办法，此办法对审批节点、审批层级及审批时效等均进行了全面的优化，使各项变更能够快速得到有效的执行。

2. 严控设计变更，加强变更方案管控

工程项目在实施过程中应严控设计变更的发生，避免不必要的变更。对于确需发生的变更，首先，对变更依据、变更的合理性进行充分的研究和论证，并对变更发生后的影响、风险和优先级等进行评估；其次，在出具变更方案阶段，对于技术难度大、工艺复杂的变更方案，组织行业专家对方案的可实施性、经济性、安全及工期进行论证，确保变更方案经济、合理、安全、可行。

富山工业园二围北片区园区配套道路工程的现场实施推进过程中，对于现场发生的问题，建设单位第一时间与勘察、设计、监理等参建五方实地踏勘问题点，坚持尽量通过现场技术措施解决，减少变更的发生。对于需采用或改变新工艺且技术比较复杂的变更，在经过公司内部技术审查后，组织专家会议进行论证，必要时组织多次专家论证。例如，在项目实施过程中，受外部条件及地质情况的不断变化导致的软基处理变更、浅层固化及管槽基坑开挖变更等，均进行了多次技术研讨及专家论证，并通过了政府部门审批。

3. 加强过程管控，全过程跟进变更执行

经前期论证合理的、必须开展的设计变更，在获得批准后，应按照相关流程和标准进行实施。变更执行部门与实施部门对变更现场实施过程进行管控。若实施过程中出现与变更方案不一致或变更方案无法详细指导实施的情况，各参建单位应建立联动机制，对现场实施或变更方案进行调整,以确保设计变更及时、快速和高质量实施。

4. 加强变更事后评估和研究

工程上每项变更都有其个性化的一面,同时也与其他类似项目存在一定的共性部分,每项变更的顺利执行与实施均能为本工程及后续类似工程积累一定的经验和教训。在变更实施完成后,对变更进行评估和总结,能为后续的设计变更提供参考和改进意见,避免后续类似项目出现同类变更事项的发生,规避部分工程风险。例如,在推进富山二围南片区市政配套道路工程的过程中,建设单位对富山二围南项目与富山二围北项目进行了对比分析研究,将富山二围北项目推进过程中发现的问题及后续产生的变更情况,进行了有针对性的归纳分析,严格要求富山二围南项目设计单位避免富山二围北项目已产生的问题及变更,有效减少了后续项目推进、实施风险,确保项目全过程顺利推进。

第 7 章

投资控制篇

7.1 投资控制总体目标

投资控制总体目标的设定应依据相关政策规定,如《政府投资条例》《珠海经济特区政府投资项目管理条例》等,坚持投资估算控制概算、概算控制预算、预算控制决算的原则,并以项目概算作为控制项目总投资的依据。

7.2 前期阶段投资控制

在项目可行性研究阶段,须系统分析项目规划条件、功能定位、工期要求、投资控制等因素,通过不同方案比选确定最优实施方案,全面编制工程估算,保证估算可以发挥控制工程总投资的作用。

例如,在新型产业空间新能源制造项目厂房建设前期阶段,对厂房外墙立面进行了 3 种施工工艺比选(表 7-1),分别是蒸压加气混凝土砌块墙体、ALC 蒸压加气混凝土板、金属夹芯板外墙板,通过性能对比、供货能力对比(表 7-2)、造价对比(表 7-3)等,综合选择最优方案(表 7-4),并作为投资控制的依据。

厂房外墙立面施工工艺　　　　　　　　　　　　表 7-1

外墙工艺	分层	外立面工艺
做法一	底层	**1. 蒸压加气混凝土砌块墙体**
	挂网	2. 满挂 21@20 × 20 热镀锌钢丝加强网,钢钉@400 固定
	抹灰层	3. 15 厚 D(W)PM15 水泥砂浆分层抹灰,(内掺杜拉纤维 0.9 千克/米³)
		4. 5 厚聚合物水泥防水砂浆,压入耐碱玻纤网格布
	面层	5. 外墙耐水腻子
		6. 外墙真石漆
		5. 外墙耐水腻子
		6. 外墙多彩真石漆
做法二	底层	**1. ALC 蒸压加气混凝土板**
	抹灰层	2. 5 厚聚合物水泥防水砂浆
		3. 8 厚专用抹灰砂浆找平,板缝处粘贴耐碱玻纤网格布带
	面层	4. 配套外墙耐冰水腻子两道,打磨平整
		5. 外墙真石漆
		4. 配套外墙耐水腻子两道,打磨平整
		5. 外墙多彩真石漆

续表

外墙工艺	分层	外立面工艺
做法三	—	金属夹芯板外墙板 1. 夹芯板规格：100厚夹心板，面板为彩钢板，厚度≥0.75，100厚岩棉，密度100千克/米³，材料颜色由甲方最终确定 2. 连接材料种类：钢檩条C形Z形棕条，镀锌 3. 墙面内侧封板规格：压型彩钢板，厚度≥0.5，ST4.2×22沉头自攻钉@300

注：未注明的尺寸单位为毫米。

厂房外墙立面材料供货能力对比　　　　表7-2

砌体材料	拟选品牌厂家	生产能力	发货周期	安装能力
蒸压加气混凝土砌块	珠海三合	12500米³/天	24小时内到货	充足
	江门擎宏	25000米³/天	24小时内到货	充足
	江门金裕	25000米³/天	24小时内到货	充足
ALC蒸压加气混凝土板	珠海三合	25000米³/天	7天	3000米³/天
	江门擎宏	25000米³/天	7天	3000米³/天
	杭加（广东）	15000米³/天	7天	2000米³/天
金属夹芯板外墙板	中山华泰幕墙	10000米³/天	7天	5000米³/天
	东莞中达净化彩板	4000米³/天	1天	500米³/天
	广东东亿钢结构	2000米³/天	1天	500米³/天

厂房外墙立面材料综合单价对比　　　　表7-3

序号	外墙工艺	面层工艺	综合单价/元
1	蒸压加气混凝土砌块墙体（200毫米厚）	外墙真石漆	337.76
		外墙多彩真石漆	347.05
2	ALC蒸压加气混凝土板（150毫米厚）	外墙真石漆	337.86
		外墙多彩真石漆	347.15
3	金属夹芯板外墙板	压型彩钢板	377.70

厂房外墙立面方案综合对比　　　　表7-4

序号	项目	优缺点	生产因素	施工因素	工期因素	备注
1	蒸压加气混凝土砌块	优点	生产厂家多，产品成熟	施工、人员均成熟，技术要求较低，人员、设备限制少	—	—
		缺点	—	受前置工序影响大，制约因素多，施工速度慢，投入人力、设备较多	5~6天/层	15~20米²/人，可以增加人员，加快进度
2	ALC蒸压加气混凝土板	优点	加工生产，精度高，预制成品，现场组装	可根据现场尺寸实测实量，定制加工，现场切割较方便，免抹灰批刮薄层砂浆或腻子，施工速度很快	—	—
		缺点	生产厂家较少	G区首层层高8.1米，H区首层层高8.7米，层高偏高，不易设置ALC墙板。	5~6天/层	80~100米²/（天·班组）

续表

序号	项目	优缺点	生产因素	施工因素	工期因素	备注
2	ALC 蒸压加气混凝土板	缺点	生产厂家较少	温度变形较大，宜热胀冷缩；拼接处嵌缝材料抗拉强度和韧度无法承受干燥收缩和温度变形产生的力，粘结力不强。墙体易吸水，用于外墙时易渗水需进行防水层处理	5～6 天/层	80～100 米²/（天·班组）
3	金属夹芯板	优点	—	现场施工进度较快，不需设置构造柱圈梁等构造措施；主体结构施工阶段可提前进行埋件安装及檩条加工	4 天/层	600 米²/（天·班组）
		缺点	生产厂家较少，需进行深化设计	珠海台风天气多，变形风险高，且暴雨潮湿天气多，使用时间久后，会造成金属的腐蚀老化，破坏夹心板的外层，后期维护处理麻烦	—	—

经上述对比分析，并结合施工工期要求，确定了采用传统蒸压加气混凝土砌块作为外墙围护结构。

7.3 设计阶段投资控制

7.3.1 重要性

工程设计是影响和控制工程造价的关键环节。项目一经决策立项，设计就成为工程建设和控制造价的关键。初步设计可基本上决定工程建设的规模、产品方案、结构形式和建筑标准及使用功能，形成设计概算，确定投资的最高限额。施工图设计完成后，才能编制出施工图预算，准确地计算出工程造价。

按照我国现行规定，建设项目工程设计应严格按审定的可行性研究报告确定内容进行，不得任意改变已经审定的可行性研究报告中确定的建设规模、建设方案、建设标准以及投资控制总额。也就是说，已经审定的可行性研究报告投资估算是工程设计的造价控制目标。

对设计阶段的投资管理来说，投资估算是建设项目可行性研究的投资控制目标，设计概算是初步设计的投资控制目标，施工图预算及合同价是施工图设计阶段的投资控制目标。各阶段的目标相互联系、相互补充，前者控制后者，后者补充前者，共同组成项目投资控制的目标系统。

具体实施中，严格按照国家基本建设程序进行管理，坚持设计招标采购制度。推行设计方案和经济方案相结合的设计招标投标方法，利用竞争机制发挥设计投标人潜能，在方案、质量、进度、报价等方面形成良性竞争，以达到节约工程投资的目的。

7.3.2 控制措施

1. 优化设计方案

在工程设计进行过程中，进行多方案经济比选，从中选择既能满足建设项目功能需要，又能降低工程造价的设计方案，是工程设计阶段投资控制的重要措施。例如，富山工业园二围北片区园区配套道路工程在初步设计时，雷蛛大道交欣港路处设计包含一座下穿隧道形成菱形立交，在后续施工图设计过程中，通过多方案对比及交通专项研究分析，采用断面优化、预留建设条件等方案，既满足近、中期交通需求，同时可在远期交通流量饱和时具备扩建条件，大大节约了前期的不必要投入。

2. 推广标准化设计

标准化设计又称通用设计，是工程建设标准化的组成部分。工程建设标准规范和标准设计，来源于工程建设实践经验和科研成果。推广标准化设计，可以节省设计力量，缩短设计周期，提高工程建设效率，加快工程建设进度。富山工业园二围北片区园区配套道路工程在设计过程中，严格遵照《珠海市城市规划技术标准与准则》《珠海市政府投资项目建设标准指导意见》等标准文件进行标准化设计，一方面提高图纸质量，另一方面由于此类标准化文件是由建设、财政等主管部门牵头制定，设计文件遵照执行可提高审批效率。

3. 推行限额设计

限额设计的基本含义是根据已审定的可行性研究投资估算来控制初步设计，根据审定初步设计总概算来控制施工图设计，以确保项目总投资额可控。若计算出设计阶段的造价超过限额，就须进一步修改、优化设计，修正造价，直至概算造价控制在限额以内。在设计的各个阶段，要求设计服务单位提交设计成果文件的同时提交与之相配套的经济文件，做到主动控制、事前控制，从整体上加强对项目投资的控制，即方案阶段成果需同时提交项目投资估算，初步设计成果需同时提交设计概算，施工图设计成果需同时提交施工图预算。限额设计并不是一味节约投资，而是以实事求是和保证设计科学性为前提。通过层层分解，实现对投资限额的控制与管理，也就同时实现了对设计规模、设计标准、工程质量与概预算指标等各个方面的控制。富山工业园二围北片区园区配套道路工程在初步设计和概算批复后采用 EPC 模式开展后续建设工作，因此本项目以投资概算为限额，通过价值管理，保证工程满足使用功能的前提下合理降低项目投资。

4. 对初步设计概算的审查

根据设计图纸、定额、工程量计算规范和设计要求进行工程量审查。概算指标审查应着重审核采用的定额或指标的适用范围、定额基价或指标的调整、定额或指标中缺项的补充等，确保定额或指标的项目划分、内容组成、编制原则等要与现行定额或指标精神一致。

5. 对施工图预算的审查

施工图预算须经造价咨询单位、公司相关职能部门按规定的程序、格式和要求进行审核，审核预算超出批复概算时，设计单位须按要求调整设计，降低造价，以确保设计文件的科学、合理且经济，确保"限额设计"在项目管理中的有效实现。为保证施工图预算审查质量，制定《造价咨询单位考评管理办法》，对造价咨询单位每项咨询业务进行分解和量化评分，评分结果直接与造价咨询费挂钩。

6. 主要材料、设备的选用

主要材料、设备的投资占整个工程投资的比例较大，设计过程中充分研究主要材料、设备的用途、功能和价格，通过比选、分析，选用经济实惠又满足工程功能要求的材料、设备，合理控制项目的建设费用。

7. 建立设计考评制度

研究制定《设计单位、设计咨询单位考评管理办法》，通过制度对设计质量、节点、投资控制等进行量化考评,确保设计服务单位及时高效地完成设计任务。实行限额设计和"节奖超罚",因设计原因出现"三超"时,应由设计单位承担负责,按超过数额以一定比例扣减设计费用。同时,在保证工程安全、质量和不降低功能的前提下,通过采用新方案、新工艺、新设备、新材料节约了投资,也应按节约投资额度的大小,对设计单位进行奖励。

7.4 招标投标阶段投资控制

招标投标阶段投资控制是上承设计阶段、下启施工阶段的造价控制,既是实现对设计阶段概、预算实施控制的目的,又是对施工阶段实施投资控制的依据,对后续工程施工以及工程的竣工决算都有着直接的影响。

1. 确定计价模式

采用合理的计价方式发包工程,保证施工企业在竞争中强化自身管理并组织施工,使合同管理、工程索赔等计价有依可循,有效避免实施过程中的争议及纠纷。

以富山工业城新型产业空间A区(电子制造)项目为例,项目工期十分紧张,需进行24小时作业。在混凝土工程施工过程中,为满足工期要求,将模板按一次性投入进行计价,避免因模板摊销、循环利用而耽搁混凝土浇筑施工,有效地提升了工程进度,同时也避免了模板增加费用而产生纠纷。

2. 编制《工程量清单计价说明》

对于《工程量清单计价说明》,要做到编制依据明确、项目划分细致、清单说明清晰、清单格式设计合理,并对施工现场和实际施工条件实地勘察,在国标清单和广东省计价通则的基础上编制结合项目特点要求的工程量计价须知。该须知考虑更全面,避免了合同执行过程中因清单和定额规定不符合工程的索赔,以及因索赔纠纷而延误工期,有效控制投资,保护合同双方合法利益,有效推进、保质保量完成工程建设。

在富山工业城新型产业空间A~J区项目招标时,在《工程量清单计价说明》中对项目可能发生的各项不可预见风险费用进行明确约定,通过设置相关费用,对以下24项风险因素进行预判,有效避免了结算纠纷:

(1)市场物价的不稳定因素和政府部门颁发的各项调价文件引起造价的变化(合同约定可调整的除外)。

(2)各种原因引起的窝工、部分或全部机械停滞发生的费用。

(3)现场各种不利条件、不利因素(包括但不限于疫情影响、交通条件、水电条件、场地障碍条件、材料或构件场内外运输及损耗、照明条件、通风条件、消防条件、给水排水条件、施工配合、协调报批事项、区域管制、与其他单位交叉作业等)导致的降效费用。

(4)因工程施工影响到民居、商业区等建(构)筑物、市政设施(电力、通信、给水排水等设施)、城市环境(道路整洁、绿化破坏等)及第三方财产与人身安全的,承包人应采取措施进行保护,出现损坏则需由承包人修复。承包人需采取措施避免施工噪声、振动、水质和土壤污染及地表下沉等对周边环境的影响,且需保证施工现场及周边居民生活、商业区营业等出入交通不受影响,上述各种因素所发生的费用。

（5）工程地质和水文条件、埋深、平面与坡度变化、地表环境等各种因素的变化及施工监测（位移、沉降、水位等）发生的费用。

（6）气候等自然条件的不利影响（比如台风、潮汐等影响）所发生的费用，各类应急救援措施所发生的一切费用，技术经济条件发生变化（如资源、劳力、交通条件等）所发生的费用。

（7）各种原因导致项目终止、实际工程规模缩减或暂缓实施，发包人按合同计费原则支付实际完成的工作或缩减后工程规模对应的费用，其他间接损失不予以赔偿的风险。

（8）因政府、行业主管部门和发包人要求，为满足市容市貌、接待或重大节日、重要活动或为满足某一特定专项要求，而必须进行的施工区域和周边进行一次或多次围挡围护、宣传、美化等发生的费用。

（9）实施性施工组织设计涉及内容所发生的费用，项目实施过程中可能存在的一次或多次样板引路所发生的费用。

（10）现场施工条件变化、运输方式变化、工期变化、工料机价格市场变化（合同另有约定除外）、施工机械设备调试、工程保修、配合发包人完成方案论证、方案测试等工作影响工程实施或导致窝工或机械停滞等引起的费用。

（11）各种环境中（如洞室、沟槽及基坑内、室内、多工种交叉作业）施工的安全防护、卫生措施、警戒标志措施、隔声及吸声措施、照明措施、给水排水措施、消防措施、防止缺氧或有害气体中毒防治措施、紧急事故应对措施及救护措施、通风措施、安全通道等，上述各种因素所发生的费用。

（12）政府部门关于环保、航道、交通等方面的规定引起建筑材料水路及陆路运输受限产生的额外费用。

（13）场地排水（包含雨水、地下水、海水、沟渠水等）不通畅需采取的各项措施及降排水措施的费用。

（14）场地施工便道修建完成前施工车辆、各类机械设备被陷救援及临时道路铺设、修复的相关费用。

（15）临时用水、用电工程中管道或电缆敷设路径因跨越不同地形而采取的各类施工及保护措施（如架空、围堰、地基加固等）费用。

（16）施工及生活用水用电（如向总承包单位接驳、车载运水或水管接驳供水、柴油发电等）产生的相关费用。

（17）各种环境中（如沟槽及基坑内、多工种交叉作业）施工的安全防护、卫生措施、警戒标志措施、隔声及吸声措施、照明措施、给水排水措施、消防措施、防止缺氧或有害气体中毒防治措施、紧急事故应对措施及救护措施、通风措施、安全通道等发生的费用。

（18）地质和水文条件、埋深、平面与坡度变化、地表环境等各种因素的变化及施工监测（位移、沉降、水位等）发生的费用。

（19）现场施工条件变化、运输方式变化、工期变化、工料机价格市场变化、混凝土泵送、施工机械设备调试、工程保修等引起的一切相关费用。

（20）为满足现场临时供水供电所需临水临电管线铺设、接入以及因施工需要增容临时供水供电能力而发生的报装报建、施工安装临时供水供电管线铺设及设施等费用（包括不限于高低压配电及变压器、水泵水池等），管线及设施的日常维护、保养、因现场环境条件变化需要进行的多次迁移、拆除、清理等相关费用。

（21）生产区及生活区临时设施所在区域场地标高、地质条件及其他原因引起的场地填筑或换填的相关费用，项目实施过程中各类原因引起的生产生活临时设施搬迁，以及因生产生活临时设施搬迁造成的材料成品、半成品和工器具倒运增加的相关费用。

（22）施打管桩过程中可能发生的场地换填、场地固化、铺设钢板等临时措施之外的其他措施增加的相关费用。

（23）确保各类施工机械（包括不限于打桩设备、吊机设备、各类运输机械及其他满足工程需要进场作业的施工机械）安全进入到施工现场作业所需要对场地进行加固换填、铺设钢板或其他相关费用。

（24）凡是在以上未提及但可能发生的费用内容。

7.5 施工阶段投资控制

施工阶段是形成工程项目实体的阶段，是资金投入量最大的阶段，要严格控制资金的合理运用，达到预期的投资控制目标，针对项目投资实施的事前、事中、事后控制进行全面控制。

7.5.1 事前控制

（1）成立投资控制管理小组，明确各层级工作责任。对设计图纸、设计要求、各专业工程施工承包合同涵盖的范围有充分认识和正确理解，识别工程费用最容易突破的部分和环节，从而明确投资控制的重点。

（2）熟悉施工单位的投标报价书，对于采用综合单价包干的投标报价，要审核其工程量清单的准确性，并预测工程量容易发生变动的项目，在施工过程中认真加强监测。

（3）工程开工前组织图纸会审工作，尽量避免事后设计变更造成的返工损失。编制详细有效的建设项目管理方案和财务管理方案，组织审核施工单位上报的施工组织设计和施工方案。根据以往类似工程实际执行情况和有关经济指标、完成情况的分析资料，审定施工组织设计方案，对主要施工方案进行技术经济分析，积极推广使用先进的施工技术、工艺，降低施工成本。

（4）按合同要求及时协调处理各种影响施工事宜，使各专业工程施工单位均能如期收到设计文件，按期进场施工，避免工期和费用索赔。

（5）开工前进行技术交底，根据工程投标文件及工程合同情况，与各专业工程施工单位明确工程计量、工程价款支付和工程变更费用等审批程序和使用表格，提高效率的同时使投资控制更加规范。

7.5.2 事中控制

1. 计量的依据

现场管理人员、计量人员应对工程量清单和合同文件规定的各项费用，以及对按相关管理办法规定进行批准的工程变更和索赔等及时计量，计量依据为：

（1）工程量清单及清单计价说明中相应的计量规定。

（2）已审批通过的施工图纸。其中，深化设计必须在原施工图基础上开展，不能擅自对原施工图进行大的调整。原则上不得提高或降低原设计的技术标准，不能改变原设计的建筑风格及结构体系，不能改变原设计相关设备材料的主要技术参数。深化设计施工图的造价，原则上不应高于原施工图设计所对应的施工图造价。

（3）工程设计变更，图纸会审及洽商记录经过各单位审核通过后，设计单位依据图纸会审和洽商内容及各单位达成的一致意见和要求进行变更设计。设计单位提供设计变更图纸，同时提交设计变更预算，并对设计变更预算进行台账管理，及时掌控变更预算的审核及支付情况。相关台账如表7-5所示。

（4）工程现场签证，在工程变更执行过程中，由于非施工单位原因引起费用增减，且在竣工图中无法反映的，经监理单位和项目代建方确认的工程量，按规定办理现场签证。现场签证必须要"一事一签、随做随签"。在过程管理中尽量少签证、不签证，争取零签证。当发生实物工程（作）量时，有下发图纸的须附图纸；无图的由施工单位绘图，经监理单位、项目代建单位对图纸进行确认。依据图纸计算工程（作）量，无法按图计算的，由施工单位、监理单位、项目代建单位现场测量确定。当发生计日工、机械台班时，必须经监理单位、业主项目部一日一签，同时提供计日工人员身份证复印件和机械设备照片原件。

（5）合同条款、技术规范和投标文件，在合同条款中对影响造价的主要工程量进行计量约定。如富山工业园二围北片区园区配套道路工程合同中约定水泥搅拌桩计量规则以米为单位，以累计每根实桩长度和累计每根空桩长度分别计算，其中每根水泥搅拌桩实桩长度等于设计桩顶标高与桩底标高之差。具体结算工程量计算规则如下：

①每根空桩长度的确认：制定表格，完成水泥搅拌桩场平标高的确认，该标高指水泥搅拌桩施工前的场平地面平均标高，该标高是确定空桩工程量的计算依据。未按要求完成该表确认的，则不予计量与结算长度空桩工程量，每根空桩长度等于场平平均标高与设计桩顶标高之差。

②桩施工记录表的确认：按国家标准或广东省标准中的相关市政工程表格格式完成水泥搅拌桩施工记录表。水泥搅拌桩施工时须有监理全过程进行旁站，施工记录须有总监理工程师签名并由监理单位盖章确认。施工记录中的施工桩长指桩体进行深层搅拌处理的深度，当有空桩时施工桩长为实桩和空桩长度之和，其中空桩的长度须在施工记录备注栏注明。

③平面布桩图的确认：平面布桩图须明确基坑或路基中线、基坑或道路边线、起止里程、排水管沟等沟槽位置，布桩外边线不得超出基坑或道路横断面布桩图设计外边线，超出设计外边线部分桩不予计量与结算。承包人绘制的平面布桩图须经监理单位盖章确认。平面布桩图须统一编号，图上的桩编号须与施工记录表上的桩编号一致，编号不一致的桩不予计量与结算。同一张平面布桩图可反映不同里程段的桩，但在施工记录表中的同一页表格中只能反映同一里程段的桩。

④桩长的抽芯检测：水泥搅拌桩施工完毕后，依据合同、设计及规范要求由发包人委托第三方检测单位对各里程段的实桩长进行抽芯检测。每一检验批（即每一里程段）须进行抽芯检测，抽芯检测桩编号须与施工记录表桩编号一致。抽芯检测结果以检测单位出具的书面检测报告为准。

设计变更预算及支付审批台账表

珠海市富山工业园园区配套道路工程设计变更预算及支付审批台账

表 7-5

截至2024年4月30日:
1. 已完成设计变更审批40份,共计产生设计变更41项,其中已完成变更审批40份,1份正在审批中。
2. 施工单位已报的35份设计变更预算,应编审预算为40份;施工单位完成35份设计变更预算审批至富山财审,余8份审核对数中。
3. 代建单位完成22份变更预算报送至富山财审,代建单位至富山附审,余5份报审中。
4. 富山财审完成审批并批复设计变更预算11份,余11份正在财审审核中。
5. 已批复的11份变更预算,施工已全部申报审批进度款,并已全部支付。

序号	变更编号	变更名称	变更依据	变更内容	变更费用(万元)	变更类别	变更预算审批进展					备注
							变更签批进展	建工报审	监理审核	城投公司审核	富山财审批复	变更支付情况
1	二围北道路-设变-001	新增临时招商展厅南侧配套道路	规划建设工作联席会议纪要(2022)22号	富山工业城临时展厅南侧新建一条临时招商便道,长77m,北侧设置人+非车道	**	一类	已完成签批	已报审	已审核	已审核	已批复	已支付
2	二围北道路-设变-002	临时道路新增配套设施	规划建设工作联席会议纪要(2022)26号	按交警部门提出现交通见修改,补充过渡期配套道路交通设施和标志等设施,人行横道和标志牌建设	**	二类	已完成签批	已报审	已审核	已审核	已批复	已支付
4	二围北道路-设变-004	新增七星大道新增临时给水管	富山工业园专题会纪要第102号	七星大道西侧(华工东路至西栏两速段)剩余东约450米给水管按临时标准建设(DN500)	**	二类	已完成签批	已报审	已审核	已审核	审核中	
5	二围北道路-设变-005	新增过渡江湾涌污水压力管设计变更	富山工业园专题会纪要第102号	新增过渡期污水重力管下穿江湾涌,并与一围江湾厂门口现状污水井接驳	**	三类	已完成签批	已报审	已审核	审核中		
6	二围北道路-设变-006	过渡期排水方案设计变更	富山工业园专题会纪要第102号	利用地块已建溢流井,并在地块核红线边进行当地设置土沟,将地块排水系统,局部不具备开挖土沟条件的,采用明渠排水方式	**	一类	已完成签批	已报审	已审核	审核中		
7	二围北道路-设变-007	过渡期污水管线调整	规划建设工作联席会(2022)26号	污水重力管由钢板桩支护开挖施工,污水支管无法支护开挖改为固化加固处理;沿配套道路的污水剥离管剥离	**	四类	已完成签批	申报中				
8	……				……	……						……

⑤桩的计量与结算：在完成桩施工记录表的确认、平面布桩图的确认及桩长的抽芯检测工作后，承包人须按以下规定办理水泥搅拌桩结算长度确认。在桩施工间距、桩直径及各项检验均符合设计及规范要求的前提下，水泥搅拌桩计量与结算长度具体规定如下：

在同一里程段，若抽芯检测桩的抽芯检测实桩长度平均值（设为 L_1）与抽芯检测桩对应施工记录表中实桩长度平均值（设为 L_2）的差值（设为 $\Delta L = L_1 - L_2$）不小于 −500 毫米，则该里程段结算实桩长度 = 施工记录表中实桩长度平均值、施工图设计实桩长度平均值中的最小值乘以该里程段根数，该里程段结算空桩长度 =（场平平均标高 − 设计桩顶标高）乘以该里程段根数。

在同一里程段，若 $\Delta L < -500$ 毫米，则该里程段须进行加倍抽芯检测，加倍检测所发生的费用由承包人承担。当前后两次抽芯检测桩的抽芯检测实桩长度平均值（设为 L_1'）与抽芯检测桩对应施工记录表中实桩长度平均值（设为 L_2）的差值（设为 $\Delta L = L_1' - L_2$）$\geq$ −500 毫米，则该里程段结算实桩长度 = 施工记录表中实桩长度平均值、施工图设计实桩长度平均值中的最小值乘以该里程段根数，该里程段结算空桩长度 =（场平平均标高 − 设计桩顶标高）乘以该里程段根数。当 $\Delta L' < -500$ 毫米时，则该里程段桩按照抽芯检测实桩桩长。

2. 工程计量支付

依据合同约定并结合相关管理办法，对计量周期内完成的符合质量标准的实体工程及合同约定的其他内容进行计量，按合同约定并根据监理单位、造价咨询单位及项目代建单位相关部门核实的现场实际完成情况进行计量支付，从而有效控制支付金额，即可保证工程如期完成且不超额支付。

施工单位按约定的程序向项目监理单位提交工程量审批表，项目代建单位各专业工程现场主管在接到报告后，3天内核实所有已完工项目的数量和价值，并作好记录。计量工作需要依据图纸和现场的实物进行计算与实测。工程量计量方法和计量单位要根据招标文件、工程合同、技术规范及计量支付管理办法认真执行，并结合现场实际需求，做到不偏不倚，公正求实。

在富山工业城新型产业空间 A~J 区项目抢工期间，为配合现场进度推进、解决施工单位资金压力，经研究决策缩短计量支付周期，由一月一付合理调整为一月两付，有效提升了项目推进效率。

3. 材料设备定板定价

建设单位制定《乙供材料（设备）看样定版、定价管理办法》，依据管理办法对招标时的材料暂估价及工程变更中产生的新的材料进行定板定价，对材料型号、规格、技术性能等是否满足设计图纸及使用功能要求进行严格审查把关，根据已定板材料的相关资料及施工合同约定的计价原则进行计价控制。对于主要设备的采购，深入市场调查询价，制定招标材料和设备的技术指标、质量标准、价格档次，由供货商按要求报价竞标，择优选用，以固定单价合同方式与投标单价签订合同。

7.5.3 事后控制

项目的竣工验收、工程竣工结算是投资控制的最后一个工作环节，是确定工程造价的最终阶段，该阶段的投资控制措施主要有：

（1）认真审核工程竣工资料汇编情况，工程竣工资料是准确进行工程结算的有力保证。由于施工过程中存在着很多不可避免的变化，因此在投资控制的最后阶段必须认真审核竣工验收资料（包括工程变更、签证、修改记录等）是否齐全，资料所反映的内容是否准确、真实、竣工图是否标识明确、无误。

（2）准确审核竣工结算，根据已审核、汇编的工程竣工资料准确计算工程量，正确套用单价，合理套用各项取费标准，汇总材料差价和造价，全面审核工程结算书，防止通过虚报工程量、多报材料量、高套定额、重复计算等方式套取工程款及加大工程造价的问题发生。

（3）公正、合理处理施工单位提出的索赔，为减少施工阶段的工程费用索赔，在项目实施过程中，对可能引起的索赔的原因进行预测，如前期施工准备工作、进度、质量，以及不利自然条件、人为障碍等，减少不可抗力造成的损失。造成费用索赔的情况发生后，督促项目监理单位必须及时进行调查取证，并及时提出处理意见，对施工单位提出的各项费用索赔进行识别，力求站在公正的立场上，公平、合理地给予解决。

第 8 章

进度管控篇

8.1 新形势下的管理体系

富山工业城项目由大横琴集团联手斗门区共同投资建设，建设内容涉及企业投资的标准厂房、政府投资的高标准厂房及市政基础设施配套工程，是全市连片规模最大、全省单一项目建设总量领先的新型产业空间。

富山工业城新型产业空间，属于超大型、综合性、一体化的工程项目，若采用传统的工程承包方式或EPC、DBB、EPCM（设计采购与施工管理）、PMC（生产及物料控制）四种典型的总承包管理模式，对业主的项目指挥部管理要求非常高，需要配备足够数量的技术专业人员，同时还要耗费大量精力去全程参与协调合同各方之间的关系，而且合同各方之间相互制约，缺乏有机的联系，针对技术问题的协商机制比较弱，有时甚至相互推脱责任，阻碍项目的顺利实施。

通过富山工业城新型产业空间的建设管理实践，总结出了"大平台"支撑、"大兵团"保障、"网格化"运营的管理体系。

8.1.1 "大平台"支撑

（1）政府单位：在整个项目建设过程中，各级政府对大横琴集团业务开展给予了极大的支持，为富山工业城建设提供有力的保障。如台风期间积极协调社会避难场所安置转移项目一线工作人员，保障人员安全；为满足桩基础检测需求，质监部门投入大量人力物力及检测设备，保障桩基础施工进度。此外，在项目建设过程中，斗门区政府、富山工业园管委会不定期组织召开各类联席会议、专题会议，全力协助项目部解决生产和生活中各类疑难杂症，保障工程建设有序推进。

（2）指挥部：大横琴集团推进与珠海市斗门区人民政府战略合作指挥部每周六在项目现场召开建设工程协调例会，推进解决范围内所有在建项目（包括市政项目和房建项目）遇到的问题。建立完善问题的层级协调解决机制，对具体问题按照监理例会、工程例会、各参建单位联席会议、指挥部建设工程协调例会、提请富山管委会职能部门、提请富山管委会、提请斗门区政府的层级次序协调解决。指挥部要求各参建单位各自建立指挥部，主要领导担任总指挥，快速、高效地进行内部决策。

（3）各参建单位：项目部作为进度管理的执行层，由于权力有限，在某些关键关系协调、资源调配上能力有限，这就需要公司中后台为项目进度管理提供更多的赋能与支持，必要的时候，直接参与其中，尤其是在抢进度关键时期的人员调配、物资采购支持、设备机具投入、分包方配合协调等，以确保项目进度如期推进。同时，在项目进度确有延误的情况下，公司中后台充分发挥高端对接优势，帮助项目部高效完成工期延误相关程序，处理好与业主的关系。

8.1.2 "大兵团"保障

大横琴集团成立推进与珠海市斗门区人民政府战略合作指挥部，集团董事长担任总指挥,集团党委副书记、集团助理总经理、集团下属公司董事长和集团建管部总监担任副总指挥,各参建单位分管领导任组员,实施以建设单位组织、各参建单位(设计单位、施工单位、勘察单位、全过程造价咨询单位、各材料设备供应商等)执行、专业分包单位与劳务作业班组配合的"大兵团"作战策略(图8-1)。总指挥相当于"兵团长",副总指挥相当于"参谋长",各参建单位分管领导相当于"团长",以"扁平化""大部制"的理念,推动各"兵团"自主高效运作,"兵团指挥部"靠前指挥、全员参战、合力攻坚,使指挥部真正成为新型产业空间高质量发展的主阵地。

指挥部设办公室,并下设综合协调组、投资工作组、融资工作组等十个工作小组,按前期规划、产业招商与运营、工程建设来分工,以清单管理机制、协调会商机制、联动推进机制、人员调配机制、督查激励机制5项管理机制实现统筹联动、跨界融合。

指挥部与办公室充分发挥"领头雁"作用,协调调动设计单位、施工单位等"大兵团"优质资源,将生产、安全、质量、采购、外协等工作统筹管理,最大限度释放项目建设活力。

在"大兵团"作战策略的保障下,项目建设高峰期,指挥部30余名成员,召开指挥部会议30余次,决策解决重大事项200余项,调动近1000名管理人员、20000余名工人、500余名后勤保障人员,组织200余台桩机、80余台塔吊、100余台施工电梯、200余台挖掘机、50余台吊车、2000余台吊篮,组织130万余米管桩、500万余立方米回填材料、9.7万余吨钢筋、75万余立方米混凝土、340万余平方米模板等材料进场,确保项目如期完工。

图 8-1 推进与珠海市斗门区人民政府战略合作指挥部工程协调会

8.1.3 "网格化"运营

根据投资主体、项目类型,新型产业空间划分为企业投资标准厂房、政府投资高标准厂房和市政基础设施配套工程3个"兵团",每个"兵团"再划分"作战团"。

1. 企业投资标准厂房

企业投资标准厂房总用地面积约100万平方米,一期计容总建筑面积约200万平方米

（其中厂房计容建筑面积约 183 万平方米，配套设施计容建筑面积约 19 万平方米），建设内容为标准工业厂房及相关配套，含 51 栋标准厂房、12 栋定制厂房、10 栋倒班宿舍、9 栋仓库、1 栋综合楼，二期计容总建筑面积约 4 万平方米，规划建设内容为 3 座污水处理厂。

企业投资的标准厂房共 10 个地块，划分为 4 个标段，主要参建单位 12 家（不包括专业分包单位）。

2. 政府投资的高标准厂房

政府投资的高标准厂房用地面积约 4.06 万平方米，总建筑面积 12.16 万平方米，其中地上建筑面积 9.66 万平方米，地下室建筑面积为 2.5 万平方米。

政府投资的高标准厂房共 1 个地块，划分为 1 个标段，主要参建单位 6 家（不包括专业分包单位）。

3. 市政基础设施配套工程

市政基础设施配套工程包含 13 条市政道路，分别为雷蛛大道、马山北路、欣港路、马山北路、合心路、兴港路、富港路、临港路、中心西路、滨港路、规划一路和规划二路，总长约 15.55 千米，其中主干路 4 条，次干路 6 条，支路 3 条。道路网格化分布效果图见图 8-2。

图 8-2　道路网格化分布效果图

采用"大平台"支撑、"大兵团"保障、"网格化"运营的这种新型组织管理体系,可以快速提高组织敏捷力和快速反应能力。

在"大平台"的支撑下,可以敏捷调度中台,甚至是后台的力量和资源,使前端小团队可以迅速掌握信息,快速做出判断,从而引领整个队伍为项目推动创造价值。

在"大兵团"的保障下,一线"团长"可以灵活应对问题、灵活决策,满足现场瞬息万变的需求。

在"网格化"的运营下,各地块作为"大兵团"的"标准组件",可以快速反应,可以解决"大兵团"过于扁平化、"作战单位"规模过大、不灵活、不敏捷等问题,也可以减少组织层级,通过每个地块的项目经理这个"信息过滤站",让指挥部快速、正确地进行决策。

8.2 项目快速响应与启动

在快节奏的施工环境中,一个项目的成功往往取决于其开端,良好的开始等于成功了一大半,而项目启动就是这个"开始"。

为高效、优质、快速推进项目建设,建设性地提出"项目启动暨快速响应清单",争分夺秒,打响履约攻坚战,梳理出 6 类 30 余项项目启动的核心工作清单,如表 8-1 所示,将正常需要 45~60 天才能完成的工作,缩短至 15~20 天。

项目进度计划表　　　　表 8-1

序号	准备项目	主要工作内容	完成时间	输出成果
1	组织准备	组建项目部,确定主要管理人员	中标后 7 天内	组织架构定编表
2		主要管理人员到位	中标后 20 天内	项目班子成员、各部门负责人到位
3	技术准备	准备阶段技术资料获取	合同签订后 3 天内	招标投标文件、施工图纸、勘察报告、测绘成果、工程规划许可证等
4		项目策划书的编制	中标后 20 天内	项目策划书的编制、评审、交底,核心内容包括项目组织架构图、施工部署、总进度计划、施工平面布置图、办公生活区布置图、资源配置计划、产值计划、质量计划、安全文明施工计划、财务计划等
5		施工准备阶段主要施工方案的编制	中标后第 7~20 天	详见项目主要施工方案编制计划中专项安全 C 类方案、施工管理类方案
6		图纸内审、图纸会审、设计交底	获取施工图后第 1 天~第 20 天	图纸会审记录、设计交底记录表
7	商务合约准备	总承包合同签订	中标后 20 天内	施工总承包合同
8		合约规划编制	中标后 10 天内	项目合约计划表
9		清标建模	中标后 20 天内	清标报告
10		报建合同签订	总承包合同签订后 15 天内	人防工程施工合同
11		工人工资专户开户	合同签订后 15 天内	工人工资专户
12		保险办理	合同签订后 7 天内	安全责任险、工伤保险、工程一切险
13		保函办理	合同签订后 7 天内	预付款保函、履约保函

续表

序号	准备项目	主要工作内容	完成时间	输出成果
14	商务合约准备	前期准备阶段专业分包与班组招标	合同签订后 7 天内	临建班组（含临水、临电、临时道路、办公生活区建设等）、智慧工地单位、CI 制作安装单位、保安保洁单位等
15	现场准备	现场踏勘，了解项目实施条件	中标后 1 天内	
16		临时用水、临时用电、排水、排污、路口开设等申请	合同签订后 20 天内	通水、通电、排水许可、排污许可、路口开设许可
17		大门、围挡、洗车槽、实名制系统施工	合同签订后 15 天内	大门、围挡、洗车槽、实名制系统施工完成
18		临时用电施工	合同签订后 15 天内	临时用电主线完成
19		临时用水施工	合同签订后 15 天内	临时用水主管完成
20		场地平整、临时道路修筑	合同签订后 15 天内	场地平整、临时道路完成
21	施工许可证办理	各方资料收集	合同签订后 7 天内	1. 工程项目管理人员岗位设置通知书；2. 工程项目人员职务任命及授权书通知书；3. 建工资质证书；4. 建设工程施工现场管理人员（施工）一览表；5. 施工现场质量管理检查记录；6. 施工许可证申请并联表；7. 超过一定规模危险性较大分部分项工程清单；8. 危险性较大分部分项工程清单
22		质量监督手续办理	合同签订后 7 天内	质量监督登记表、质量监督交底、质量监督手册
23		安全监督手续办理	合同签订后 7 天内	安全监督登记表、安全监督交底
24		资料提交及办证	合同签订后 15 天内	施工许可证
25	其他	…	…	…

8.3 新形势下的全专业项目策划

项目策划是企业在项目实施前通过在风险预估、项目目标定位、施工节奏、总平面管理、资源配置、成本、资金管理等方面进行系统性谋划，强化项目履约管理，保障项目全面顺利实施的一种管理行为，是以项目经理的思想为指导，结合班子成员集体智慧，全员参与，共同编制的一份纲领性文件，是过程管理的作业指导方针。

随着内外部环境变化，施工单位由施工总承包向工程总承包管理转型升级的策略稳步推进，项目策划在 6 项管理计划方面着重拓展，通过加强体系间的策划联动，形成了以工程总承包管理理念为核心的全专业项目策划，大幅降低了外部资源对项目高品质履约的影响，确保整体项目管理水平得到有效提升（表 8-2）。

实践证明，项目策划是项目实现管理科学化、规范化、精细化，提升经济效益水平、规避施工风险的前提。通过该活动，落实"法人管项目"理念，加强项目前期施工组织优化和预控，确保项目上场资源满足管理目标要求，促进工程优质、快速、均衡的生产，同时，提高项目创誉、创效水平，以高起点、高标准赢得高速度、高质量。

项目各项计划策划内容表　　　　　　　　　　表 8-2

序号	策划专业	策划内容
1	项目管理计划	1.1 工程概况 1.2 项目实施条件分析 1.3 项目管理目标 1.4 项目组织架构图 1.5 项目管理人员配置表
2	施工组织计划	2.1 项目施工总体部署 2.2 项目施工进度计划 2.3 项目主要工程节点计划 2.4 项目总产值计划 2.5 施工总平面布置图（施工平面布置） 2.6 项目办公/生活区布置图 2.7 项目临时水电布置图 2.8 项目临时设施配置计划 2.9 项目临时水电配置 2.10 办公生活设施配置计划 2.11 项目主要分部分项工程施工方法 2.12 项目主要施工方案编制计划 2.13 项目深化图设计策划 2.14 项目劳动力使用计划 2.15 施工机具配置方案 2.16 主要物资材料需求计划
3	质量管理计划	3.1 质量管理体系 3.2 质量保证制度 3.3 质量创优计划 3.4 关键质量控制计划 3.5 质量通病防治措施 3.6 质量验收计划
4	安全、职业健康、环境保护计划	4.1 安全、职业健康、环境保护管理控制目标 4.2 安全管理人员配备计划 4.3 安全、职业健康、环境保护管理体系建设 4.4 安全、职业健康、环境保护管理措施 4.5 安全教育培训及交底计划 4.6 应急管理体系建设 4.7 安全生产费用投入计划
5	商务管理计划	5.1 合同风险识别及跟踪 5.2 项目成本计划 5.3 项目合约计划
6	财务资金计划	6.1 项目资金计划

8.4 新形势下的计划编制

为破解产业项目审批环节多、流程长、落地难、落地慢等堵点、痛点和难点问题，加速产业项目落地投产，优化营商环境，珠海市自然资源局出台《珠海市自然资源局推进产业项目"拿地即开工"改革实施方案》，通过实行产业项目"标准地"供应，"带项目""带方案"出让土地，"预审查"等具体措施，推动企业实现"拿地即开工"。该项政策的出台，一方面为项目建设节约了宝贵时间成本，另一方面，也对项目报规报建、设计、招标采购（招采）、施工等相关内容提出了更高的要求，四项工作之间相互制约、相互影响。所以，项目总进度计划中应体现报规报建、设计、招采、施工深度融合的逻辑关系。

传统的施工进度计划，是利用横道图或网络图的形式编制，用以指导项目施工组织的一种手段。但是这种施工进度计划，在时间上仅能指导和控制施工单位现场工作内容，不能指导其他影响工期的工作内容，加大了高品质履约的风险。为保证工程整体工期的顺利履约，总承包施工企业的计划管理工作必须全面提升，因此推出了"三级+四线"计划和"全景计划"。

8.4.1 "三级+四线"计划

1. "三级+四线"计划的编制（表8-3）

"三级"管理是指对项目计划采用层级管理，即一级计划为含里程碑节点的项目总计划，二级计划为含关键节点的项目年度计划，三级计划为项目季、月、周、日计划。

"四线"管理是指项目的四条管理主线，即报批报建计划、设计（含深化设计）计划、招采计划以及建造计划。

项目计划结构表　　　　　　　　　　　　　　　　　　　　表 8-3

序号	计划结构		计划内容	表现形式
1	层级管理	一级计划（含里程碑节点）	项目总计划 基于合同约定的进度条款和项目策划书制定。 包括但不限于土方开挖完成、底板完成、结构封顶、主体结构验收、通水通电、竣工验收及其他设计线、招采线、建造线关键节点	网络图或地铁图
2		二级计划（含关键节点）	项目年度计划 基于一级计划分解制定。 包括但不限于临建施工、桩基础施工、施工电梯安装、砌体施工、电梯安装、外墙施工、屋面施工、管线安装、装饰施工、设备安装、园林施工、设备调试等	横道图、网络图或斜线图
3		三级计划	项目季/月/周计划 基于二级计划逐级分解制定	横道图、网络图或工作表格
4	主线管理	报批报建计划	按照政府部门报批报建程序和规定，根据各类审核环节的主要条件和需求，向当地建设行政主管部门报审的项目各项批准文件的计划	按时间轴以地铁图形式集中体现
5		设计（含深化设计）计划	项目可行性研究、方案设计（含概念方案设计）、初步设计、施工图设计与施工详图深化设计计划	
6		招采计划	项目设计资源（含BIM服务、技术服务等）、劳务资源、物资设备资源、专业分包资源等各类招标采购计划	
7		建造计划	项目实体施工计划、辅助设施安装计划、各工序穿插计划、作业面移交计划、资源需求与调配计划	

2. "三级+四线"计划的调整

原则上，一级计划不予以调整，若发生不可抗力等重大事件对项目工期目标产生影响时，向指挥部申请调整一级计划，经审批后实施。可采取工序提前穿插或增加资源投入措施。工序提前穿插充分运用精益建造理念，扩大总承包管理范畴，将分包单位纳入管理体系；增加资源投入重点关注调整后劳动力、材料、机械等资源的需求计划，进行增大投入后的成本分析，综合评估后编制专项方案以指导工期纠偏。

二级计划调整采用按季度动态调整机制，以一级计划为基准线，按实际实施情况自动更新并滚动调整，调整后的计划如影响到原定关键节点，则需与指挥部计划管理部门共同确定，并重新组织报审，作为后续计划管理的计划基准线。

三级计划调整采用按月度动态调整机制，以二级计划为基准线，按实际实施情况自动更新并滚动调整，调整后的计划作为后续项目进度控制的计划基准线。

四线计划管理的执行过程中，每条主线的施工流程均需满足各自的先后逻辑关系。但四线管理的核心难点是合理解决四线计划流程存在的交叉影响，通过不断探索与反复试验，决策应以施工线计划节点为核心，确保施工节点满足逻辑关系，设计线、招采线均服务于施工线，确保在施工节点前完成设计和招采工作。设计线和招采线节点存在相互影响的，应按逻辑关系相互协调，从而推进各自的工作开展。报规报建类节点以服务开工为最终目的，取证验收类节点以工程备案为最终目的。

8.4.2 全景计划（表 8-4）

在建筑工程技术不断发展创新的背景下，建筑工程承包合同模式也不断迭代更新，为适应新的发展环境，施工单位在计划管理方面也在不断探索新模式。从传统的施工进度计划调整为"三级＋四线"计划，再从"三级＋四线"计划发展到"全景计划"，每一次发展变革都对企业的完美履约起到了推进作用。

项目全景计划体系是以设计报批、招标采购、工程实施、验收移交为主线，根据重要程度，将计划节点分为里程碑、一级、二级，里程碑主要是业主合同明确开工及交付日期，一级节点主要是非常重要且在关键路线上的节点，二级节点是重要且会影响关键路线的节点。

全景计划的编制，主要考虑以下 4 个方面：

（1）计划统一，形成联动。全景计划要求设计出图、报批报建、招标采购、工程实施、验收移交等时间形成联动，形成合理高效穿插，实现设计、合约、施工按统一的计划进度来进行协调配合。各阶段之间相互影响、相互制约，需要反复进行施工逻辑推演，确定施工一、二级节点，再确定招标采购时间节点、设计出图时间节点。

（2）施工逻辑穿插紧凑，时间周期合理。施工逻辑推演要合理，要根据业主要求、项目特点、已有图纸、项目周边市场资源，进行全专业综合研究，实现高效穿插，保证各专业工程施工周期合理化，预留至少 1 个月动态风险期。

（3）设计出图节点尽可能前置。考虑到设计阶段不可控因素较多，业主方案确认流程、设计单位业务量等问题均可能造成设计节点滞后，因此设计阶段节点设置要尽可能前置，专业设计出图时间节点与专业工程招采时间节点应至少预留 1 个月的时间差为宜。

（4）提前策划招采计划。全景计划中的招采计划不同于四线计划中的招采计划，其不仅是确保高品质履约的保障，还是控制成本目标的关键，所以招采计划也应提前策划，并应匹配出图计划，避免施工图预算超出概算的风险。

项目全景计划表

表 8-4

×××项目全景计划房建类

节点级别	节点名称	责任部门	协办部门	责任人	前置输入条件	达成标志	成果验证材料	周期	开始时间	完成时间	实际完成时间	备注
2	图纸会审	项目部			获得全套分段图纸	设计院回复意见	图纸会审记录文件全套扫描件;	30				获取可继续工图后30日内完成图纸会审
1	项目策划	项目部			图纸会审完成	完成策划书	1. 项目策划书 2. 项目策划评审记录	7				收到图纸后25天内完成项目策划书编制
2	施工组织设计	项目部			项目策划书	完成施工组织设计	1. 施工组织设计 2. 施工组织设计审批记录					项目策划书发后20日内编制完成施工组织设计并审批
2	项目合约规划	项目部			获得全套图纸	合约规划书	1. 项目合约规划书扫描件;	30				图纸下发后30日内完成审批
2	责任目标成本测算	成本	项目部		获得全套图纸	目标成本测算定版	1. 模板成本测算定版扫描件;	30				图纸下发后30日内完成审批
2	项目目标责任书签订	项目部			项目目标成本测算完成	完成项目目标责任书签订	1. 项目目标责任书签订扫描件;	7				目标成本测算完成及项目目标责任书签订及项目目标责任书登记
1	主要部采购申报	项目部			完成项目策划	项目招采需求	项目招采需求清单	5				项目策划完成后5日内
2	主要分包定标	招采			项目部招采需求清单完成	完成主要分包队伍确定及定标审批	定标文件审批速度审批截图	15				项目提出招采需求后15日内审批完成,到达招采中心
2	主要材料、机械定标	招采			项目部招采需求清单完成	完成主要材料、机械供应商确定及定标审批	定标文件审批速度审批截图	15				自审采提出后15日内完成
2	支持审批	项目部			获得评审加的工程清单及支持速度审批	土建、监理、设计、分包队伍已签订	1. 材料报批文件; 2. 深化图报批文件; 3. 计算书报批文件 4. 施工方案报审	30				
2	正式开工	项目部			收到开工令,或确到正明完书指令;听证完成,或取得满足"三通一平"条件;满足办公生活条件	各分部分项设计确定后开始施工	开工令、书面令、现场照片等	7				收到开工令成文件7日内
2	桩基础工程完成	项目部			三通一平,提供作业面	桩基础护完成	现场截图图及四面实拍图					
1	基坑支护完成(如有)	项目部			室外土方回填平整完成	基坑支护工程完成	现场截图图及四面实拍图					
1	地下室第一块顶板出正 (如有)	项目部			地下室第一块顶板以上(具体情况具面定)	地下室第一块顶板以上0	现场截图图及四面实拍图					
1	全区结构封顶	项目部			全区结构封顶	全区结构封顶	现场截图图及实拍图					
2	全区二次结构完工	项目部			全区二次结构完工	全区二次结构完工	现场截图图及实拍图					
2	全区泵毕完成	项目部			全区泵毕完成	全区泵毕完成	现场截图图及楼体外四面实拍图					
1	道路、园林完成	项目部			综合管网施工完成,其他道路施工其备规划验收的测绘条件	综合管网施工完成,分段验收通过 其他规划验收测绘条件	1. 验收通过证明文件扫描件; 2. 现场实拍图					
2	绿化/草皮完成	项目部			室外土方回填平整完成,道路作业面	绿化/草皮验收通过	1. 验收通过证明文件扫描件; 2. 现场实拍图					
2	安装工程完工	项目部			电力敷设完成	机电工程调试完成,验收通过	1. 验收通过证明文件扫描件; 2. 现场实拍图					
2	电梯工程完工	项目部				电梯工程调试完成,验收通过	1. 验收通过证明文件扫描件; 2. 现场实拍图					
2	装饰工程完工	项目部			土建工程,安装工程施工完成,具备装饰装修施工条件	装饰装修工程完成	现场实拍图					

8.5 新形势下的全穿插施工模型

合理的工序穿插施工，在于明确工序流水组织要求，缩短施工总工期，降低对劳动力数量需求，提高工程管理的精细化水平。在新型产业空间建设过程中，以"四条主线"穿插为核心，建立"四个工序穿插模型"和"七项工序穿插前置条件"，通过对穿插工序的合理安排，减少施工作业面的闲置，有效保障施工工期，使施工资源分配更加均衡，实现成本降低，提高施工质量。

四条穿插主线包括：图纸线、招采线、工程线、验收线。

8.5.1 图纸线、招采线

首先，图纸先行、招采前置和穿插是实现全穿插施工的前提，需将工作充分前置，所有非主体施工的策划和管理重心提前完成；其次，穿插施工涉及的各条线，既相互独立，又相互关联，设计和招采要围绕施工策划制定各自的工作计划，充分交圈，互相检查验证。

图纸前置到各分项工程的分包单位定标之前，根据穿插模型中的施工进场计划，倒排定标节点和出图节点。图纸方面，确保开工前土建、水电、装修、深化图"四图"合一。由于图纸前置，招采部门在招标采购时，可依据全穿插的节点编制招标计划，并且在合同中明确全穿插的要求，通过合约的手段保证工程计划顺利推进。

8.5.2 工程线

工程线即工序穿插，包括竖向穿插和水平穿插，具体为：

（1）竖向穿插：在主楼体上，一边进行上部结构建造，一边进行底层屋内装修；在主楼体外，一边进行上部建造，一边进行外墙施工。不同班组在不同楼层内，连续有节奏地施工，并使相邻的两个专业队最大限度地搭接施工。

（2）水平穿插：通过项目施工前期的策划及工作前置，将市政管网、厂区道路、园林景观与土建工程同步施工。

穿插施工是一个复杂的体系，人、机、材、场地严密搭接，管理上也是环环相扣，需要前期严密的策划才能保证穿插施工有条不紊。因此，在工序穿插方面建立"四个工序穿插模型"和"七项工序穿插前置条件"，保证穿插施工能顺利推进，具体为：

（1）四个工序穿插模型：主体工程工序穿插模型、室内工序穿插模型、室内工序穿插模型、室外园林工序穿插模型。

（2）七项工序穿插前置条件：深化设计是否合理、工序逻辑是否清楚、施工部署是否科学、资源招采是否前置、材料认样是否及时、交付样板是否确认、政府部门是否支持。

8.5.3 验收线

由于部分工序提前插入，全穿插施工在隐蔽工程覆盖之前要提前进行阶段性验收，特别要重视主体的分段验收。项目管理人员与质监机构进行有效沟通，达成分段验收统一意见，形成监督交底，为精装修提前穿插创造条件。

当前形势下，工程行业已经从粗放式管理的土地增值时代过渡到精细化管理的产品增值与运营增值时代，快周转能力已经成为核心竞争力，而应用工程全穿插体系是夯实快周转基础的关键一招。

作为一种快速施工组织方法，全穿插施工需要在施工过程中将室内和室外、底层和楼层部分的土建、水电和设备安装等各项工程结合起来，实行上下左右、前后内外、多工种多工序的相互穿插、紧密衔接，同时进行施工作业。它一方面对管理体系、关键技术、工序安排、成品保护等有着极高的要求，另一方面全穿插施工能够充分利用空间和时间，尽量减少甚至完全消除施工中的停歇现象，大大缩短工期，降低成本。

通过合理的工序穿插、招采前置、图纸深化、措施优化，实现了"5天一层楼，38天一栋厂房，3个月整区封顶"的建设效率，在取得更好的经济效益的同时为业主大幅降低资金成本，实现了双赢的结果。从实践到理论推广，工序穿插四个模型逐步完善成"高效建造、精益建造、智慧建造"的理论基础。

8.6 新形势下的计划管控方式

8.6.1 计划管控平台转变

随着经济的迅速发展，更多企业承接的项目也趋于点多面广、工程业态多样化，而在信息经济背景下，仅通过各种检查和填报式报表的传统计划管控模式已难以满足企业发展的均衡性，企业的管理绩效无法更多地靠企业的整体管理体系来维系，运营风险增高。达到一定规模的企业普遍面临转型升级的压力，而信息化计划管控平台作为有效的标准化、集成化、协同化、可视化管理手段，成为解决难题的不二之选。

从管理手段的变革入手，通过使用先进的计划平台管控手段（图8-3），不仅能够解决管理幅度不够的问题，反过来也能促进组织机构的优化，同时，通过平台的模块化管控，简化计划模型，提高计划准确性。运用计划管控平台既提高项目施工管理水平，又保证企业能及时跟踪了解项目计划执行实时动态，还能通过平台计划填报，监督机构及项目的管控成果，从而提高企业对项目过程的风险掌控力。建设过程中结合大数据的抓取和分析，能及时地提供决策支持和预警信息，为各个层级机构的决策服务。

计划管理从传统管控的方式向集成式管控平台的转变，是信息经济发展的大势所趋。计划平台管控手段既提高了企业整体运营管控能力，又提升了企业资源管理的效率和整体性。

8.6.2 多维度进度管理视图

项目进度管理是项目管理的核心。在执行过程中，定期跟踪、检查工程实际进度状况，与计划进度对比，找出两者之间的偏差，并对产生偏差的各种因素及影响工程目标的程度进行分析与评估，及时采取有效措施调整工程进度计划，保证工程及时保质完成。进度管理贯穿工程建设全生命周期，在不同的施工阶段，通过日报、周报、月报、进度对比分析、资源投入情况分析等多个维度，以及不同的展现形式（图8-4、图8-5），对进度计划和进度报表进行偏差分析，实现进度滞后的预警管理并及时进行纠偏。

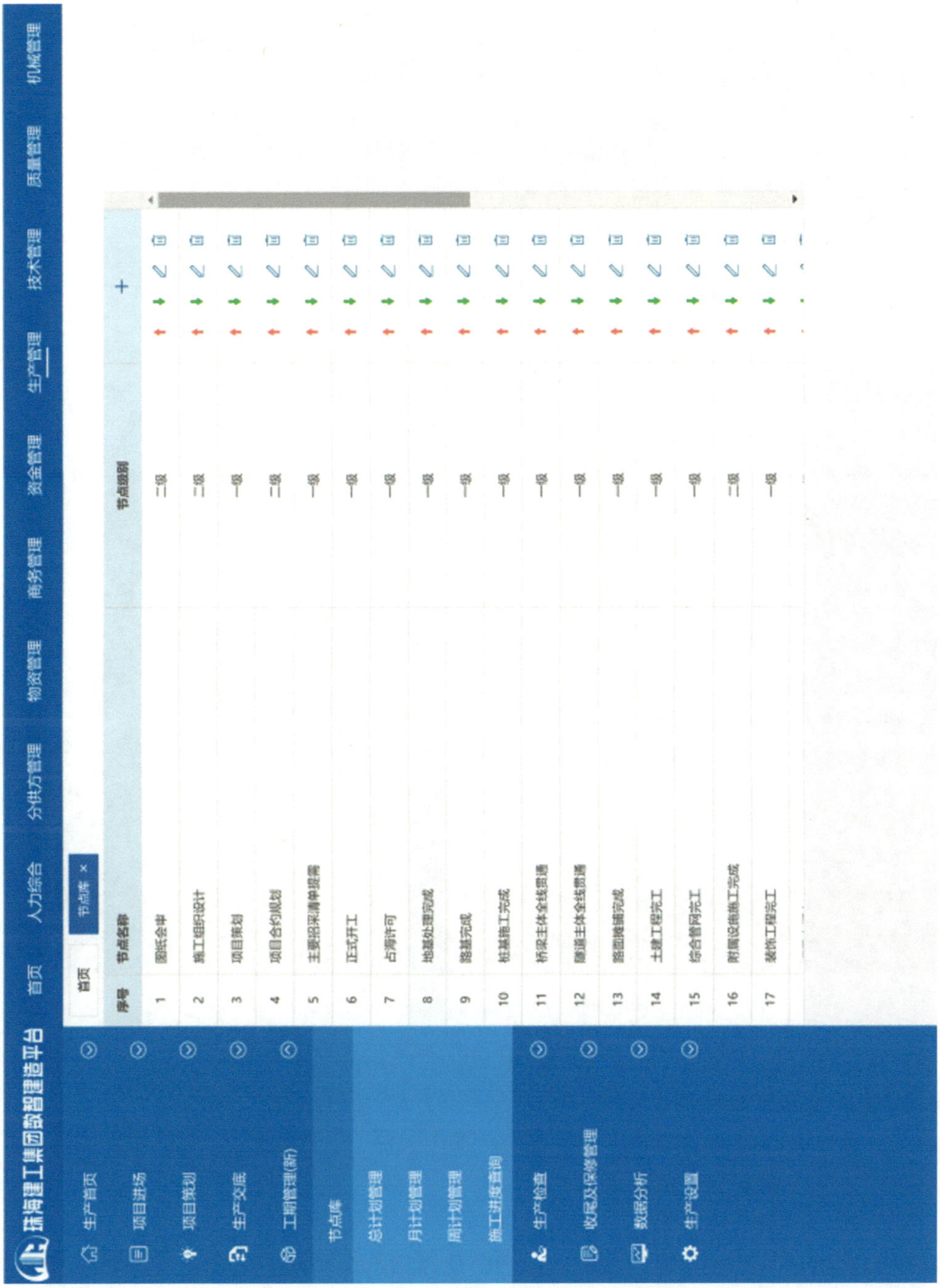

图 8-3　数智建造平台工期管理页面

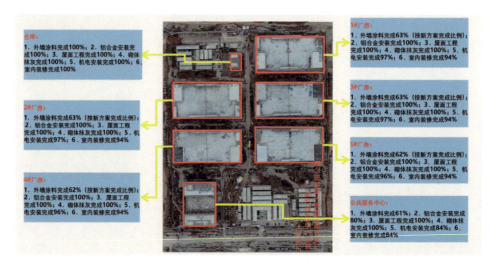

图 8-4　形象进度图

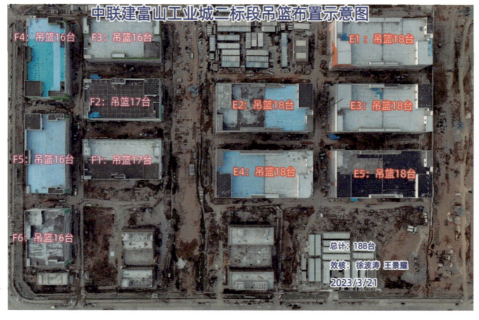

图 8-5　设备投入计划

大横琴集团推进与珠海市斗门区人民政府战略合作指挥部对已取得启动文件的建设项目，均以集团公司名义下达一级总控计划、二级（季度）实施计划，将下达的计划录入绩效考核系统。对富山工业城二围北片区厂房（一期）项目（企业投资），大横琴集团进一步强化计划管控力度（表 8-5），措施如下：

（1）以集团公司名义按月下达月度实施计划。

（2）项目部根据月度计划组织施工、监理倒排每周工作计划，对偏差情况研究确定纠偏措施。

（3）每周六指挥部建设工程协调例会和现场检查当周现场进度与下达的计划对比情况。

（4）要求监理例会将检查上周实际完成情况与上周工作计划的对比（表 8-6）作为固定议题。

第 8 章 进度管控篇

表 8-5 周计划及军令状节点检查对比汇总表

富山工业城二园北片区厂房（一期）项目周计划及军令状节点检查对比汇总表
第十八期（2023年2月14日～2023年3月2日）

通报日期：2023年2月24日

序号	工作内容	一标 中建二局集团有限公司			二标 广州中铁建建筑工程有限公司			三标 广州市广东三十冶建筑工程有限公司			四标 广州市市政工程机施工程有限公司			五标 珠海建工控股集团工程有限公司			富山工业城二园北片区厂房（一期）工程 广州市京忠建设有限公司			
		下达的周计划工程量	本周实际完成工程量	单位	周实际完成度分比	下达的周计划工程量	本周实际完成工程量	单位	周实际完成度分比	下达的周计划工程量	本周实际完成工程量	单位	周实际完成度分比	下达的周计划工程量	本周实际完成工程量	单位	周实际完成度分比	
1	主体无工情况		已完成				已完成				已完成				已完成			
1.1	软基处理施工		已完成				已完成				已完成				已完成			3000	3150	m	100%
1.2	桩基础施工		已完成				已完成				已完成				已完成			12000	17240	m	100%
1.3	主体结构施工		已完成				已完成				已完成				已完成			/	/	/	/
1.4	建筑外立面施工																	/	/	m²	/
1.4.1	涂料施工														地下室结构施工			/	/	m²	/
1.4.2	铝合金安装									您是未具备施工条件								厂房主体结构施工			/	/	m²	/
1.5	屋面工程																				
2	剩余工程量																				
2.1	停体接水电施工																				
2.2	机电安装																				
2.2.1	设备房机电安装																				
2.2.2	手棒后机电安装																				
2.3	室内装修施工																				
2.4	红线外小市政																				
2.4.1	室外混凝土硬化（水泥路排、高压消防路、战略用阀）																				
2.4.2	室外消防及地化施工																				
2.4.3	室外给水排水管网施工																				
2.4.4	室外综合管沟施工																				
2.4.5	室外排水、污水管网施工																				
2.4.6	室外燃气管网施工																				
2.4.7	室外减波管网施工																				
	截至本周累计完成产值（万元）	172365.64				94520				130000				4360.72				41518			
	总服安装金（万元）	185800				100000				163514.8675				46298				59970.02263			
	累计完成度分比	92.77%				94.52%				79.50%				9.42%				81.46%			
	排名	第二名				第一名				第四名				第六名				第三名			

	截至本周累计完成产值（万元）	总服安装金（万元）	累计完成度分比	排名
	170650	36980	21.67%	第四名
	3307	41600	7.95%	第七名

表 8-6

周计划完成情况对比周报表

富山工业城厂房项目（一期）进度对比周报（一标）
第五期（2023年3月3日~2023年3月8日）

填报时间：2023年3月9日（工程量数据截止至3月8日收盘）

标段①	区域②	地块③	建筑物④	当前节点⑤	单位⑥	总工程量⑦	第四周累计完成工程量⑧	本期（本周）计划新增工程量⑨	本期（本周）实际完成工程量⑩	累计完成比例（⑧+⑩）/⑦	含本期（本周）累计完成工程量⑧+⑩	含本期（本周）累计比例（⑧+⑩）/⑦	下周计划新增工程量⑪	下一个关键节点（主体完工）	下一个关键节点应考核时间	对比关键节点进度滞后情况（滞工原因）	对比下达的二级计划滞后情况	滞后原因	备注
			1#厂房	一、主体完工情况														
				（一）软基处理施工	立方米				已完成	100.00%								
				（二）桩基础施工	根				已完成	100.00%								
				（三）主体结构施工	平方米	12000	3000	0	0	25%	3000	25%		基础分部验收	2023/2/20	暂无滞后		
				（四）建筑外立面施工	m²	12000	3000	0	0		3000	25%		主体结构验收	2023/3/20	符合节点要求		
				2、砌体安装施工	m²				已完成				计变暂停施					
				（五）屋面工程	m²			已完成										
				二、配套工程	m²	32262.36	30050.00	425.00	425.00	100.00%	30475.00	94.46%	250.00					
				（一）软体抹灰装饰	百分比	100.00%	60%	20%	20%	100.00%	80%	80.00%	5%					
				（二）机电安装	m²	6452.47	6010	85	85.00	100.00%	6095	94.46%	50.00					
				设备用房机电安装	m²	6452.47	6010	85	85.00	100.00%	6095	94.46%	50.00	工程实体完工	2023/4/30	暂无滞后		
				一层机电安装	m²	6452.47	6010	85	85.00	100.00%	6095	94.46%	50.00					
				四层机电安装	m²	6452.47	6010	85	85.00	100.00%	6095	94.46%	50.00					
				屋面层机电安装	m²													
				（三）室内装修施工	m²	32389.00	30968.00	120.00	120.00	100.00%	31108.00	96.04%	120.00					
				一层装饰施工	m²	8821.00	8410	30	30	100.00%	8440	95.68%	30					
				二层装饰施工	m²	6355.00	6010	30	30	100.00%	6040	95.04%	30					
				三层装饰施工	m²	5212.00	4910	30	30	100.00%	4940	94.78%	30					
				四层装饰施工	m²	4923.00	4580	30	30	100.00%	4610	93.64%	30					
				（四）建筑外立面施工	m²	7078.00	7078				7078	100.00%	0					
			2#厂房	一、主体完工情况														
				（一）软基处理施工	立方米			已完成										
				（二）桩基础施工	根			已完成						基础分部验收	2023/2/20	暂无滞后		
				（三）主体结构施工	平方米	12000	0	0	0	0%	0	0%		主体结构验收	2023/3/20	暂无滞后		
				（四）建筑外立面施工	m²	12000	0	0	0		0	0%						
				二、配套工程	m²	32262.36	30025.00	400.00	400.00	100.00%	30425.00	94.30%	250.00					
				（一）软体抹灰装饰	百分比	100.00%	60%	20%	20%	100.00%	80%	80.00%	5%					
				（二）机电安装	m²	6452.47	6005	80	80	100.00%	6085	94.30%	50.00	工程实体完工	2023/4/30	暂无滞后		
				一层机电安装	m²	6452.47	6005	80	80	100.00%	6085	94.30%	50.00					
				四层机电安装	m²	6452.47	6005	80	80	100.00%	6085	94.30%	50.00					
				屋面层机电安装	m²	6452.47	6005	80	80	100.00%	6085	94.30%	50.00					
				（三）室内装修施工	m²	32389.00	30897.00	120.00	120.00	100.00%	31017.00	95.76%	120.00					
				一层装饰施工	m²	8821.00	8310	30	30	100.00%	8340	94.55%	30					
				二层装饰施工	m²	6355.00	5920	30	30	100.00%	5950	93.63%	30					
				三层装饰施工	m²	5212.00	4910	30	30	100.00%	4940	94.78%	30	基础分部工程质量问题	2023/2/20	滞后19天	滞后	下发整改单，做好分部位加快基础验收，追赶进度
				四层装饰施工	m²	4923.00	4649	30	30	100.00%	4679	95.04%	30					
				（四）建筑外立面施工	m²	7078.00	7108				7108	100.42%	0	主体结构验收	2023/3/20	暂无滞后		

说明：1. 打"√"代表本条须执行工作。

8.6.3 多方位进度督导体系

1. 履约过程督导

针对正在施工的项目，执行三个层次的履约过程督导：

（1）常规考核。集团对所辖项目进行月度考核全覆盖，进行季度考核抽查，针对共性问题统筹协调，针对个性问题专项跟踪处置。

（2）专项督导。针对履约存在问题的项目，召开公司级履约专题会议，通过体系联动，找出解决问题的最优方案，调整资源配置，对工期计划进行及时纠偏。

（3）驻场帮扶。针对存在履约问题的难易程度，集团指派主管部门领导前往项目部进行现场帮扶，督导项目履约归于正常。

2. 节点分级督导

项目开工后，及时编制施工总进度计划，设置工期节点，建立预警体系，通过节点及时预警、分级督导等，以保障节点计划按期完成，使项目总进度计划可控。

节点预警管理是一个连续的、动态管理的过程。在施工计划执行过程中，集团工程管理部门通过不断分析工期节点报表数据，实地跟踪检查项目实际进展，比较实际值与计划值之间的偏差并分析原因及影响，对照分级预警体系相关要求启动相应级别预警和督导，具体为：

（1）对重大工期节点、滞后天数多的节点以及影响程度大的节点，实施红色预警，由集团副总督导。

（2）对重要节点、滞后天数稍微超出可控范围、影响程度一般的节点，实施黄色预警，由分管领导督导。

（3）一般性节点、滞后天数较少、影响程度低的节点，实施蓝色预警，由工程管理中心督导。

3. 竣工验收备案项目督导

项目竣工前三个月，开展公司级竣工推进会，督导项目制定明确的收尾销项计划，并指定专人定期跟踪项目销项进展情况，通过周报公示的形式，实时了解全公司待竣工验收备案项目的履约情况。对下级单位强化合同工期履约率、风险工期延误率、无费用补偿工期延误率等考核指标，持续推进项目竣工验收管理。

4. 督查督办清单式管理

大力推行"一张表格抓落实"工作法，实现督查督办清单式管理，形成闭环管控运转机制，打通工作落实的"最后一公里"，将工作事项纳入到一张一体化表格，及时将任务进行分解，把每日/每周/每月工作任务记入"账本"，明确牵头领导、责任单位、工作要求、完成时限、当前进展、完成情况等事项，一周一调度、一月一通报。取消"正在推进""正在办理"等时间节点不明确表述，完成情况全部实行百分制量化，对时间节点范围内后续工作进度均量化到具体时间。建立亮灯机制，根据时间节点不同，分别按亮"红灯、黄灯、蓝灯、绿灯"进行督办，未按期办结工作亮红灯，半月以内需办结工作亮黄灯，时间节点不明确事项亮蓝灯，已完成工作亮绿灯。红灯事项实行一周一调度、一周一汇报，持续跟进，实现一个系统、一张表格同步更新，动态掌握进展，实时动态跟踪督办办理情况，直至办结销号。

5. 督查督办信息化管理

依托企业信息化管理平台（图 8-6），持续优化督查督办专题模块，督查督办工作事项全部实行上网办理。该平台集登记交办、分拨办理、跟踪督办等功能于一体，有效解决了传统线下督办流转慢、效率低、办理延迟等问题，实现以"立项、办理、催办、报告、办结和归档"为核心的闭环管控运转机制。按照"一项工作、一名领导、一套班子、一抓到底"督办模式，层层压实责任，制定标准化流程，督办事项立项后，集团综合部进行跟踪督办，主办单位线上系统及时填报办结情况。

图 8-6　数智建造平台督办管理页面

8.7　创新驱动引领高效建设模式

富山工业城新型产业空间项目以创新驱动为引领，积极探索高效建设模式。通过运用以项目为主体的多方协同、多级联动、管理高效的数字化工程管控平台，实现更智能的实时跟踪管理、更智慧的数据采集分析，并积极应用新技术、新工艺和新材料，克服施工难题、节约建设成本、加快建设速度。

8.7.1　软基就地固化，破解进场难题

富山工业城新型产业空间建设用地为滨海滩涂，有深厚的淤泥、淤泥质土层，且大面积淤泥层裸露，该土层具有高含水量、低强度、高压缩性等特点，承载力达不到施工机械进场作业要求。工程创新采用就地固化处理技术进行软基处理，利用固化剂对软土进行就地固化，使土体达到一定强度，满足施工所需的承载要求，同时做到淤泥的干挖、干运，以便进行弃土回填利用，做到零排放。该技术不仅可以达到地基处理的目的，也可结合复合地基进行深层处理。

8.7.2　新型支模架技术代替传统支撑架体

传统的 M48 系列盘扣式脚手架存在安全性差、安装进度慢等缺点，新型产业空间厂房

模板支架搭设系统采用 M60 系列（Z 型）承插型盘扣式支撑架，在保留传统支撑架体优点的同时，拆装更加简便、快速，大幅度提高施工效率、减少人工投入，其接头具有可靠的双向自锁功能，搭设质量更易控制，安全性更高，且 M60 系列（Z 型）承插型盘扣式支撑架采用 Q355 高强度低合金钢材质，能在有效增强立杆承载力的前提下减少架体自重。

8.7.3 BIM 技术贯穿项目建设全流程

项目策划阶段，利用 BIM 技术可视性特点，借助信息化施工平台（图 8-7）进行三维场布局，对建筑设施、周边环境、临时道路、加工区域、材料堆场、安全文明等进行规划布置和分析优化，提高场地布置的科学合理性。

项目设计阶段，借助其可视化特点与碰撞检查功能，直观发现图纸中存在的"错、漏、碰、缺"问题，以便在施工前通知设计单位及时解决，检验设计的可施工性，指导项目图纸会审。

项目实施阶段，利用信息化工具比对施工模型与现场实际情况，提高施工质量检查的效率与准确性，达到控制施工质量的目的。

图 8-7　信息化施工平台

8.7.4 工程管控平台赋能

项目积极推进"数字化企业大脑"建设，通过数字化工程管控平台，合理规划配置人、材、机、资金等各种资源要素，对施工过程技术、质量、安全、生产进行数字化管理，实现纵向快速穿透项目的功能，打通横向各系统间的瓶颈，对项目进行"全方位资源支撑"和"全过程穿透式管理"，切实增强协同作战能力，确保项目达到既定节点目标。

第 9 章

质量管控篇

9.1 质量目标

质量目标管理就是紧紧围绕质量工程目标，明确质量管理要点，采取有效的管理办法和措施保证质量目标的实现。项目部针对富山工业城新型产业空间厂房建筑和园区配套道路工程特点和具体环境，确立质量工程目标，明确质量管理重点，以质量风险预防与控制措施、高品质追求与提升为抓手，着力提升内在质量和外在观感的有机统一。

以设计使用寿命年限为纲，满足安全使用功能要求。项目部施工质量目标是满足国家、广东省和珠海市的相关规定及相关行业工程施工质量合格标准，确保一次验收即合格；争创珠海市建设工程优质结构奖、珠海市市政优良样板工程、广东省市政优良样板工程奖项。

以样板工程为导向，打造富山工业园最美园区。为实现富山工业城新型产业空间厂房建筑和园区配套道路工程内在质量与外在观感品位提升的统一，以样板工程为导向，奋力迸发。

9.2 质量风险管理

9.2.1 质量风险管理组织架构

为规范设计、施工管理行为，提升市政道路工程质量管理水平，大横琴集团制定了《富山工业城新型产业空间厂房建筑和园区配套道路工程项目工程质量管理办法》和《富山工业城新型产业空间厂房建筑和园区配套道路工程项目质量管理策划》。项目部成立全面质量风险管理小组，项目经理任组长，班子成员任副组长，各部室负责人为成员，各作业队负责人、现场值班工程师、各工班长为相关责任人。质量领导小组对主要工序的施工质量进行有组织的控制，项目部配备专职的质检工程师和质检员，推行全面质量管理和目标责任管理，从组织措施上保证工程质量真正落到实处。质量风险管理组织机构见图 9-1。

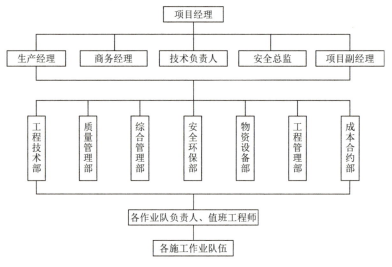

图 9-1　质量风险管理组织机构图

9.2.2 质量风险辨识

1. 市政道路与厂房建筑同步施工

场地内大面积分布深厚软土，地下水位高，土质流塑性强，地基承载力弱，地质情况极差。市政道路管廊带边线距地块用地红线0～14.1米；距建筑退让线5.0～20.1米；距建筑轮廓线9.0～41.2米。

市政道路与厂房建筑各方存在同步作业，有地基土内部互相挤压和流失的风险。在厂房建筑预制桩基础施工中，厂区内挤出大量土体，引起道路地面隆起；在厂房建筑地基开挖和市政道路管网沟槽施工中，常有淤泥返涌、地下水流失的现象发生，土体失衡，极易引起邻近市政道路开裂。因此，与厂房建筑同步施工是市政道路质量管理的重要关注点之一。

2. 浅层固化新工艺施工

为控制桩基检测开挖以及开挖敷设桩顶褥垫层期间淤泥返涌的风险，减小大面积土体卸载对周边已建成厂区构筑物的影响，采用桩顶软土浅层固化施工工艺。软土原位固化技术将软土就地固化，形成复合稳定、土质良好基层。

针对软土固化量大，淤泥面标高不统一的特点，项目采用同步施工和按实际淤泥面标高计算固化深度的施工方式。浅层固化是一项新工艺，固化原材料、水泥浆液调配和喷浆、就地固化处理厚度、就地固化处理技术的承载性能、水泥超耗控制是浅层固化质量控制的主要风险，是浅层固化施工质量管控的重点。

3. 深层软基处理施工

场地原始地貌为滨海滩涂地貌，后经人工填砂填土抬高，目前场地较为平坦。吹填完成面标高约为3.8米，经过两年多的自然沉降，勘察期间场地标高为2.21～5.82米，平均标高约为2.5米。场地内广布淤泥层，其工程性质差，欠固结，淤泥呈流塑状，含水率高，具触变性，灵敏度高，厚度较大，最大厚度达21米，平均厚度约为15米。

为适应园区建设，深层软基处理采用水泥土搅拌桩复合地基处理的方式，水泥土搅拌桩设计总量达205.2万米。特殊的地质条件与特殊的周边环境对项目水泥土搅拌成桩质量存在一定影响，是项目质量管控的重中之重，配套道路工程项目中将其列为重点质量风险。

4. 工期压缩对质量控制带来的挑战

根据工期调整要求，项目工期较合同工期压缩最大天数达221天。多条路、多个工作面同步进行，在建筑工程、管网工程、道路工程、附属工程施工进度的赶超过程中，每一道分项工程施工工序都成为项目质量风险，项目基于风险识别、风险评估、风险处置和风险监控等环节，建立质量风险管控表，以"全员参与、全面识别、科学评估、综合防范、持续改进"的风险管理原则，加强质量风险管理。

9.3 质量管理运行体系

9.3.1 管理体系构建（PDCA）

为保证项目顺利实施和兑现投标文件确定的工程质量目标，根据ISO9001质量管理体系标准和大横琴集团质量管理体系文件规定,并结合集团以往从事类似工程的经验,从组织机构、思想教育、技术管理、施工管理以及规章制度等五个方面建立符合本工程项目的质量保证体系。项目建立了基于 PDCA 循环,持续改进的质量循环管理体系(图 9-2)。

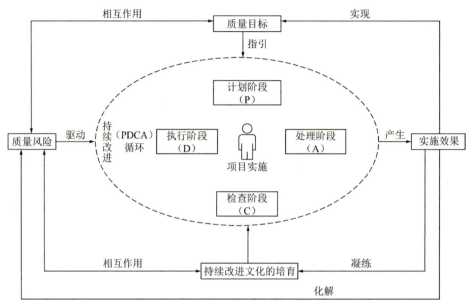

图 9-2　PDCA 持续改进机制框架模型

1. 计划阶段(P)

(1)了解现状,发现项目质量管理中的风险点和重难点。在实施工程项目前,项目负责人召集全体项目人员,集思广益,深刻了解项目的质量要求、质量目标和质量发展方向,第一时间明确存在的问题,并着手解决。

(2)分析问题产生的原因。在确定质量目标和主要质量控制风险点后,项目部全体管理人员积极分析质量风险问题产生的原因。本项目的规模较大,涉及人员众多,及时分析好问题产生的原因可以有的放矢,有针对性地解决,从而避免其他环节的干扰。

(3)针对原因做出解决办法。项目质量控制难点涉及地质环境因素、工期紧、新工艺的客观因素,也涉及项目体量大、工作面广、施工技术人员庞杂的过程管理因素,项目管理人员分清主次,明确主要因素、次要因素和一般因素,制定了"将重点放在主要因素上首先解决,从而控制全局"的质量风险管理策略。

2. 执行阶段(D)

将计划过程中确定的质量目标和提出的质量风险管理措施付诸实践,是 PDCA 循环法应用于工程管理过程中的核心阶段。计划执行的过程中,项目部明确每一个质量风险控制点的责任人,责任人做监督,挑选精兵强将,对主要因素重点防控。同时,进行严格的监管并做好人员考核工作,通过定期检查、主管测评方式,成功保证了项目按照计划顺利实施。

3. 检查阶段(C)

这一阶段是对工程进行检查,观察工程项目是否达到了实际的管理效果。在检查过程中时刻关注方案的有效性、目标的可行性等，对于质量管理实施方案，项目部经过实施检查后得出对应结论。最后，管理人员对采取的策略和产生的效果进行比较总结，分析是否达到预期效果以便及时整改。

4. 处理阶段（A）

在处理阶段中，项目部对检查所得的结果做好进度偏差、工作时差以及后续工作的影响等方面的分析，及时采取措施弥补不足，完善工程质量管理的制度，加强过程的控制管理。对于第一次循环还没有解决的问题，将其转入下一轮的循环中。从而，使得项目工程管理过程就转化成为一个经 PDCA 循环进行的具体质量管理工程。每个阶段互相衔接组成一个循环系统，每执行一次循环都解决一些管理上的问题，最后通过往复循环使工程管理这一过程达到最佳。

9.3.2 事前、事中、事后质量控制措施

1. 事前控制

（1）完善质量体系，编制质量计划，建立严格的质量保证制度，设置高效、认真负责的质量保证部门，建立工程监督制度。

（2）从管理上确保质量目标的实施，推行全面质量管理体系，运用科学的手段，实现质量目标。实行质量岗位责任制，制定水泥土搅拌桩地基处理工程、管网施工、路基路面工程的质量管理办法及奖罚措施。

（3）进行设计交底，图纸会审，确定工艺流程，完善图纸深化；审核将要采用的新技术、新结构、新工艺、新材料运用技术及范围。

（4）检查测量标桩，定位线和高程水准点。

2. 过程控制

（1）贯彻质量方针，提高全员质量意识。

（2）针对工程特点，根据质量目标，制定创优规划，组织协调各部门围绕质量目标开展工作。

（3）各工序定人、定岗、定责，在工作中认真负责，各工序、各岗位之间，实行项目"三定""三检"制度，按相应的质量评定标准检查、验收每个分部分项工程，使工程质量始终处于受控状态。

（4）将影响质量的不利因素纳入管理范围，抓住这些关键问题进行处理和解决。

（5）严格工序交接检查，做好隐蔽验收，加强交验落实，不达要求的工序决不能进行下道工序，直至符合要求为止。

（6）建立样板管理制度，坚持样板引路，统一施工做法，减少施工中的返工与材料浪费现象的发生，预防和消除质量通病。

3. 事后控制

（1）按规定对已完成的单位工程进行检查、验收。

（2）整理工程所有的技术资料，存档备案。

（3）对工程进行保修、维修。

9.3.3 管控体系运行

1. 以样板为导向,坚持高质量要求

在项目经理的指导下,立足于"预防为主、先导试点"的原则,以提高质量改进意识为目的,实行首件样板制。同时,为切实保证工程质量,进一步强化落实工程质量责任,强化质量检查程序,规范作业人员的质量意识和行为,从施工源头上确保质量目标的实现,使工程施工质量管理工作能够有章、有序、有效地实施,履行合同质量目标。项目全面推行工程质量"首件验收、样板引路、全面推广"的制度,通过首件验收,树立一批样板工程,通过抓典型、树样板,来提升现场质量管理水平。根据首件工程的各项质量指标进行综合总结评价,对施工质量存在的不足之处分析原因、提出改进措施,以指导后续施工,预防大面积施工可能产生的各种质量问题。

案例:

配套道路工程项目从进场开始,结合场地地质情况及环境特点,细致地审图,了解设计目的及施工质量要求,确定质量目标,制定样板工序施工及质量验收计划。先后完成了排水板、真空预压、水泥土搅拌桩、污水工程、雨水渠工程、缆线管廊工程、路基土回填、水稳层、沥青面层各道分部分项工序首件施工工作。首件工程施工完成后,项目部会同建设单位、设计单位、勘察单位、监理单位其余参建四方责任主体,同时邀请工程质量监督站监督员进行样板工程验收。

首件工程验收合格后,项目部根据首件施工中的各项质量指标进行总结分析,制定出质量交底书,为各分部分项工程大面积施工树立质量典型,给项目施工质量管理带来了非常好的效果。

2. 以全员参与为契机,细抠质量细节

实行全员、全过程、全方位的质量管理。结合本工程特点,制定各部门、各级的质量管理职责,明确各工序的责任人,明确每个管理人员、工种的工作程序、质量目标和责任。做到横向到边、纵向到底,层层分解目标、层层落实责任。形成事事有人管、件件有目标、人人有责任的全员、全过程管理体系。

案例:在一次现场土质原材取样中,项目试验员发现污水工程 50 厘米石屑基础回填施工中,衔接处未设置搭接"台阶",存在压实度不达标的质量风险。试验员及时制止了施工,并上报项目部,对其施工队伍重新交底,确认施工方法和质量要求,避免了一次质量事故的发生。

通过人人参与质量管理的方式,力抓每一道施工工序的施工质量,确保每一处施工成果均满足质量要求。

3. 基于可视化 BIM 平台,把握过程质量管理

(1)更好地确定工序质量控制工作计划。一方面,要求对不同的工序活动制定专门保证质量的技术措施,作出物料投入及活动顺序的专门规定;另一方面,要规定质量控制工作流程、质量检验制度。

(2)主动控制工序活动条件的质量。工序活动条件主要指影响质量的五大因素,即人、材料、机械设备、方法和环境等。

(3)及时检验工序活动效果的质量。主要是实行班组自检、互检、上下道工序交接检、特别是对隐蔽工程和分项（部）工程的质量检验。利用 BIM 技术设置工序质量控制点，实行重点控制。

案例：

配套道路工程项目地基处理大范围采用复合地基处理施工工艺，水泥土搅拌桩工程量达 13 万根，给水泥土搅拌桩施工质量管理带来严峻的挑战。

根据政府主管部门下发的《关于进一步提升政府投资项目"隐蔽工程"质量管理的若干措施》（珠建质规〔2022〕1 号）文件要求，项目所有水泥土搅拌桩机械配套安装智慧云自动监控系统。除智慧云监控系统外，项目每台桩机均配备单独视频监控系统，对水泥土搅拌桩施工实行全程监控录像，所有录像按天收集，并刻录于光盘内保存。项目累计投入云监控系统 81 套，视频监控设备 81 套，所有设备运行正常。

施工过程中对桩体长度、钻进提升速度、段灰量、垂直度、泥浆密度进行自动监控，确保水泥土搅拌桩成桩过程可视化、桩体质量可溯化，利用大数据、云平台，实现成桩过程实时全监控。利用 BIM 监控系统，时刻监控水泥土搅拌桩施工动态，发现施工参数有偏差的，及时纠偏，极大地提升了水泥土搅拌桩的成桩质量，为水泥土搅拌桩保质保量的完成和顺利进入下一阶段施工提供保障。

4. 道路与厂房建筑同步施工中的质量控制

配套道路工程项目部深刻认识到，道路工程与厂房建筑同步施工，给工程带来的质量风险非常严重，不可忽略。项目经理组织全体项目人员讨论，优化思想，集思广益，确定了以下几方面同步施工质量风险规避方针：

（1）了解厂房建筑的施工安排，与建设方沟通，调整施工顺序，与厂房建筑错峰施工。

（2）加强地表及相关构筑物的沉降和位移监测，项目部会同设计、监理、勘察和建设单位，确定了地表沉降和位移监测方案，同时进行地下水监控，实时了解地质水位动态，规避地基施工中地表开裂引发的质量风险。

（3）深化设计，优化支护方案。对于距厂房建筑较近的沟槽，项目部通过加长钢板支护、调换生活污水和工业污水管网位置，将较深的沟槽远离厂房、沟槽固化等方式，规避沟槽施工中周边已完成场地开裂的风险。

5. 软土深层水泥土搅拌桩施工质量控制

鉴于项目深层水泥土搅拌桩施工工期短、范围大、地质情况复杂、工程量大的特点，项目部根据政府主管部门下发的《关于进一步提升政府投资项目"隐蔽工程"质量管理的若干措施》（珠建质规〔2022〕1 号）文件要求以及 2023 年 3 月 26 日建设单位下发的《富山工业城水泥土搅拌桩施工质量控制十三条》相关内容，积极响应。针对文件中施工单位需落实的事项，从技术管理、原材料质量管理、施工过程管理三方面着手，逐一梳理、排查，真抓实干，确保各项质量控制措施落实到位，具体包括：

（1）技术管理措施

施工中，把好技术标准关，作好技术交底，抓好测量复核和试验检验，严格施工纪律和劳动纪律，严格进行各工序质量检验与控制，确保工程一次合格，一次成优。认真执行质量管理制度，将施工图审核制，技术交底制，质量自检、互检、专检"三检制"，隐蔽工程检查签证制贯穿施工全过程。

（2）原材料质量管理措施

购进的原材料必须有生产合格证、检验试验单，并进行清点验收，所有进场原材采取现场举牌验收制度。经检验和试验不合格的采购物资，及时通知供货方做出处理，严禁发放不合格物资到施工作业现场；经检验和试验合格的采购物资，物资部应按物资保管和发放办法进行管理，及时标识。原材料单独建立使用台账，台账内容包含材料规格、厂家、出库入库记录、领取人员、领取数量及领取时间；进场原材料单独存取。

（3）施工过程质量管理措施

①进行水泥土搅拌桩试桩与总结，组织专家评审会。项目水泥土搅拌桩软基处理范围内为吹填淤泥层，含水率高，压缩性高，强度低，厚度15～20米，区域内水动力条件复杂，导致成桩效果不理想。项目进场后进行三次试桩施工，三次试桩方案均通过专家评审，并结合专家意见完善施工方案。

②开展严谨科学的试桩验证。项目按照专家意见完善试桩方案后，根据试桩方案开展试桩施工，前后三次试桩共计试桩564根，试桩配合比共计110组，试桩含$D600$、$D700$、$D800$三种桩径，试桩位置选取软基处理范围地质条件最差区域。试桩检测完成后，每次试桩总结均组织召开专家评审会。总结会上，各方以试桩数据为基础，结合试桩检测结果（总体合格率为70.8%），综合五方主体与专家组意见，于第三次试桩总结会议上确定最终施工参数：雷蛛大道采用十字钻四搅四喷施工工艺、掺量20%，桩径$D800$，水泥：固化剂为3∶7进行施工；马山北路、欣港路、中心西路、规划一路、临港路、规划二路、合心路、兴港路等其他道路未施工部分水泥搅拌桩采用十字钻四搅四喷施工工艺、掺量18%、桩径$D800$，水泥：固化剂为3∶7施工，用于指导后续大面积施工。

③开展专题培训会。项目地质条件复杂，水泥土搅拌桩工程量大，质量要求高。一方面，为确保水泥土搅拌桩成桩质量，加强水泥土搅拌桩施工过程质量控制，提升参建人员质量控制意识，项目先后多次组织水泥土搅拌桩施工专题培训会，例如：水泥土搅拌桩质量控制方案学习培训会；水泥土搅拌桩管理及记录填写（图9-3）培训会；水泥土搅拌桩常见问题分析及管控要求相关文件学习培训会；水泥土搅拌桩检测与质量评定培训会；水泥土搅拌桩施工技术质量控制要点培训会等。另一方面，对作业人员开展全覆盖交底，提升作业人员技术水平，保证每位作业人员掌握质量控制标准。

④将参与搅拌桩施工、监管各环节的人员登记备案。为保证水泥土搅拌桩质量控制措施落实到位、责任到人、有据可查，项目水泥土搅拌桩班组每一位进场作业人员均登记在案。每位作业人员均严格执行三级安全教育与安全技术交底制度。对于每位人员的关键信息，如身份证号码、性别、年龄、户籍地址、联系电话、入场时间、工种或职务等均作详细登记。

⑤加强过程管理，留存材料供应商、特种作业人员相关证书。项目部对供应水泥和固化剂厂商所有资料均按照厂家进场报审相关要求完成监理报审工作，厂家各项资料与证件齐全。所有特种作业人员信息及特种作业证书均登记在案。

⑥现场施工质量控制措施。水泥土搅拌桩质量控制措施始终贯穿于施工全过程，施工过程中随时检查施工记录和计量记录，并对照规定的施工工艺对每根桩进行质量评定。检查重点为：水泥用量、桩长、钻头直径、搅拌头转数和提升速度、复搅次数和复搅深度、停浆处理方法等。

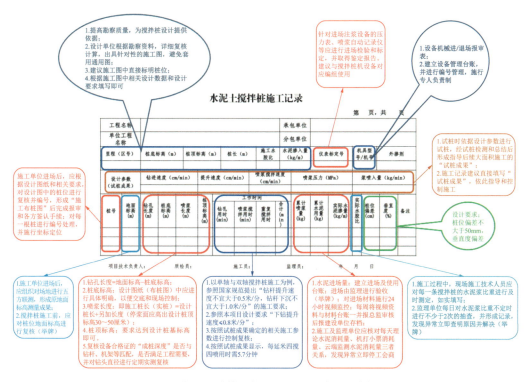

图 9-3 水泥土搅拌桩管理及记录表填写要求标示图

6. 浅层固化新技术施工的质量控制措施

本项目首次使用浅层固化施工方法，该方法暂无国家权威的规范指导，只有浙江省地方标准《公路工程强力搅拌就地固化设计与施工技术规范》DB33/T 2383—2021 和团体标准《道路软土地基强力搅拌就地固化技术规程》T/CECS 978—2021 可作为参考，项目部与设计单位、建设单位联动，推进新技术方案的形成、论证与实施。根据两次试验段施工结果，结合地方和行业标准，项目部多次召开专家咨询会，以"新技术提出→类似工程施工成效考察→试验段施工→专家咨询论证→质量标准要求和检测办法确定→业主认可审批→质量监督单位备案→组织施工"的推进过程，推动整合各方意见以及互联互动，成功敲定浅层固化施工设计要求和质量验收标准，更好地保障了工程目标的实现。

浅层固化实施过程中，以质量目标、设计标准为导向，挑选专业的施工队伍，对现场管理人员和施工队伍进行详细的施工培训和技术交底，明确施工过程中的固化深度、原材要求、泥浆相对密度、喷浆压力、提升速率等施工技术指标，配备智能化施工流量监控设备。同时，项目经理成立专业质量管控小组，以持续跟踪关注、动态管理的方式，保障了浅层固化施工的高质量完成。

7. 高强度预应力混凝土管桩施工质量管控

（1）细致认真的图纸会审和施工策划

组织项目全体管理人员对设计文件进行审查，审核设计施工参数，确保设计合理、规范，满足建筑物的荷载要求和地质条件。项目部群策群力，制定管桩施工进度计划、管桩施工秩序策划、管桩材料进场计划、机械设备进场计划，主动积极介入场地平整、施工用电、用水等前期准备工作，确保场地平整、承载力满足施工要求。

（2）质量管理专题培训和技术质量交底

邀请业内有经验的管桩施工质量管理人员，向项目全体人员进行管桩质量管理专项培训，对管桩沉桩、接桩、送桩、过程记录等关键施工工序进行详细解读。项目管理人员在学习总结后，结合施工图纸对现场施工人员进行技术交底，明确施工工艺、质量标准及注意事项。

（3）科学严谨的试桩

根据设计要求，管桩大面积施工前应向设计方提供的沉桩记录包括以下项目：每米锤击数、最后2~3米的每30厘米锤击数、总锤击数、落锤高、桩垂直度、桩偏差、焊接时间、桩节段组成、焊缝操作等，以确定施工用桩机、桩锤、衬垫及其参数，核对地质资料，并配合设计工作。

施工单位充分理解设计要求，结合各类桩型及所处的方位、桩长、倾斜度、持力层情况和地形、地貌条件选取，通过试桩，总结沉桩工艺，得到建设单位、设计单位、勘察单位、监理单位高度认可，为大面积高质量施工奠定坚实基础。

（4）大面积桩基施工质量控制

配备经验丰富的管理人员，加强现场监督，对吊桩、沉桩垂直度、接桩、停打标准、截桩、填芯等每一道施工工序和控制指标，严格按设计参数及质量验收标准进行控制，杜绝不合格行为和违规操作，确保每一根桩都符合验收要求。

（5）淤泥地质条件下的管桩质量控制

场地填土层下分布厚层淤泥类土层，厚度大，工程性质差，具高压缩性和触变性，在上部荷载的作用下易产生较大沉降，场地软土工程性质较差，不能直接作为拟建建筑物基础持力层，大型机械设备直接在本场地施工容易产生沉陷，施工前先对本场地进行软基处理，机械设备才能进入本场地施工。软土对管桩桩基施工影响较大，因本场地淤泥厚度较大，由于预制管桩产生的挤土效应发生桩体侧移和上抬现象，现场管桩施工采取降低沉桩速率、合理安排打桩顺序的措施，以减轻或消除上述不良影响。

8. 节点工期调整后的质量提升措施

为实现总体工期目标，针对关键工序上的节点工期目标进行了调整。当施工进度全速推进，给质量管控带来困难时，以"瑕疵零容忍"的态度开展赶工质量风险管理工作，成立了以项目经理为组长，项目技术负责人、项目副经理为副组长的赶工质量管控突击小队，以快速介入质量管理的高位姿态，尽可能地消除赶工建设中容易产生的质量管理盲区，不留一丝隐患，确保工程质量风险始终处于可控状态。同时，通过PDCA动态循环，持续关注质量风险的实时状态，并及时做出响应，确保在冲刺施工中，工期与质量并进，成效与品质并举。

9.4 质量管理成效

9.4.1 "质量驱动"带来经济效益

在项目质量管理驱动下，提高各个分部分项工程一次验收合格率，为各工序施工流水顺畅连接提供保障，大幅度提升项目工期。"质量驱动"下，项目完成了珠海市市政优良样板工程申报工作，并积极跟进广东省市政优良样板申报。

"质量驱动"给项目带来质量和工期两方面的成效，成功助力新型产业空间建成和投产。地块内形成了横跨南北、纵环交错的交通道路网。随着道路网的形成，厂区随即对外开放，政府第一时间开通公交专线，为自由往来的人群提供出行便利，厂区内的制造厂家陆续进驻。如今的富山二围北，从杂草丛生的湿地变成了现代化的产业工业园，宽阔的马路延伸至各个园区，为制造业当家落地生根提供有力保障，为珠海新型产业空间建设贡献新力量，直接或间接经济效益达两千万元。

9.4.2 质量风险文化塑造全员行为

构建全员参与的质量风险管理文化是项目质量风险管规避的一项重要举措，能够有效地提高项目质量水平和竞争力。通过培养质量意识、加强通信与沟通、建立奖惩机制、持续改进、基于数据的决策、实施责任制和监督机制以及领导示范等措施，逐步形成全员参与的质量风险管理文化氛围，从而实现持续的质量改进和发展。

（1）培养质量意识。项目从每一位项目员工的角度出发，通过开展质量教育和培训的方式，培养员工的质量意识；让每一位项目员工认识到质量不仅影响项目部的声誉，而且关系着企业的声誉，还会直接关系到产品的质量和客户的满意度。

（2）加强通信与沟通。项目建立共享的沟通平台，以促进员工之间、部门之间和管理层之间的信息共享和交流；通过每周、每月定期召开质量会议、设立建议箱或者利用内部社交平台等方式，构建一个全员参与、信息共享的沟通渠道。

（3）建立奖惩机制。在全员参与的质量管理文化中，奖惩机制起着重要的作用。在质量管理中表现优秀的项目员工应被奖励，以便使员工更积极地参与到质量管理活动中。具体措施有设立奖金、晋升或者其他形式的被普遍认可的激励措施。另外，对于违反质量管理规定的行为，采取通报、罚款等相应的惩罚措施，以确保质量管理的严肃性和有效性。

（4）持续改进。持续改进是质量管理的核心原则之一。项目利用 PDCA 循环理论质量管理体系，通过鼓励员工提出改进意见，并且给予员工足够的支持和资源来推动这些改进的实施；通过建立改进团队或者利用质量管理工具，引导员工参与持续改进的过程。

（5）基于数据的决策。质量管理需要依据准确的数据进行决策。项目通过鼓励员工收集、分析和利用相关数据来改进工作流程和产品质量，并培训员工相关的数据分析技术，最终建立一套完善的数据收集和分析系统，实现这一目标。

（6）实施责任制和监督机制。全员参与的质量管理文化需要建立明确的责任制和监督机制。质量管理施工过程中，每个员工都须承担起自己的责任，尽职尽责，并且接受其他员工和管理层的监督。项目通过制定明确的岗位职责、建立层级报告机制和定期进行质量审核等方式来实现这一机制。

（7）领导示范。领导者在构建全员参与的质量管理文化中起着至关重要的作用。项目领导者以身作则，将质量管理视为自己的首要任务，并且给予员工更多的自主权和决策权，鼓励员工参与其中。

9.4.3 质量管控融入工程实施过程

（1）质量责任措施。为确保施工质量，项目自上而下逐级建立工程质量责任制，签订质量责任书，明确工作岗位的质量职责和义务，建立完善的质量责任制度，以确保施工质量得到有效控制。

（2）质量目标管理。对工程的总体质量目标进行量化分解，将其落实到每个分部分项工程、每一个施工环节和施工工序等，并逐级落实到施工现场的技术人员、施工班组长、作业人员，一级包一级，一级保一级，逐级签订包保责任状，使得质量管理工作标准化、程序化，确保项目总体质量目标的实现。

（3）质量一票否决权。项目施工全过程实行质量一票否决制，派有资质的和具有丰富市政施工经验的技术人员担任质检工程师、质检员，负责内部质检工作，并赋予质检工程师一票否决权力。凡进入工地的所有材料、半成品、成品，质检工程师同意后才能用于工程。一切需经监理签认的项目，必须经质检工程师检验合格后方可上报。质检工程师、质检员以施工规范和工程质量验收标准为依据，行使一票否决权。

（4）质量预控。认真组织制定工艺标准，科学设计工艺流程；正确引导和开展工序样板先行、典型示范、整体推进的工程活动；严格按照规划和措施要求，加强现场技术指导和工序质量预控。各施工班组均严格按照施工规范、技术操作规程、审定的技术方案、工艺要求组织施工，按照制定的质量验收标准进行评定验收，上一道工序不合格，不交付下一道工序施工，保证每个分项、分部、单位工程一次达标成优。项目在准备工作、技术交底、预防措施、过程监控、工序验收、质量评定、材料整理等方面实施质量预检制度，在施工前消除可能发生的质量事故隐患。

（5）施工过程的质量检测。严格执行"三检"制度，"三检"即：自检、互检、交接检。上一道工序不合格，不准进入下一道工序，上一道工序必须为下道工序服务，提供可靠的质量保证。凡属隐蔽工程项目，首先由班、队、项目部逐级进行自检，自检合格后，会同监理工程师一起复检，检查结果填入验收表格，由双方签字，最终签发隐蔽工程检查证。

（6）原材料、成品和半成品进场验收。对供应商生产（制造）的各种材料、机械设备做好检验和验证。接收的每批材料必须按照有关规定进行进场检验和验证，必须认真查验供应商的资质证明、营业执照、产品生产许可证、质量检验证明、顾客满意度资料、交付后服务的证据、支持能力等，确保其各项质量指标符合和满足工程质量要求；严格验证各种机械、设备按照采购合同文件的要求，确保其技术状态良好，运转正常，能够达到应有的施工能力和要求。监理单位与施工单位指派经验丰富的质量管理人员入驻原材料生产现场，对主要材料供应商驻场监造，检查供应商原材料质量，全程把控原材初加工生产，盯控生产质量指标；水泥稳定土等材料在生产厂家处通过验收后方可装车运输到现场，从材料源头处开始管控，保证用于施工生产的所有材料符合相关设计及规范标准要求。

（7）技术交底。各分项工程开工前，在认真熟悉设计图纸和规范标准的基础上，由主管工程师向全体施工人员进行技术交底，介绍清楚该项工程的设计要求、技术标准、功能作用、施工方法、工艺、注意事项及与其他分项工程的关系等，要求全体人员明确标准，做到人人心中有数。

（8）质量责任追究。强化施工现场管理，建立质量责任追究责任制，明确分工，责任到人，奖罚分明，做到突出重点，分批落实，规范施工，注重实效；质量责任全部签订责任状，并按单位的规章制度及相关法规实行质量责任终身制。

（9）坚持质量汇报会。每周至少召开一次质量周检会，会议由项目经理主持，质检工程师讲评质量工作进行情况，总结好的做法和经验，提出改进方法指导后续工作。

第 10 章

安全管控篇

10.1 安全风险辨识评估

10.1.1 风险辨识评估定义

风险辨识是指针对不同风险种类及特点，识别其存在的危险、危害因素，分析可能产生的直接后果以及次生、衍生后果。

2019年，应急管理部在修订《生产安全事故应急预案管理办法》（应急管理部令第2号）时，将原第十条的"事故风险评估"修改为"事故风险辨识、评估"，增加了风险辨识，将其列入风险管理的一个步骤。

10.1.2 风险辨识评估依据

依据国家标准《生产过程危险和有害因素分类与代码》GB/T 13861—2022、《危险化学品重大危险源辨识》GB 18218—2018和《职业病危害因素分类目录》（国卫疾控发〔2015〕92号）等辨识各种风险，运用定性和定量分析、历史数据、经验判断、案例比对、归纳推理、情景构建等方法，分析事故发生的可能性、事故形态及其后果。

10.1.3 风险辨识评估目的

（1）确定风险等级，制定防范措施，杜绝风险演变成事故。

（2）风险辨识为风险评价和风险控制提供依据。

（3）对系统中存在的风险因素进行辨识与分析，判断系统发生事故和职业危害的可能性及其严重程度，从而为制定防范措施和管理决策提供科学依据。

10.1.4 风险辨识评估分级

不同的风险辨识方法对风险的分级略有不同。按照《中华人民共和国突发事件应对法》第六十三条："可以预警的自然灾害、事故灾难和公共卫生事件的预警级别，按照突发事件发生的紧急程度、发展势态和可能造成的危害程度分为一级、二级、三级和四级，分别用红色、橙色、黄色和蓝色标示，一级为最高级别。"为保持一致性，一般把风险分为"红、橙、黄、蓝"四级，红色（一级）最高。

（1）蓝色（四级）：较低风险，需要注意或可忽略的、可以接受或可容许的。

（2）黄色（三级）：一般风险，需要控制整改。比如存在较大的人身伤害和设备损坏隐患的可能性。对于该级别的风险，应引起关注并负责控制管理，应制定管理制度、规定进行控制，在规定期限内实施降低风险措施。

（3）橙色（二级）：较大风险，必须制定措施进行控制管理。对于该级别及以上的风险，生产经营单位应重点控制管理。当风险涉及正在进行中的工作时，应采取隔离或人员撤离措施，并根据需求限期整改，直至风险降低后才能开始工作。

（4）红色（一级）：不可接受的，重大风险，即将发生且极其危险，必须立即停工整改。对于该级别风险，只有当风险已降低时，才能开始或继续工作。

10.1.5 风险辨识评估原则

（1）全覆盖的原则。风险辨识应坚持做到"横向到边、纵向到底、不留死角"，全面系统地分析各种风险事件存在和可能发生的概率以及损失的严重程度，风险因素及因风险的出现而导致的其他问题。风险发生的概率及其后果的严重程度，直接影响风险控制策略和管理效果。因此，必须全面了解各种风险的存在和发生及其将引起的后果的详细情况，以便及时而清楚地为决策者提供比较完备的决策信息。

（2）动静态结合的辨识原则。风险是一个复杂的系统，其中包括不同类型、不同性质、不同损失程度的各种风险，运用某一种独立的分析方法难以对全部风险进行辨识，建议综合使用多种分析方法，采用动态分析与静态分析相结合的方式，全面持续开展辨识活动，随时调整风险判别方法和评价边界条件。

（3）实事求是的原则。风险辨识的目的在于为风险评估提供前提和决策依据，以保证控制风险在可接受程度或最大限度减少风险损失，因此，积极运用现有的人力资源、工器具、科技手段、计算方法以及规范性技术标准等开展辨识，在辨识过程中避免无中生有、无限延伸、无边界条件等莫须有的恐惧，不得人为夸大危害程度，以保证辨识工作的顺利开展。

（4）创新技术应用的原则。风险辨识一定要建立在严谨的科学基础之上。风险的识别和量化定性要以严格技术手段作为分析工具，在充分利用新技术大数据、新算法等先进工具，全面收集信息的基础上，进行统计分析和计算，以取得科学合理的分析结果。

10.1.6 风险评价评估方法

为保证富山工业城新型产业空间项目及园区配套道路工程项目的整体安全生产，采用多种风险分析评价法对现场的安全风险进行评估，如 LEC 作业条件风险性分析法、LS 风险矩阵分析法；通过结合现场实际及多次试行最后确定采用了 LS 风险矩阵分析法，对项目中可能面临的各种安全风险进行了全面、系统的评估。

LS 风险矩阵分析法是一种能够把危险发生的可能性和伤害的严重程度综合评估风险大小的定性的风险评估分析方法。该方法是一种风险可视化的工具，主要用于风险评估领域。其具体评估方法为 $R = L \times S$，其中 R 是风险值，事故发生的可能性与事件后果的结合，L 是事故发生的可能性；S 是事故后果严重性。R 值越大，说明该系统危险性大、风险大。

首先，新型产业空间项目部及配套道路工程项目部（简称"项目部"）详细列举了项目可能面临的安全风险，包括但不限于现场的临时用电、临时消防、基坑开挖、基坑支护、机械设备安装等问题等。然后，对每一种风险的可能性和影响严重度进行独立评估，事故发生的可能性从极小（基本不可能发生）到极大（极有可能发生）分为五个等级，后果严重性同样分为五个等级，如表 10-1、表 10-2 所示。

接下来，项目部将每种风险的可能性和影响严重度的等级在风险矩阵上进行标记，形成了一个由许多风险点组成的矩阵。每个风险点的位置就代表了该风险的总体风险等级，等级越高，表示风险越大，需要优先处理，如表 10-3 所示。通过风险矩阵，能够清晰地看到哪些风险是高风险，哪些是中等风险，哪些是低风险。例如，如果一个风险虽然可能性不大，但其影响严重度极高，那么它在矩阵上的位置就会很靠前，这就提示我们需要提前制定应对策略。

最后，根据风险矩阵的结果，项目部制定了详细的风险管理计划，包括风险的预防、缓解措施以及应急方案，以确保项目能够顺利进行，最大限度地降低风险对项目目标实现的影响。

通过科学、系统的风险评价评估方法，项目管理更加精细化，也更有针对性，大大提高了项目安全生产的稳定性。

事故发生的可能性分析　　　　　　　　　　　　　　　　　　　　　表 10-1

分值	说明	描述
5	极有可能发生	全国范围内发生频率极高
4	很可能发生	全国范围内发生频率较高
3	可能发生	全国范围内发生过，类似区域/行业也偶有发生；评估范围未发生过，但类似区域/行业发生频率较高
2	较不可能发生	全国范围内未发生过，类似区域/行业偶有发生
1	基本不可能发生	全国范围内未发生过，类似区域/行业也极少发生

事故发生的后果严重性分析　　　　　　　　　　　　　　　　　　　表 10-2

分值	说明	描述
5	影响特别重大	造成 30 人以上死亡或 100 人以上重伤（包括急性工业中毒，下同），巨大财产损失，造成极其恶劣的社会舆论和政治影响
4	影响重大	造成 10 人以上 30 人以下死亡或 50 人以上 100 人以下重伤，严重财产损失，造成恶劣的社会舆论，产生较大的政治影响
3	影响较大	造成 3 人以上 10 人以下死亡或 10 人以上 50 人以下重伤，需要外部援救才能缓解，较大财产损失或赔偿支付，在一定范围内造成不良的舆论影响，产生一定的政治影响
2	影响一般	造成 3 人以下死亡或 10 人以下重伤，现场处理（第一时间救助）可以立刻缓解事故，中度财产损失，有较小的社会舆论，一般不会产生政治影响
1	影响很小	无伤亡、财产损失轻微，不会造成不良的社会舆论和其他影响

注：本表所称的"以上"包括本数，所称的"以下"不包括本数。

风险评级（风险矩阵）　　　　　　　　　　　　　　　　　　　　　表 10-3

风险等级		后果				
		影响特别重大	影响重大	影响较大	影响一般	影响很小
可能性	极有可能发生	25	20	15	10	5
	很可能发生	20	16	12	8	4
	可能发生	15	12	9	6	3
	较不可能发生	10	8	6	4	2
	基本不可能发生	5	4	3	2	1

图例：重大风险（红）　较大风险（橙）　一般风险（黄）　低风险（蓝）

注：评级结果为无颜色的风险点、危险源不列入清单管理。

10.1.7　风险分级管控清单

项目部严格遵守"预防为主，综合治理，安全第一"的安全生产方针，根据工程结构的难点、特点环境等因素，对项目的风险点、危险源逐一识别和分级细化确认，并在每月末根据下月施工计划安排及风险变化情况，重新组织识别、评级风险点、危险源，进行动态识别、监测与管控。

同时按照"分级管理、分级负责"的基本原则，建立健全和完善项目安全风险辨识与分级监管机制，明确各层级的监管职责。并通过采用 LS 风险矩阵分析法进行全面、系统的评估，编制安全风险管控清单（表 10-4）进行有效识别、控制安全风险，消除安全隐患。

表 10-4 项目月度安全风险分级管控清单示例

富山市政项目2024年7月月度安全风险分级管控清单

序号	项目名称	作业活动	风险位置	危险因素	事故发生的可能性	事故发生的后果严重性	评价分值	风险等级	可能导致的事故	控制措施	管控层级	责任人/联系方式
1	珠海市富山工业园三园化片区园区道路配套工程项目	土方开挖、基坑支护、降水工程（3m以下）	规划一路	未按施工方案开挖；支护结构未达到设计要求的强度便开挖下层土方。	4	3	12	较大风险	坍塌	1.施工前完成方案审批、交底；2.过程中进行过程检查。	项目级	
2				基坑开挖过程中的其他危险问题	2	4	8	一般风险	坍塌	1.施工前完成方案审批、交底；2.过程中进行过程检查。	班组级	
3				支护结构大量渗水，流土未及时处理	3	3	9	一般风险	坍塌	1.施工前完成方案审批、交底；2.过程中进行过程检查。	班组级	
4				支护结构及周边建筑物变形值超过设计控制值	3	3	9	一般风险	坍塌	1.施工前完成方案审批、交底；2.过程中进行过程检查。	项目级	
5				基坑底部出现管涌	3	3	9	一般风险	坍塌	1.施工前完成方案审批、交底；2.过程中进行过程检查。	班组级	
6				未按施工方案开挖；支护结构未达到设计要求的强度便开挖下层土方。	4	4	16	较大风险	坍塌	1.施工前完成方案审批、交底；2.过程中进行过程检查。	项目级	
7				基坑开挖过程中的其他危险问题	2	4	8	一般风险	坍塌	1.施工前完成方案审批、交底；2.过程中进行过程检查。	班组级	
8		土方开挖、基坑支护、降水工程（3-5m）	营城大道（右幅AK1+000—AK1+086）	未进行第三方监测	4	4	16	较大风险	坍塌	1.施工前完成方案审批、交底；2.过程中进行过程检查。	项目级	
9				支护结构大量渗水，流土未及时处理	3	4	12	较大风险	坍塌	1.施工前完成方案审批、交底；2.过程中进行过程检查。	项目级	
10				支护结构及周边建筑物变形值超过设计控制值	3	4	12	较大风险	坍塌	1.施工前完成方案审批、交底；2.过程中进行过程检查。	项目级	
11				基坑底部出现管涌	3	4	12	较大风险	坍塌	1.施工前完成方案审批、交底；2.过程中进行过程检查。	项目级	
12		基坑（5m以上）	营城大道（AK1+000—AK1+086）	未按施工方案开挖；支护结构未达到设计要求的强度便开挖下层土方。	4	5	20	重大风险	坍塌	1.施工前完成方案审批、交底；2.过程中进行过程检查。	项目经理级公司级	
13				基坑开挖过程中的其他危险问题	2	5	10	一般风险	坍塌	1.施工前完成方案审批、交底；2.过程中进行过程检查。	班组级	
14				未进行第三方监测	4	4	16	较大风险	坍塌	1.施工前完成方案审批、交底；2.过程中进行过程检查。	项目级	
15				支护结构大量渗水，流土未及时处理	3	5	15	较大风险	坍塌	1.施工前完成方案审批、交底；2.过程中进行过程检查。		
16				支护结构及周边建筑物变形值超过设计控制值	3	5	15	较大风险	坍塌	1.施工前完成方案审批、交底；2.过程中进行过程检查。		
17				基坑底部出现管涌	3	5	15	较大风险	坍塌	1.施工前完成方案审批、交底；2.过程中进行过程检查。		

在日常管理中，项目部针对不同风险等级的危险源，制定了相应的预防和控制措施，并确定现场安全生产第一责任人，严格落实一岗双责，管生产必须管安全，确保项目的安全稳定进行。

在风险管控方面，项目部不仅注重事前预防，也加强了事中监控和事后总结。通过设立安全巡查小组，对施工现场进行实时巡查，及时发现潜在的安全隐患，并采取有效措施予以消除。同时，项目部还定期组织安全风险评估会议，对近期出现的安全问题进行深入剖析，总结经验教训，不断完善风险管控体系。

此外，项目部还注重提高员工的安全意识。通过定期的安全培训、应急演练等活动，使员工能够熟练掌握安全操作规程和应急处理措施，提高自我保护能力。同时，项目部还建立了安全奖惩制度，对在安全生产中表现突出的员工给予表彰和奖励，对违反安全规定的员工进行严肃处理，形成了良好的安全文化氛围。

10.2 安全生产管理体系建立

随着建筑工程行业的蓬勃发展，安全生产管理体系也在不断完善。富山工业城新型产业空间项目及园区配套道路工程项目建设规模大、工期长，安全事故的预防是关注的重点。

当前建筑工程项目施工过程中，普遍存在着"三违""三超"现象等诸多问题，因此加强项目施工过程中的安全管理显得尤为重要。在对工程项目进行安全管理时，首先应从安全生产制度入手。

工程项目在安全管理方面的制度主要包括：安全生产责任制、安全生产教育培训制度、施工现场文明施工制度、设备设施及特种作业人员管理制度、危险源辨识与评估制度等。

建立和完善施工现场的各项安全生产规章制度和操作规程，是做好项目施工安全管理工作的基础。

10.2.1 制定安全生产管理制度

1. 安全生产管理组织机构

根据项目的规模及工程特点，明确项目经理为第一责任人，建立安全生产领导小组，全面负责项目安全生产管理工作。

2. 安全生产管理制度

根据项目施工特点，建立健全相关安全生产管理制度，主要包括安全教育培训制度、安全技术措施、岗位操作规程、应急预案、安全检查等内容。

3. 施工现场安全管理制度

施工现场主要分四个区域（办公区、生活区、作业区和专用仓库），各区域的划分主要根据所处环境而定，一般情况下不允许交叉作业。各区域都根据项目实际情况建立健全各自的安全管理制度。

4. 设备设施及特种作业人员管理制度

设备设施及特种作业人员管理主要包括施工机械和施工用电管理、特种作业人员持证上岗管理和劳动保护用品的使用和管理等内容。建立健全施工机械、特种作业人员档案，并对其进行动态跟踪，保证其处于正常状态，避免违规操作造成事故。

5. 安全技术措施

根据项目特点和现场实际情况,编制施工组织设计、专项施工方案,制定各项应急预案。

6. 施工现场文明施工管理制度

富山工业城新型产业空间项目及园区配套道路工程项目在施工过程中以做到六个100%(施工工地100%围挡、施工工地道路100%硬化、土方和拆迁施工100%湿法作业、渣土车辆100%密闭运输、工地出入车辆100%冲洗、工地物料堆放100%覆盖)和"七通一平"(道路通、给水通、电通、排水通、热力通、电信通、燃气通、场地平整)为标准,保证现场整洁美观,无积水、无杂物,各种设施配套齐全。

7. 安全检查制度

对工地进行定期和不定期的检查,并做好检查记录,对存在的安全隐患应及时采取有效措施整改,整改完成后再次进行复查。检查内容包括:工程概况和施工现场是否有危险源存在;施工过程中有无违章操作;现场是否存在危及人身安全的不安全因素;有关措施和方案是否符合要求;劳动保护用品和药品是否齐备有效。

8. 危险源辨识与评估

依据施工现场实际情况和专项工程特点,编制风险分级管控清单。按照施工单位 LS 风险矩阵分析法、《建筑施工安全检查标准》JGJ 59—2011 以及相关规定来确定危险源的等级,并将危险源清单作为编制安全技术措施和应急预案的依据。危险源辨识与评估工作严格按照"谁主管、谁负责"的原则,逐级落实。

10.2.2 建立健全安全组织架构

1. 组织机构

项目部根据项目实际情况,建立健全安全生产管理机构,配备专职安全管理人员,设立安全生产领导小组(图10-1)。项目安全领导小组组长由项目经理担任,小组成员由项目班子担任。安全生产领导小组职责包括:

(1)制定安全生产目标。
(2)组织施工现场的安全检查,督促整改重大隐患。
(3)组织开展安全技术培训、应急演练及事故应急救援演练等工作。
(4)对所属作业人员进行岗位安全教育。
(5)协助组织或参与有关事故的调查处理,协助做好善后处理工作。

2. 安全管理部门

(1)作为项目安全生产工作的监督检查部门,行使项目安全生产工作的监督、检查职权。
(2)协助项目经理开展各项安全生产业务活动,监督项目安全生产保证体系的正常运转。
(3)参照《施工现场安全文明标准化图册》,并结合实际制定安全生产管理制度和安全技术规程,检查现场执行情况。
(4)定期向项目安全生产领导小组汇报安全情况,通报安全信息,及时传达项目安全决策,并监督实施。
(5)组织、指导项目分包单位安全机构和安全人员开展各项业务工作,定期进行项目安全评价。
(6)开展安全检查,及时发现危险隐患,监督整改和落实,及时制止违章行为,对重大事故隐患、严重违章指挥和违章作业，有权下令停工，对现场重大问题和持续未得到落实的问题实施升级式管理，直至问题整改落实。

（7）负责对安全规程、措施、交底的执行情况不定期检查，随时纠正。

（8）参与项目危险性较大的分部分项工程、脚手架、大中型机械设备、深基坑等验收，并进行监督管理。

（9）做好特种作业人员持证及证件审查的管理，对不能满足特种作业身体素质要求的不允许从事特种作业。

（10）组织开展"安全生产月""安全文明标准化工地""11·9"消防日活动等活动。

（11）参与制定生产安全事故应急救援预案，在部门职责范围内，保持应急救援预案响应能力。

（12）负责生产安全事故报告、统计和分析，建立安全管理与事故管理档案。

图 10-1　设立安全生产领导小组

10.2.3　明确安全管理目标

1. 安全生产目标

（1）杜绝重伤以上事故、火灾和设备事故，事故率为 0。

（2）特殊工种及安全管理人员持证率 100%。

（3）进场施工人员全员教育面 100%，年负伤频率控制在 2‰以下。

（4）落实"1251"安全管理理念："1"即以落实全员安全生产责任制为一个中心；"2"即守好风险分级管控、隐患排查治理两道防线；"5"即做到安全责任到位、安全投入到位、安全培训到位、安全管理到位、应急救援到位；"1"即围绕打造建筑行业标杆为一个目标。

2. 隐患排查治理目标

（1）减少事故发生。通过排查和治理隐患，降低事故发生的概率，减少人员伤亡和财产损失。

（2）提高安全性。确保工作场所、设施和操作符合安全标准，提高整体安全性水平。

（3）遵守法规。确保企业或组织遵守相关的安全法规和标准，避免违法和法律责任。

（4）增强员工安全意识。促进员工对安全的重视，提高他们的安全意识和行为，减少人为因素导致的事故。

（5）持续改进。建立隐患排查治理的长效机制，不断发现和解决新出现的隐患，实现安全管理的持续改进。

（6）保障业务连续性。及时消除隐患，确保生产经营活动的连续性，减少因安全问题导致的业务中断。

（7）风险管理。将安全风险降低到可接受的水平，保护企业的声誉和形象。

3. 应急管理目标

在项目实施过程中，突发事件或紧急情况可能会对项目进展和成果产生不可预见的影响，因此制定和实施项目应急预案是必要的。项目应急预案是为了应对各种突发事件和紧急情况而制定的一系列方法、程序和规范，它能够帮助项目团队在面临风险和不可控因素时，快速做出决策和响应，以确保项目的持续性和成功性。

（1）确保项目的连续性。项目团队应制定恰当的措施，以便在突发事件或紧急情况下能够继续开展项目工作。这包括制定备份计划、确定替代资源和制定任务重新安排等。

（2）最小化风险和损失。项目团队应评估项目的关键风险，制订应对措施，并确保相应的措施落实到位。这可能包括制定防灾减灾策略、提供应急设备和培训人员等。

（3）加强团队合作和沟通。团队成员应了解自己的角色和职责，并与他人密切合作，以便高效地应对应急情况。项目团队应该建立有效的沟通渠道，确保及时传递信息并作出相应决策。

（4）提高项目团队应变能力。团队成员应具备紧急情况下的快速反应和决策能力，能够灵活调整计划以应对变化的情况。项目团队应该通过培训和演练等方式提高应变能力，并不断总结经验教训，以便在将来更好地应对类似的情况。

4. 消防安全目标

消防安全目标包括防火安全、消防设施设备、火灾预防和应急处理等。由项目负责人与项目各层级职工签订安全生产和消防工作目标责任书。

（1）负责管辖区域安全生产形势总体稳定，杜绝重伤及以上生产安全责任事故；杜绝道路交通安全责任事故；杜绝火灾责任事故和机械设备责任事故；杜绝隧道、地下工程、深基坑坍塌及突涌等险性事故和社会影响大的突发事件。

（2）负责项目区域消防安全形势总体稳定，不发生一般及以上火灾（含森林火灾）事故。

（3）不发生足以危及公司正常运转、给公司造成严重负面影响的舆情危机事件。

（4）不发生环境污染责任事故。

（5）不发生其他造成较大社会影响的生产安全责任事故。

10.3 安全生产过程管控措施

10.3.1 安全教育培训

新型产业空间项目部及配套道路工程项目部严格遵守"安全第一、预防为主、综合治理"的安全生产方针，为保证项目整体能安全稳定地生产，项目部按照全面、全员、全过程的原则，编制了年度教育培训计划、月度教育计划，覆盖施工现场的所有人员，贯穿于从施工准备、工程施工到竣工交付的各个阶段和方面。同时，项目部积极参与住房和城乡建设局及公司举办的安全教育培训，并及时组织管理人员及工人进行宣贯学习。

对于新型产业空间项目及配套道路工程项目管理人员，项目安环部每半年开展一次全体管理人员安全教育培训，并按照不同季度、施工特点及节假日有针对性地开展各类安全教育培训，如"春节前安全意识教育、雨季施工专项安全培训、临时用电安全培训、高温防暑作业安全培训、消防安全知识培训教育、有限空间作业专项安全培训、深基坑隐患图集培训、脚手架隐患图集培训、大型机械隐患图集培训"等，旨在加强全体管理人员的安全意识，提高全体管理人员的防护意识；针对专职安全管理人员，项目安环部每月开展一次安全教育培训，提高安全管理人员的安全知识储备。

对于新型产业空间项目管理人员及分包单位一线工人，新型产业空间项目部同样针对项目施工特点进行专项安全教育培训，如"脚手架安全技术要点解析、塔式起重机检查安全检查要点、高空作业安全培训"等，旨在加强全体管理人员、一线作业员工的安全意识，提高全体管理人员的防护意识；针对项目专职安全管理人员，标准厂房项目安环部每月开展一次安全教育培训，提高安全管理人员的安全知识储备。

对于各分包单位一线员工，项目安环部分别在工人进场前、作业前、作业过程中等多时间段，以多种形式进行多样化安全教育培训，确保每一位工人都能充分理解和掌握安全操作规程。在工人进场前，项目部组织开展全面的入场三级安全教育，内容包括工地的基本安全规定、消防知识、急救技能等，让工人们在进入工地的第一刻就树立起安全意识；同时，也对工人的身体状况、特殊工种的资质进行核查，确保他们具备进行工作的能力和条件。

在作业过程中，项目部的安全管理也不放松，定期进行安全巡查，发现隐患及时整改，同时也定期组织安全知识的复习和演练，如模拟消防火灾疏散逃生、基坑坍塌应急救援、有限空间作业应急救援等，以提高工人们的应急处理能力。此外，项目部还设立了安全奖惩制度，对遵守安全规定、发现并消除安全隐患的工人给予奖励，进一步强化工人们的安全行为。

通过全方位、全时段的安全教育培训（图10-2），项目部成功构建了一个"人人讲安全，人人懂安全"的工作环境，实现"我要安全"的成功转变；最大限度地降低安全事故的发生，保障工人的生命安全和项目的顺利进行。

图10-2　市政配套道路工程项目安全教育培训

10.3.2 安全技术交底

在富山工业城新型产业空间项目及园区配套道路工程项目的日常工作中，确保每个工人的安全是至关重要的。除了定期举办的安全教育培训，让工人了解并掌握基本的安全知识和应急处理方法外，项目部还针对施工现场的每一个具体环节，进行专项的安全技术交底。

比如，项目进入主体施工阶段时，项目部会在施工前进行安全技术交底，详细讲解这一阶段可能面临的安全风险和预防措施，强调主体施工时的正确姿势和使用工具的规范，以防止意外伤害、机械伤害；同时，也会介绍脚手架、大型机械设备的安装和拆卸步骤，确保每一位工人都了解并遵循正确的操作流程。

在基坑开挖阶段，对工人进行基坑边坡稳定性和地下水控制的教育。包括如何识别土壤的稳定性，以及在遇到不稳定土壤或雨水侵蚀时应采取的应急措施；同时，讲解使用支撑结构的正确支护做法，以防止基坑坍塌。基坑开挖后设置临边防护时，强调高处作业的安全规范，如佩戴安全帽、系好安全带，在没有防护栏的边缘保持安全距离等，以防发生坠落事故。

在混凝土浇筑时，指导工人如何预防物体打击和坍塌事故。包括正确使用和维护混凝土泵、输送管和振捣器等设备，防止设备故障引发的事故；强调在浇筑过程中保持工作区域整洁，避免杂物滑落造成物体打击；同时，讲解如何设置模板和检查模板的稳定性，以防止模板坍塌。

有限空间作业前，特别指出在有限空间作业时的注意事项，如保持通风、定期监测氧气和有害气体浓度等，以防止窒息或中毒事故的发生。

在脚手架搭设阶段，强调搭设人员应穿防滑鞋，佩挂好安全带；作业人员应佩戴工具袋，工具用后装于袋中，避免掉落伤人；搭设脚手架的操作人员必须持证上岗；架设材料要随上随用，避免放置不当时掉落；使用前检查材料质量，不得使用腐朽、劈裂、锈蚀严重的材料，脚手架应设置栏杆和挡脚板；悬空脚手架应用栏杆或撑木固定稳妥，防止摆动摇晃；搭设在水中的脚手架，应经常检查受水冲刷情况，发现松动、变形或沉陷应及时加固。

架上作业时，强调应注意随时清理落到架面上的材料，保持架面上规整清洁。严格禁止在架面上打闹戏耍、倒退行走和跨坐在外护栏上休息。每次收工时，宜把架面上的材料用完或码放整齐。

高空作业前，强调作业人员必须做好自身的劳动保护措施，戴好安全帽、系好安全带，穿防滑鞋。禁止穿硬底和带钉易滑的鞋，避免因行动不便引发意外。要对高处作业中的安全标志、工具、仪表、电气设施和各种设备进行检查，确认其完好无损。严禁从高空向下抛掷任何物品。

此外，对于使用大型机械设备的作业，如搅拌桩机、挖掘机、塔式起重机、施工升降机等，除了操作人员必须接受专门的安全培训外，新型产业空间项目部及配套道路工程项目部还会进行专门的设备安全交底，明确设备的操作规范，防止误操作导致的事故。

每一次安全技术交底，都结合具体的工程环境和设备，以实际操作为例，让工人们能够直观、清晰地理解并记住安全要点。通过这样的安全技术交底（图10-3），新型产业空间项目部及配套道路工程项目部不仅提高了工人们的安全意识，也大大降低了施工现场的安全风险，为项目的顺利进行提供了有力的保障。

图 10-3　安全技术交底

10.3.3　安全生产过程管理与监督

在富山工业城新型产业空间项目及园区配套道路工程项目的日常安全生产中，现场安全的过程管理与监督确实是至关重要的。这不仅关乎项目的顺利进行，更关系到每一位参与项目人员的生命财产安全。因此，项目部制定了一系列严格且切实可行的现场安全管理措施，以确保整个生产过程的安全性。

首先，项目部按照《中华人民共和国安全生产法》及相关要求严格落实全员安全生产责任制，组织开展安全生产讨论会，明确各岗位安全生产职责，并组织项目全体管理人员及分包单位签署岗位安全生产责任书，保证项目的安全生产过程管理与监督，人人有责、人人参与。

其次，项目部也同步加强现场安全教育培训。通过每日安全早班会及定期的安全培训，提高员工的安全意识和操作技能，使他们能够熟练掌握各项安全操作规程和应急处理措施；此外，还利用安全生产月、消防宣传月等活动，进一步强化员工的安全意识。

在安全生产的细致把控上，项目部从施工材料进场时就进行安全验收，如基坑沟槽临边防护、钢筋棚定型化材料、临建生活区搭设材料、脚手架搭设材料等，材料分批次进场，每次进场对材料进行抽样检测，确保材料规格与方案规格一致。

对于现场过程监管，项目部遵循政府要求，实行项目负责人带班检查制度。项目负责人以周为单位，定期巡查施工现场，开展详尽的安全生产检查。对于发现的安全隐患，均会进行记录，并依据"明确整改责任人、设定整改回复时限、制定具体整改措施"的准则，于当日出具安全隐患整改通知单，并及时传达至相关分包单位。

对于分包单位提交的整改回复照片，项目安环部以严谨的态度，按照"同位置、同角度、同方向"的严格标准进行审核，确保整改措施的真实性和有效性。此外，在日常的巡查工作中，安环部还会对隐患部位进行复查，以确保施工现场的安全隐患得到彻底消除，保证项目的顺利进行和工人的生命安全。

同时，针对项目所涉及的危险作业（图10-4），项目部严格按照大横琴集团要求贯彻落实危险作业票审批流程，并设置专人监护、旁站到位。

对于有限空间作业，新型产业空间项目部及配套工程项目部坚持"先通风、再检测、后作业"的九字方针进行管控及监督，施工现场安排专人旁站监督保证现场有限空间作业期间持续通风及气体检测频率符合规范要求，确保作业人员施工环境安全。

对于动火作业则首先对分包单位特种作业人员证件核查是否符合要求，然后由项目管理人员对现场作业环境进行检查是否符合作业条件，最后为作业人员开具动火作业票。项目安管人员在日常安全巡查中也对现场动火作业人员是否持有作业票、是否持证上岗且人证合一进行抽查。

进行高处作业前，新型产业空间项目部则会对作业场所进行全面评估，包括确定作业范围、检查设备设施的完好性以及了解气候状况等。例如，检查作业平台是否稳固、防护栏杆是否牢固；作业单位是否办理危险作业审批许可并留存记录；作业人员的身体状况和精神状态符合要求，是否充分了解作业内容、地点、时间和要求，是否熟知作业中的危害因素和许可证中的安全措施。在作业过程中，新型产业空间项目部也会对现场进行巡查，确保安全防护措施落实到位，及时发现和纠正违规行为。确保作业人员之间以及与地面指挥人员保持良好的沟通，能够做到信息传递准确、及时。

图10-4　危险作业检查

对于现场"1·30"节点已施工完成但未对外开放的市政道路，为缓解富山二围北片区交通紧张现状及保证现场交通安全，配套道路工程项目部开展了一系列安全管控措施，如编制了《"1·30"路段安全同行保障方案》（图10-5），在施工现场出入口、道路转弯口等重点区域按点设置限速牌、水马、安全警示标识牌、夜间警示灯及车流导向牌，组织现场运输车辆司机、施工人员、管理人员开展交通安全教育培训，提高员工的交通安全意识。培训内容包括道路交通安全法律法规、施工现场交通安全注意事项等，确保员工在驾驶各种车辆中严格遵守交通规则，减少事故风险（图10-6）。在每日的安全巡查中，配套道路工程项目部安管人员也会对各区域路段进行巡查，及时做好安全维护。

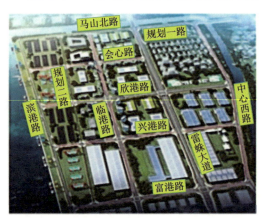

(a) 保障方案封面

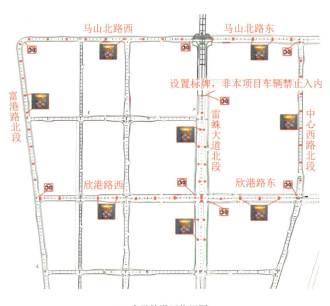

(b) 水马筒设置位置图

图10-5 配套道路工程项目已施工完成但未对外开放道路通行保障方案

这一系列的管控措施，旨在确保施工现场的安全生产状况始终保持在稳定可控的范围内，从而为广大员工创造一个安全、健康的工作环境。

总之，现场安全的过程管理与监督是项目安全生产的重要保障。只有加强安全管理、提高员工安全意识、加强过程管理和监督力度，才能确保作业人员安全和项目的顺利进行。

图 10-6　配套道路工程项目安全生产过程管理与监督

10.3.4　安全隐患排查治理

在项目部的日常安全生产中，安全隐患排查无疑是一道不可或缺的屏障，它确保了项目施工的安全进行，保障了员工和现场环境的安全。为做到这一点，项目部定期、系统地开展一系列专项安全检查，这些检查不仅细致入微，而且针对性强，以确保全面覆盖项目施工中的各个环节。

首先，项目部会针对施工现场及临建生活区进行临时消防专项安全检查。在施工现场和临建生活区，临时消防设施的完善性直接关系到火灾等突发事件的应对能力。因此，项目部通过仔细检查消防设备的完好性、消防通道的畅通性、灭火器材的有效期等，确保在紧急情况下能够及时、有效地进行灭火和疏散。

其次，临时用电专项安全检查也是项目部关注的重点。在新型产业空间项目及配套道路工程项目日常施工中，电气设备的使用十分频繁，稍有不慎就可能引发触电、火灾等安全事故。因此，项目部通过严格检查电气设备的安装、使用、维护情况，确保所有电气设备都符合安全规范，防止因电气问题引发的安全事故。

"三防"专项安全检查也是新型产业空间项目部及配套道路工程项目部不可或缺的一环。"三防"即防台风、防汛、防雷击。珠海属于沿海地区，每年6～10月份台风、暴雨等自然灾害频发。项目部高度重视这些潜在的安全风险，并提前做好应对准备，通过定期检查防台风设施、防汛物资、防雷击设备、应急机械设备等的完好性和有效性，确保在自然灾害发生时能够最大限度地减少损失。

脚手架作为新型产业空间项目标准厂房必不可少的施工防护工具，在搭设完毕及暴雨或大风后的脚手架专项安全检查也是必不可少的。检查重点包括脚手架基础是否平整、坚实，能承载脚手架的全部重量。对于设置在地面上的脚手架，要检查地面是否有下沉、积水等问题；对于悬挑脚手架，须检查悬挑梁的安装固定是否牢固可靠，锚固长度是否符合要求。立杆、横杆是否发生位移，剪刀撑角度、间距是否发生变化，确保脚手架整体稳定性。脚手架专项安全检查是保证架子工等一线作业人员在安全作业环境中作业的重要环节。

项目部在进行全面的安全排查后,编制风险管控清单,详细记录了项目施工中存在的安全风险隐患,以及相应的管控措施和责任人。通过这份清单,能够清楚地了解项目施工中的安全风险点,从而有针对性地制定管控措施,确保施工现场的安全。

为确保安全隐患能够及时得到消除,项目部还制定了安全隐患督办清单,列出了已经发现但尚未消除的安全隐患,并明确了整改期限和责任人;通过督办清单的跟踪和督促,确保所有安全隐患都得到及时、有效的处理,从而保障富山工业城新型产业空间项目及园区配套道路工程项目整体施工的安全进行。

综上所述,安全隐患排查治理是项目部安全生产的重要保障。通过定期开展专项安全检查、编制风险管控清单和安全隐患督办清单等措施,项目部能够全面、系统地管控施工现场的安全风险隐患并及时消除,确保项目施工的安全进行(图 10-7)。

图 10-7 配套道路工程项目安全隐患排查治理

10.4 安全管控总结

10.4.1 "1251"管理理念

1. "1251"安全管理理念内容

(1)一个中心:以落实全员安全生产责任制为中心。

(2)两道防线:第一道防线为安全风险分级管控,第二道防线为隐患排查治理。

(3)五个到位:安全责任到位、安全培训到位、安全投入到位、安全管理到位、应急救援到位。

（4）一个目标：以打造建筑行业标杆为目标。

2."1251"安全管理理念贯彻落实

在项目的安全生产过程中，安全的管控始终是不可动摇的基石，这源于项目部对"1251"安全管理理念的坚定遵循。这一理念不仅指导项目的日常安全管理，更是保证整个项目安全生产的核心理念。为了将这一理念贯彻落实，项目部采取了一系列具体行动：

（1）严格贯彻落实以全员安全生产责任制为中心，并全员签署安全生产责任书。

（2）通过建立安全风险管控清单，常态化开展安全隐患排查治理为安全双防线。

（3）为确保安全责任落实到位，项目部编制了项目组织架构图，建立了安全生产领导小组；完善岗位职责清单和岗位安全生产责任书，保证安全责任落实到人；并采取每月进行一次岗位安全生产责任制考核、每年进行一次年度安全生产目标责任书考核等一系列措施。

（4）为确保安全培训落实到位，项目部严格落实全体员工的新入职、转岗等须满足三级安全教育学时要求，以三级安全教育率100%，晨会开展率100%，安全技术交底率100%，应知就会知识问答合格率100%，特种作业人员持证上岗率100%为标准，定期开展多类型、多样式的安全教育培训及各类安全知识竞赛。

（5）为确保安全投入到位，项目部严格按照《企业安全生产费用提取和使用管理办法》及公司要求编制项目年度安全措施费用使用计划，建立安全投入费用使用台账，相关票据收集齐全；临建生活区及施工现场CI建设依照大横琴集团CI标准图册执行，画册内容执行率达100%；及时为工人配备劳保用品，保证现场工人劳保用品配备率100%；严格管控进场物资、材料品质，保证现场危险作业场所安全防护措施、警示标识牌全覆盖，劳保用品合格率、安全防护措施材料合格率100%；现场安全文明施工达成"6个百分百"。

（6）为确保安全管理到位，项目部制定了一套完善的安全生产管理措施，贯穿项目的生产全过程。施工前，项目部组建了以项目经理为组长的安全生产领导小组并按相关法律法规要求配置专职安全人员，组织编制项目安全策划，协助办理施工许可证，安监交底。建立分包单位安全管理台账（包括安全协议和资质审核，保险覆盖），对各分包单位进行安全策划、施工组织和方案的详细交底和指导。施工阶段，对新入场员工及时进行三级安全教育、安全技术交底。常态化进行安全巡查，保证现场无"三违现象"，项目经理定期组织开展专项安全检查、风险识别、评估等等。此外，项目部积极倡导安全文化的发展，通过组织各种活动，如安全研讨会、观看安全教育电影、安全月活动等，旨在将安全意识深深植根于项目全体成员的心中。

（7）为确保应急救援到位，项目部成立了以项目经理为组长的应急救援小组，并根据项目地理环境因素，制定了全天候24小时的"三防"应急值班制度，除此之外，项目部还对施工现场所有设备进行严格的维护检查，确保其在安全状态下运行；同时，针对项目中潜在的高风险施工环节，项目部编制了各种应急预案，如有限空间作业应急救援预案、深基坑坍塌应急救援预案、综合应急救援预案等，并定期开展多样化的应急演练（图10-8），提升了项目全体成员的安全知识和应急处理能力。在演练后项目部积极总结、反思应急预案的不足之处并及时改正。

图 10-8　应急演练

3. "1251" 安全管理理念输出成果（图 10-9）

自项目部贯彻落实"1251"安全理念以来，项目的安全管理水平有了明显提升，全体员工对安全的关注度和参与度也有了显著提高。在道路工程项目部全力冲刺完成"6·30"节点时，项目上各部门同心协力、克服重重困难，完成了评选珠海市房屋市政工程安全生产文明施工示范工地工作。最后，在时间紧、任务重的情况下，项目部于 2024 年 5 月 31 日通过了珠海市房屋市政工程安全生产文明施工示范工地复评。

图 10-9　"1251" 安全管理理念输出成果

10.4.2 "六不"施工原则

1. "六不"施工内容

"六不"施工是指"不教育,不进场""不交底,不作业""不安全,不生产"。

(1)"不教育,不进场":是指新进场作业人员,未进行三级安全教育不得进入施工现场。

(2)"不交底,不作业":是指未进行各工种安全操作规程交底,分部分项工程安全技术交底,危险性较大的分部分项工程方案交底,日常安全技术交底(班前教育),不得进行相关作业。

(3)"不安全,不生产":是指在布置工作任务前对作业环境、人的状态与劳保用品配备进行安全确认,不符合安全生产条件不得安排相应生产工作;在作业过程中,监督到作业环境、安全措施、安全行为等违反管理规定时,及时制止。

2. "六不"实施步骤

(1)"不教育、不进场"

工人入场前分包单位班组长或项目工程部提前组织新进场人员到项目安全部报到,项目安全部负责对作业工人进行三级安全教育(一级教育培训时长:15学时;二级教育培训时长:15学时;三级教育培训时长:20学时)及考核,收集相应资料如考试合格后收集其身份证复印件、特殊工种上岗证件、三级安全教育卡签字或按手印、影像资料留存等,考核合格后发放劳动保护用品,方可进入施工现场。操作流程如图10-10所示。

门卫严格落实进出人员审核,不得让未办理入场手续人员及未经实名制打卡成功的人员进入施工现场。

项目安全部负责对作业工人三级安全教育统筹管理,安全员、施工员对作业工人三级安全教育情况进行日常检查。若发现未进行三级安全教育的进入施工现场工人,立即组织停止该工人作业,待完善三级安全教育之后方可进入施工现场。

如出现工人或分包队伍不配合的情况,由项目经理组织处理,项目经理处理不了的,报公司安环部处理。处理流程如图10-11所示。

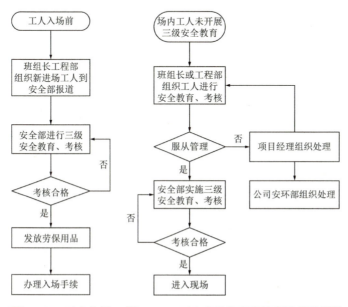

图10-10 工人入场安全教育流程图　　图10-11 工人未进行安全教育处理流程图

以下属违反"不教育、不进场"的行为：工人无三级安全教育记录、三级安全教育签字未完善或考核不合格进入施工现场的。

（2）"不交底、不作业"

①各工种安全操作规程交底

工人上岗前，分包单位班组长或项目工程部提前组织新进场人员到项目安全部报到，由项目安全部对新进场人员进行各工种安全操作规程交底，双方签字留档，方可上岗。操作流程如图10-12所示。

项目安全部负责对作业工人安全操作规程交底统筹管理，安全员、施工员对作业工人安全操作规程交底情况进行日常检查。若发现未进行安全操作规程交底的工人，立即组织停止该工人作业，待完善安全操作规程交底之后方可继续作业。

如出现工人或分包队伍不配合的情况，由项目经理组织处理，项目经理处理不了的，报公司安环部处理。处理流程如图10-13所示。

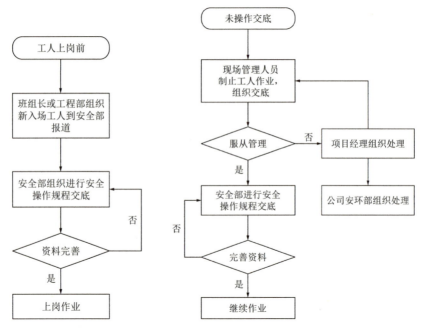

图10-12　工人上岗安全操作规程交底流程图　　图10-13　工人上岗未安全操作规程交底处理流程图

以下属违反"不交底、不作业"的行为：工人无安全操作规程交底记录或交底双方签字手续不完善上岗作业的。

②分部分项工程安全技术交底

分部分项工程施工前由项目工程部进行交底（持续性施工超过1个月的，每月重复交底不少1次），交底表上三方签字，资料留档。操作流程如图10-14所示。

项目工程部负责对分部分项工程安全技术交底统筹管理，安全员、施工员对分部分项工程安全技术交底情况进行日常检查。若发现分部分项工程未进行安全技术交底即施工的，立即组织停止该分部分项工程工人作业，待完善安全技术交底之后方可继续作业。

如出现工人或分包队伍不配合的情况，由项目经理组织处理，项目经理处理不了的，报公司安环部处理。处理流程如图10-15所示。

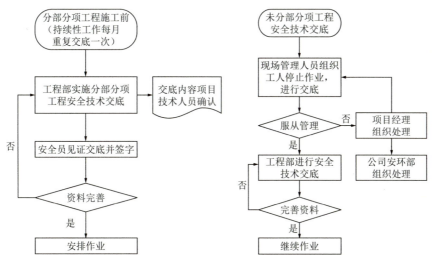

图 10-14　分部分项工程安全技术交底流程图

图 10-15　未进行分部分项工程安全技术交底处理流程图

以下属违反"不交底、不作业"的行为：无分部分项工程安全技术交底资料或交底签字手续不完善进行作业的。

③危险性较大的分部分项工程方案交底

危险性较大的分部分项工程施工前由项目技术部负责进行方案交底，交底双方签字完善，方可施工。操作流程如图 10-16 所示。

项目技术部负责对危险性较大的分部分项工程方案交底统筹管理，技术员、安全员、施工员对危险性较大的分部分项工程方案交底情况进行日常检查。若发现危险性较大的分部分项工程未进行方案交底即施工的，立即组织停止该危险性较大分部分项工程工人作业，待完善方案交底之后方可继续施工。

如出现工人或分包队伍不配合的情况，由项目经理组织处理，项目经理处理不了的，报公司安环部处理。处理流程如图 10-17 所示。

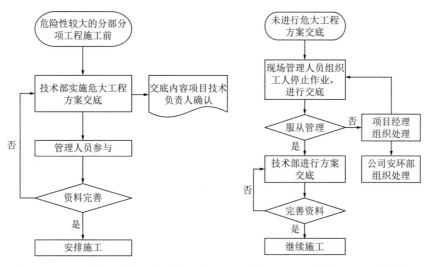

图 10-16　危险性较大的分部分项工程方案交底流程图

图 10-17　未进行危险性较大的分部分项工程方案交底处理流程图

以下属违反"不交底、不作业"的行为：无危险性较大分部分项工程交底资料或交底签字手续不完善进行施工的。

④日常安全交底（班前教育/晨会）

当日作业之前，由班组长（或分包责任人）组织对班组作业工人进行日常安全技术交底（班前教育/晨会），交底双方签字完善，并留存好相应资料方可作业。操作流程如图10-18所示。

项目工程部负责对日常安全技术交底（班前教育/晨会）统筹管理，安全员、施工员对日常安全技术交底（班前教育/晨会）情况进行日常检查。若发现上岗作业工人未进行日常安全技术交底（班前教育/晨会）的，立即要求班组长对该工人单独交底，待完善日常安全技术交底（班前教育/晨会）之后方可继续作业。

如出现工人或分包队伍不配合的情况，由项目经理组织处理，项目经理处理不了的，报公司安环部处理。处理流程如图10-19所示。

以下属违反"不交底、不作业"的行为：无日常安全技术交底（班前教育/晨会）交底记录或交底双方签字手续不完善进行作业的。

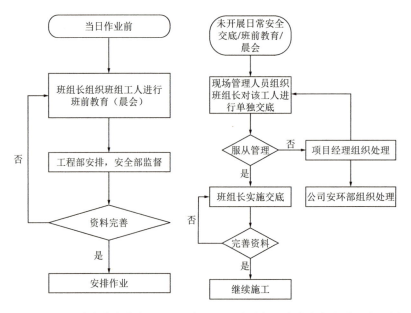

图10-18　日常安全交底流程图　　图10-19　未进行日常安全交底处理流程图

（3）"不安全，不生产"

项目经理、生产经理、施工员等在安排生产任务时，须对将要进行施工内容的作业环境、安全条件进行确认，包括：施工许可证是否办理、方案是否审批、危险作业票是否办理、周边环境是否安全、上一步工序是否完成验收等情况进行确认，不满足安全生产条件，不得安排生产。

班组长在安排工人上岗前，须对作业工人生理、心理、精神状态进行确认，包括：是否有不适合所在岗位工作的疾病、是否饮酒、情绪与精神面貌是否存在异常等进行确认，不符合安全生产条件要求，不得安排上岗。

作业过程中，须对安全行为、安全生产条件、安全措施进行确认，包括：作业工人是否遵章守纪，是否服从管理；现场管理人员是否违章指挥，是否强令冒险作业，现场条件是否满足安全生产条件，一旦发现要及时制止或撤离，待风险可控时，方可继续生产。操作流程如图 10-20 所示。

如出现工人或分包队伍不配合的情况，由项目经理组织处理，项目经理处理不了的，报公司安环部处理。处理流程如图 10-21 所示。

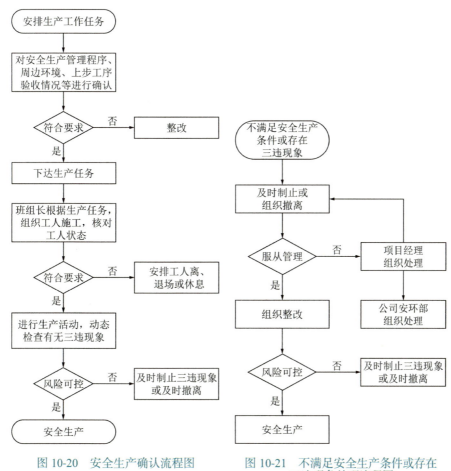

图 10-20　安全生产确认流程图　　图 10-21　不满足安全生产条件或存在三违现象处理流程图

表 10-5 列出了属"不安全生产"的行为。

"不安全生产"的行为列表　　表 10-5

存在以下情况安排作业的	A. 未取得安全生产许可证或越级资质承揽工程； B. "三类人员"未持证； C. 无方案或方案审批、交底手续不符合要求； D. 上步工序未验收或验收不合格； E. 危险作业手续未完善； F. 作业区域存在已发现的重大隐患（含未整改完成的）； G. 其他已禁止施工的情况
安排以下人员上岗作业	A. 未持有效证件、操作证、上岗证的； B. 超龄、未成年或患有不符合岗位要求的疾病； C. 饮酒、精神状态差，行为不正常的

续表

出现以下情况仍继续生产的	A. 基坑坍塌风险预兆 　　a. 变形、位移超过预警值； 　　b. 侧壁出现大量漏水、流土； 　　c. 底部出现管涌； 　　d. 桩间土流失空洞深度超过桩径。 B. 模板工程 　　a. 承载能力超过设计值； 　　b. 混凝土强度未达到设计强度。 C. 脚手架工程 　　a. 未设置连墙件或整层缺失； 　　b. 爬架安全装置不符合要求、失效、拆除； 　　c. 爬架悬臂高度大于架体高度 2/5 或大于 6 米。 D. 大型设备 　　a. 塔式起重机独立起升高度、附着间距和最高附着以上的最大悬高及垂直度不符合规范要求； 　　b. 施工升降机附着间距和最高附着以上的最大悬高及垂直度不符合规范要求； 　　c. 起重机械安装、拆卸、顶升调节以及附着前未对结构件、顶升机构和附着装置以及高强度螺栓、销轴、定位板等连接件及安全装置进行检查； 　　d. 建筑起重机械的安全装置不齐全、失效或者被违规拆除、破坏； 　　e. 施工升降机防坠安全器超过定期检验有效期，标准节连接螺栓缺失或失效。 E. 高处作业 　　悬挑式操作平台的搁置点、拉结点、支撑点未设置在稳定的主体结构上，且未做可靠连接。 F. 有限空间作业 　　a. 未执行"先通风、再检测、后作业"原则； 　　b. 有限空间作业时现场未有专人负责监护工作。 G. 拆除作业 　　施工作业顺序不符合规范和施工方案要求的。 H. 暗挖工程 　　a. 作业面带水施工未采取相关措施，或地下水控制措施失效且继续施工； 　　b. 施工时出现涌水、涌沙、局部坍塌，支护结构扭曲变形或出现裂缝，且有不断增大趋势，未及时采取措施

10.4.3　安全检查"七个表"

大横琴集团根据新型产业空间中各项目施工特征及施工过程安全管控重点而提出了安全检查"七个表"制度（表 10-6～表 10-12），新型产业空间项目部及配套道路工程项目部以其中的危险性较大的作业内容（基坑支护及土方开挖、临时用电、其他危险性较大的作业内容）和夜间作业安全施工检查作为检查重点，开展详尽的安全生产检查。

通过运用安全检查"七个表"，项目部能够系统地识别和评估施工过程中的潜在风险，确保各项安全措施得到有效执行。检查表一（表 10-6）针对基坑支护及土方开挖，基坑工程作为配套道路工程项目唯一涉及需要专家论证的超过一定规模的危险性较大的分部分项工程，配套道路工程项目部对此十分重视，严格按照检查表内容进行日常巡查，确保第一时间发现并消除安全隐患。检查表五（附表 10-10）则聚焦于临时用电安全，这是施工现场常见的危险源之一。检查表六（附表 10-11）覆盖了项目其他危险性较大的作业内容，如有限空间、动火作业、起重吊装等，这些作业同样需要严格的安全监管。夜间作业安全施工检查情况表则针对夜间作业的特殊性，确保夜间施工时的安全措施得到加强。通过这些检查表的运用，项目部能够及时发现并纠正安全隐患，保障施工人员的生命安全和工程的顺利进行。

10.4.4 安全管理立体联动

项目部通过坚守"1251"安全管理理念，遵循安全"六不"施工原则，运用安全检查"七个表"，实现了安全理念、原则与具体操作的有效结合。这种协调运用不仅提升了安全管理水平，而且增强了员工的安全意识，确保了施工过程中的每一个环节都符合安全标准。项目部还定期组织安全培训和应急演练，以检验和提高团队应对突发事件的能力。通过这些综合措施，项目部在保障人员安全的同时，也提高了施工效率和工程质量，为富山工业城新型产业空间项目及园区配套道路工程项目的顺利推进奠定了坚实的基础。

危险性较大的作业内容检查情况表一（基坑支护及土方开挖） 表10-6

工程名称：		开工时间：		施工许可证发证日期：	
施工单位：		监理单位：			
安措费总额（元）：		已支付安措费金额（元）：			
是否存在本项作业内容：□是 □否（选否的后续内容不需填）					
危险性较大作业内容概况：本项目共有深基坑__个，正在施工的__个，支护形式为____（地下连续墙、排桩、工法桩、钢板桩、放坡喷锚等），最大开挖深度__米（深基坑指专项施工方案需经专家论证的基坑。）					
	检查内容		检查资料（现场）		施工单位（专职安全员填写）
1	施工前是否编制专项施工方案和应急预案		深基坑专项施工方案、深基坑专项应急预案		□是 □否
2	施工方案是否按规定审批或论证		方案审批表、专家论证审批表		□公司已审批 □监理已审批 □已组织专家论证 □否
3	是否经验收合格才进入下道工序		基坑开挖条件验收等验收资料		□是 □否
4	施工作业前是否进行安全技术交底		安全技术交底记录		□是 □否
5	作业工人是否进行三级安全教育		工人三级教育登记表、三级安全教育记录等		□是 □否
6	特种作业人员是否持有效操作证		特种作业人员台账、操作证复印件		□是 □否
7	施工过程是否按审批施工方案施工		深基坑专项施工方案、现场实施情况等		□是 □否
8	基坑截、降、排水措施是否健全		基坑周边截水沟设置、图纸或方案中的要求、现场实施情况		□是 □否
9	围护结构是否出现较大面积的渗水情况		安全日志、检查记录、现场围护结构渗漏水情况等		□是 □否
10	基坑周边是否存在超载的情况		图纸中关于堆载的要求、现场基坑周边的堆载情况		□是 □否
11	基坑临边围护、上下通道、警示标牌是否符合要求		施工方案、现场实施情况等		□是 □否
12	基坑开挖是否分层和先支护后开挖		现场实施情况、安全检查记录等		□是 □否
13	施工监测和第三方监测是否存在报警或异常的情况		施工监测记录、第三方监测报告		□是 □否
14	基坑开挖时支护结构强度是否达到设计要求		混凝土试块抗压强度报告		□是 □否
15	作业环境（周边管线保护、施工与周边构筑物、设施距离等）是否符合要求		基坑周边环境调查报告、现场周边环境等		□是 □否

续表

16	其他		
施工单位审核（对专职安全员填写与实际不符的逐一列出）：			
专职安全员签名：	项目经理签名：	日期：	
监理单位复查（对施工单位自查情况与实际不符的逐一列出）：			
安全监理签名：	总监理工程师签名：	日期：	
业主单位工程部审核（对施工单位自查和监理单位复查与实际不符的逐一列出）：			
项目管理工程师签名：	工程部经理或副经理签名：	日期：	
业主单位质量安全部审定（对施工单位自查、监理单位复查、工程部审核与实际不符的逐一列出）：			
对本月安措费支付审定意见：			
质安部工程师签名：	质安部经理签名：	日期：	

填表说明：1.《危险性较大作业内容检查表》作为工程进度款支持材料，对当月未附上检查表、检查情况与实际不符、检查情况存在安全隐患的不予审批支付当月安措费；对安全管控进行的日常巡检、专项检查、月度检查、季度综合考评均需提供此检查表，历次检查表需按项完整存档在质安部。2. 对检查情况与实际不符或检查情况存在安全隐患的，由工程部负责拟文发施工单位按合同约定进行处理，由质安部按规定跟进落实整改情况。3. 其他：上述检查内容未列入的项目，由施工单位根据项目具体情况在此栏列出。

危险性较大的作业内容检查情况表二
（起重设备安拆及吊装，仅限塔式起重机、施工升降机、门式起重机、物料提升机） 表 10-7

工程名称：		开工时间：	施工许可证发证日期：
施工单位：		监理单位：	
安措费总额（元）：		已支付安措费金额（元）：	
是否存在本项作业内容：□是 □否（选否的后续内容不需填）			
危险性较大作业内容概况：本项目已安装使用起重设备__台，分别为塔式起重机__台，最大安装高度__米；施工升降机__台，最大安装高度__米；门式起重机__台，最大起重量__吨；物料提升机__台，最大安装高度__米			

	检查内容	检查资料（现场）	施工单位（专职安全员填写）
1	施工前是否编制专项施工方案和应急预案	设备安装、拆除专项施工方案、设备安拆专项应急预案	□是 □否
2	施工方案是否按规定审批或论证	方案审批表、专家论证审批表	□公司已审批 □监理已审批 □已组织专家论证 □否
3	施工作业前是否进行安全技术交底	安全技术交底记录	□是 □否
4	作业工人是否进行三级安全教育	工人三级教育登记表、三级安全教育记录等	□是 □否
5	特种作业人员是否持有效操作证	特种作业人员台账、操作证复印件	□是 □否
6	施工过程是否按审批施工方案施工	专项施工方案、现场实施情况等	□是 □否
7	在起重设备安装、顶升、加节、拆卸等过程是否安排专人旁站监督	施工安全日志、安全检查记录等	□是 □否
8	建筑起重机械附墙架是否按照附着方案实施及验收	施工方案、附墙架验收表	□是 □否
9	机械安装前是否办理告知手续	安装告知登记表	□是 □否

续表

10	机械安装完后检测是否合格	设备检测报告	□是 □否
11	机械使用前是否按规定进行备案登记和完善验收手续	设备验收表、使用登记牌	□是 □否
12	塔式起重机是否可以360度自由旋转	设备定期自检表、安全检查记录等	□是 □否
13	设备一机一档资料是否齐全有效	对照一机一档目录检查	□是 □否
14	安全管理责任书是否签订	专业分包安全管理责任书	□是 □否
15	安全防护设施、基础排水、电气系统、避雷等是否符合要求	基础验收表、定期自检表、维保记录等	□是 □否
16	设备是否定期检查、维护、保养	定期自检表、维保记录等	□是 □否
17	其他		
施工单位审核（对专职安全员填写与实际不符的逐一列出）：			
专职安全员签名：　　　　　项目经理签名：　　　　　日期：			
监理单位复查（对施工单位自查情况与实际不符的逐一列出）：			
安全监理签名：　　　　　总监理工程师签名：　　　　　日期：			
业主单位工程部审核（对施工单位自查和监理单位复查与实际不符的逐一列出）：			
项目管理工程师签名：　　　　　工程部经理或副经理签名：　　　　　日期：			
业主单位质量安全部审定（对施工单位自查、监理单位复查、工程部审核与实际不符的逐一列出）：			
对本月安措费支付审定意见：			
质安部工程师签名：　　　　　质安部经理签名：　　　　　日期：			

填表说明：1.《危险性较大作业内容检查表》作为工程进度款支持材料，对当月未附上检查表、检查情况与实际不符、检查情况存在安全隐患的不予审批支付当月安措费；对安全管控进行的日常巡检、专项检查、月度检查、季度综合考评均需提供此检查表，历次检查表需按项目完整存档在质安部。2. 对检查情况与实际不符或检查情况存在安全隐患的，由工程部负责拟文发施工单位按合同约定进行处理，由质安部按规定跟进落实整改情况。3. 其他：上述检查内容未列入的项目，由施工单位根据项目具体情况在此栏列出。

危险性较大的作业内容检查情况表三（模板支撑）　　　　表 10-8

工程名称：	开工时间：	施工许可证发证日期：		
施工单位：		监理单位：		
安措费总额（元）：		已支付安措费金额（元）：		
是否存在本项作业内容：□是　□否（选否的后续内容不需填）				
危险性较大作业内容概况：本项目正在作业的模板支撑__处，模板支撑工程搭设最大跨度__米，板最大厚度__米，梁最大截面__，支架搭设最大高度__米，采用的支架形式有__（轮扣、碗扣、盘扣、扣件钢管架、门式架等）				
	检查内容	检查资料（现场）		施工单位(专职安全员填写)
1	施工前是否编制专项施工方案和应急预案	模板工程专项施工方案、模板工程专项应急预案		□是　□否
2	施工方案是否按规定审批或论证	方案审批表、专家论证审批表		□公司已审批 □监理已审批 □已组织专家论证 □否
3	施工作业前是否进行安全技术交底	安全技术交底记录		□是　□否

续表

4	作业工人是否进行三级安全教育	工人三级教育登记表、三级安全教育记录等	□是 □否
5	特种作业人员是否持有效操作证	特种作业人员台账、操作证复印件	□是 □否
6	材料进场验收手续是否齐全	材料进场自检表、报审表等	□是 □否
7	施工过程是否按审批施工方案施工	专项施工方案、现场实施情况等	□是 □否
8	支架基础是否符合要求	支架基础验收表、现场实施情况等	□是 □否
9	支架构造（纵横距、步距、剪刀撑设置等）是否符合要求	专项施工方案与现场实施情况	□是 □否
10	支架稳定性(架体与建筑结构连接、立杆自由端长度等)是否符合要求	专项施工方案与现场实施情况	□是 □否
11	浇捣混凝土前是否经过验收	模板支架验收记录、浇筑令等	□是 □否
12	浇捣混凝土是否指定专人对模板支架进行监测	监理旁站记录、监理日志记录、施工安全日志等	□是 □否
13	架体拆除时混凝土强度是否达到规范要求，是否经过监理审批	混凝土试块抗压强度报告、模板拆除审批表	□是 □否
14	架体拆除时是否由上而下逐层进行	施工安全日志、现场情况等	□是 □否
15	其他		□是 □否

施工单位审核（对专职安全员填写与实际不符的逐一列出）：
专职安全员签名：　　　　项目经理签名：　　　　日期：
监理单位复查（对施工单位自查情况与实际不符的逐一列出）：
安全监理签名：　　　　总监理工程师签名：　　　　日期：
业主单位工程部审核（对施工单位自查和监理单位复查与实际不符的逐一列出）：
项目管理工程师签名：　　　　工程部经理或副经理签名：　　　　日期：
业主单位质量安全部审定（对施工单位自查、监理单位复查、工程部审核与实际不符的逐一列出）：
对本月安措费支付审定意见：
质安部工程师签名：　　　　质安部经理签名：　　　　日期：

填表说明：1.《危险性较大作业内容检查表》作为工程进度款支持材料，对当月未附上检查表、检查情况与实际不符、检查情况存在安全隐患的不予审批支付当月安措费；对安全管控进行的日常巡检、专项检查、月度检查、季度综合考评均需提供此检查表，历次检查表需按项目完整存档在质安部。2. 对检查情况与实际不符或检查情况存在安全隐患的，由工程部负责拟发施工单位按合同约定进行处理，由质安部按规定跟进落实整改情况。3. 其他：上述检查内容未列入的项目，由施工单位根据项目具体情况在此栏列出。

危险性较大的作业内容检查情况表四（脚手架）　　　　表 10-9

工程名称：		开工时间：		施工许可证发证日期：	
施工单位：		监理单位：			
安措费总额（元）：		已支付安措费金额（元）：			
是否存在本项作业内容：□是　□否（选否的后续内容不需填）					
危险性较大作业内容概况：本项目脚手架搭设最大高度__米，已搭设（提升）__米，脚手架搭设采用__形式（落地式钢管、悬挑、附着升降式等）					
检查内容		检查资料（现场）		施工单位(专职安全员填写)	

续表

1	施工前是否编制专项施工方案和应急预案	脚手架安拆施工方案、脚手架安拆专项应急预案	□是　□否
2	施工方案是否按规定审批或论证	方案审批表、专家论证审批表	□公司已审批 □监理已审批 □已组织专家论证 □否
3	施工作业前是否进行安全技术交底	安全技术交底记录	□是　□否
4	作业工人是否进行三级安全教育	工人三级教育登记表、三级安全教育记录等	□是　□否
5	特种作业人员是否持有效操作证	特种作业人员台账、操作证复印件	□是　□否
6	材料进场验收手续是否齐全	材料进场自检表、报审表、材料检测报告等	□是　□否
7	施工过程是否按审批施工方案施工	脚手架专项施工方案	□是　□否
8	立杆基础、架体与建筑结构拉结是否符合要求	脚手架专项施工方案、立杆基础验收表、脚手架验收表、检查记录、现场实施情况等	□是　□否
9	杆件间距与剪刀撑是否符合要求	脚手架专项施工方案、检查记录、现场实施情况等	□是　□否
10	脚手板、防护栏杆、安全防护网设置是否符合要求	脚手架验收表、安全检查记录、现场实施情况等	□是　□否
11	层间防护是否符合要求	脚手架验收表、安全检查记录、现场实施情况等	□是　□否
12	架体上的荷载是否符合要求	脚手架专项施工方案、检查记录、现场实施情况等	□是　□否
13	悬挑钢梁设置是否符合要求	脚手架专项施工方案、现场实施情况等	□是　□否
14	投入使用前是否经施工、监理等单位验收	脚手架验收表	□是　□否
15	脚手架和连墙件拆除是否由上而下逐层拆除	安全日志记录、现场实施情况等	□是　□否
16	其他		
施工单位审核（对专职安全员填写与实际不符的逐一列出）：			
专职安全员签名：　　　　项目经理签名：　　　　日期：			
监理单位复查（对施工单位自查情况与实际不符的逐一列出）：			
安全监理签名：　　　　总监理工程师签名：　　　　日期：			
业主单位工程部审核（对施工单位自查和监理单位复查与实际不符的逐一列出）：			
项目管理工程师签名：　　　　工程部经理或副经理签名：　　　　日期：			
业主单位质量安全部审定（对施工单位自查、监理单位复查、工程部审核与实际不符的逐一列出）：			
对本月安措费支付审定意见：			
质安部工程师签名：　　　　质安部经理签名：　　　　日期：			

填表说明：1.《危险性较大作业内容检查表》作为工程进度款支持材料，对当月未附上检查表、检查情况与实际不符、检查情况存在安全隐患的不予审批支付当月安措费；对安全管控进行的日常巡检、专项检查、月度检查、季度综合考评均需提供此检查表，历次检查表需按项目完整存档在质安部。2. 对检查情况与实际不符或检查情况存在安全隐患的，由工程部负责拟文发施工单位按合同约定进行处理，由质安部按规定跟进落实整改情况。3. 其他：上述检查内容未列入的项目，由施工单位根据项目具体情况在此栏列出。

危险性较大的作业内容检查情况表五（临时用电）　　表 10-10

工程名称：	开工时间：	施工许可证发证日期：
施工单位：	监理单位：	

续表

安措费总额（元）：		已支付安措费金额（元）：	
临时用电概况：本项目临时用电总容量约__千瓦，共有电箱__个，共有发电机__台，共有专职电工__人			
检查内容		检查资料（现场）	施工单位(专职安全员填写)
1	电箱	是否存在电箱未统一编号、无标识或标识不清的情况	□是 □否
2		是否存在电箱破旧、生锈的情况	□是 □否
3		是否存在电箱未设锁的情况	□是 □否
4		是否存在电箱无支架的情况	□是 □否
5		是否存在电箱未正确接地或未接地的情况	□是 □否
6		是否存在电箱进出线无柔性封堵措施的情况	□是 □否
7		是否存在电箱位置设置不便于操作的情况	□是 □否
8		是否存在一级、二级、三级电箱之间的间距超出规范要求的情况	□是 □否
9		是否存在电箱内有杂物的情况	□是 □否
10		是否存在各开关出线口未标识用电设备名称的情况	□是 □否
11		是否存在漏电保护器损坏或参数不符合要求的情况	□是 □否
12	配电线路	是否存在电缆芯数不符合临电要求的情况	□是 □否
13		是否存在电缆驳接不规范的情况	□是 □否
14		是否存在电缆拖地、浸水、过道路未套管理地保护的情况	□是 □否
15		是否存在未按 TN-S 配电线路设置专用 PE 线或 PE 线未形成有效回路的情况	□是 □否
16		是否存在电缆混乱，未整齐布线的情况	□是 □否
17		是否存在未按一机一闸一箱一漏配电的情况	□是 □否
18		是否存在特殊场所（洞内、潮湿环境等）未采用低压配电的情况	□是 □否
19		是否存在电缆老化，绝缘层开裂的情况	□是 □否
20	用电设备	是否存在用电设备外壳未接地、接零线的情况	□是 □否
21		是否存在用电设备距开关箱距离过远的情况	□是 □否
22		是否存在用电设备无防雨措施的情况	□是 □否
23		是否存在大型用电设备无防雷措施的情况	□是 □否
24		是否存在未设置醒目的用电安全警示标志的情况	□是 □否
25		是否存在未配置有效的灭火器材的情况	□是 □否
施工单位审核（对专职安全员填写与实际不符的逐一列出）：			
专职安全员签名：		项目经理签名： 日期：	
监理单位复查（对施工单位自查情况与实际不符的逐一列出）：			
安全监理签名：		总监理工程师签名： 日期：	
业主单位工程部审核（对施工单位自查和监理单位复查与实际不符的逐一列出）：			
项目管理工程师签名：		工程部经理或副经理签名： 日期：	
业主单位质量安全部审定（对施工单位自查、监理单位复查、工程部审核与实际不符的逐一列出）：			

续表

对本月安措费支付审定意见：		
质安部工程师签名：	质安部经理签名：	日期：

填表说明：1.《临时用电检查情况表》作为工程进度款支持材料，对当月未附上检查表、检查情况与实际不符、检查情况存在安全隐患的不予审批支付当月安措费；对安全管控进行的日常巡检、专项检查、月度检查、季度综合考评均需提供此检查表，历次检查表需按项目完整存档在质安部。2. 对检查情况与实际不符或检查情况存在安全隐患的，由工程部负责拟文发施工单位按合同约定进行处理，由质安部按规定跟进落实整情况。3. 其他：上述检查内容未列入的项目，由施工单位根据项目具体情况在此栏列出。

危险性较大的作业内容检查情况表六（其他危险性较大的作业内容） 表10-11

工程名称：		开工时间：		施工许可证发证日期：
施工单位：		监理单位：		
安措费总额（元）：		已支付安措费金额（元）：		
是否存在本项作业内容：□是　□否（选否的后续内容不需填）				
危险性较大作业内容概况：如存在，需将本项目危险性较大的作业的概况和本月施工情况列出（如爆破、盾构施工、幕墙、钢结构安装等）				

	检查内容	检查资料（现场）	施工单位（专职安全员填写）
1	施工前是否编制专项施工方案和应急预案	专项施工方案和专项应急预案	□是　□否
2	施工方案是否按规定审批或论证	方案审批表、专家论证审批表	□公司已审批 □监理已审批 □已组织专家论证 □否
3	施工作业前是否进行安全技术交底	安全技术交底记录	□是　□否
4	作业工人是否进行三级安全教育	工人三级教育登记表、三级安全教育记录等	□是　□否
5	特种作业人员是否持有效操作证	特种作业人员台账、操作证复印件	□是　□否
6	施工过程是否按审批施工方案施工	专项施工方案、现场实施情况等	□是　□否
7	是否经验收合格方进入下道工序	相应的验收记录	□是　□否
8	安全管理措施是否到位	专项施工方案、安全检查记录、安全日志等	□是　□否
9	安全员监督是否到位	安全日志、安全检查记录等	□是　□否
10	是否存在导致事故发生的不安全行为或物的不安全状态	安全检查记录、安全日志等	□是　□否
11	监测情况、密闭空间作业的气体检测是否符合要求	监测报告、监测记录、气体检测记录等	□是　□否
12	其他		

施工单位审核（对专职安全员填写与实际不符的逐一列出）：		
专职安全员签名：	项目经理签名：	日期：
监理单位复查（对施工单位自查情况与实际不符的逐一列出）：		
安全监理签名：	总监理工程师签名：	日期：
业主单位工程部审核（对施工单位自查和监理单位复查与实际不符的逐一列出）：		
项目管理工程师签名：	工程部经理或副经理签名：	日期：

续表

业主单位质量安全部审定（对施工单位自查、监理单位复查、工程部审核与实际不符的逐一列出）：
对本月安措费支付审定意见：
质安部工程师签名：　　　　　质安部经理签名：　　　　　日期：

填表说明：1.《危险性较大作业内容检查表》作为工程进度款支持材料，对当月未附上检查表、检查情况与实际不符、检查情况存在安全隐患的不予审批支付当月安措费；对安全管控进行的日常巡检、专项检查、月度检查、季度综合考评均需提供此检查表，历次检查表需按项目完整存档在质安部。2. 对检查情况与实际不符或检查情况存在安全隐患的，由工程部负责拟文发施工单位按合同约定进行处理，由质安部按规定跟进落实整改情况。3. 其他：上述检查内容未列入的项目，由施工单位根据项目具体情况在此栏列出。

夜间作业安全施工检查情况表　　　　　　　　　　表 10-12

工程名称：		开工时间：	施工许可证发证日期：
施工单位：		监理单位：	
安措费总额（元）：		已支付安措费金额（元）：	
是否存在本项作业内容：□是　□否（选否的后续内容不需填）			

	检查内容	检查资料（现场）	施工单位（专职安全员填写）
1	管理人员履职	夜间施工是否有带班领导在岗履职	□是　□否
2		项目主要管理人员（地块项目经理或生产经理、安全员、工长）是否在岗	□是　□否
3	现场施工条件（场内作业环境）	现场夜间照明是否满足施工需求	□是　□否
4		场内主要临时道路转角位置是否设置警示灯	□是　□否
5		场内安全通道、人行马道是否通畅并有照明设施	□是　□否
6		场内材料堆放是否阻碍消防通道	□是　□否
7		楼层作业区域是否满足安全作业条件（临边、洞口防护）	□是　□否
8	现场施工条件（场外作业环境）	主干道往返生活区过道路口是否设置警示灯及标识牌	□是　□否
9		主干道占道作业车辆是否设置警示灯及锥桶、标识标牌	□是　□否
10	作业人员	信号工是否在岗并满足工程需求（每台塔吊最少两人）	□是　□否
11		动火作业人员是否开具动火证，看护人、消防器材是否配备	□是　□否
12		作业人员防护用品（安全帽、反光衣、安全带）是否佩戴	□是　□否
13		混凝土工是否穿绝缘鞋及佩戴绝缘手套	□是　□否
14	后勤保障	场内休息间是否有照明、吸烟点、热水	□是　□否
15		安保人员是否在岗	□是　□否
16		是否有应急保障车辆	□是　□否
17	其他		

施工单位审核（对专职安全员填写与实际不符的逐一列出）：
专职安全员签名：　　　　　项目经理签名：　　　　　日期：
监理单位复查（对施工单位自查情况与实际不符的逐一列出）：
安全监理签名：　　　　　总监理工程师签名：　　　　　日期：

续表

业主单位工程部审核（对施工单位自查和监理单位复查与实际不符的逐一列出）：
项目管理工程师签名：　　　　　工程部经理或副经理签名：　　　　　日期：
业主单位质量安全部审定（对施工单位自查、监理单位复查、工程部审核与实际不符的逐一列出）：
对本月安措费支付审定意见：
质安部工程师签名：　　　　　质安部经理签名：　　　　　日期：

填表说明：1.《危险性较大作业内容检查表》作为工程进度款支持材料，对当月未附上检查表、检查情况与实际不符、检查情况存在安全隐患的不予审批支付当月安措费；对安全管控进行的日常巡检、专项检查、月度检查、季度综合考评均需提供此检查表，历次检查表需按项目完整存档在质安部。2. 对检查情况与实际不符或检查情况存在安全隐患的，由工程部负责拟文发施工单位按合同约定进行处理，由质安部按规定跟进落实整情况。3. 其他：上述检查内容未列入的项目，由施工单位根据项目具体情况在此栏列出。

第 11 章

技术创新篇

11.1 标准化设计模式

11.1.1 整合梳理设计逻辑和次序

首先，项目的前期研究从最源头的控规成果开始归纳与总结，再通过中期系统的产业策划与产业研究从而锚定产业方向。同步结合标准厂房的设计需求及相关产业方向的特定要求，形成详尽的调研清单。通过对拟招商企业方向中的同类企业进行多轮需求与数据摸查，形成更具代表性的基础设计数据，保证相关数据对拟招商企业的高适配度。

其次，同步开展多轮国内外知名项目案例调研总结，进行珠三角整体产业政策与市场方向研究，通过多轮的数据比对以及标准数据研究，形成兼具高适配度、高灵活性与高标准的关键指标数据，并通过多轮研究明确基本参数的落位。通过模数化、模块化的单体设计和规整紧凑的规划布局减小施工难度，加快建设速度、降低建设成本，保证能最大范围地覆盖不同企业的租赁和购买需求。

最后，充分考虑生产与生活的复杂关系，在规划层面即划定生产区与生活区，充分保证生产区的高效及生活区的安全。同时，通过中心花园、屋顶花园、休闲娱乐等空间的置入，打造园区人性化生活空间。此外，园区设计还置入光伏、海绵、绿建等生态设计，旨在打造集生产、生活、生态于一体的花园式产业园。

与项目建设规模形成极大反差的是，项目总设计周期仅有约同等规模项目常规设计周期的四分之一。项目设计同时具备急、难、险、重的特点，为保证项目能满足高质量建设和高效率推进的要求，将项目定义为大型定制化厂房设计，结合项目特点，采用总体统筹规划的设计手法，将几大地块化零为整，整合规划、统一设计，全方位提高项目设计工作的高效性与科学性，保证设计工期、成本控制和项目进度。

从区域大规划到片区中规划再到地块小规划，从三级配套系统规划、交通规划、市政规划以及景观规划等方面入手，对总体园区的交通、出入口、配套、污水站以及生产厂房等单项进行高层次限定，进一步提高园区整体的建设效率与后期的运行效率。通过各地块规划设计的优化落实，拓展园区设计的全面性、合理性与高效性（图11-1）。

11.1.2 标准化设计策略

标准化设计（图11-2）包含设计指标标准化、建筑规划布局标准化、建筑平面标准化、建筑立面标准化、建筑设备标准化等内容。标准化设计的实施对加快项目推进速度，降低建设成本起到关键作用，集约化设计过程中的关键问题，寻求问题的统一解决方案，为项目高标准、高品质、控成本、快速化的目标的实现创造先决条件。

从项目高适配度的需求出发，建筑平面尺寸较大，而设计周期和施工周期十分紧张，造价控制十分严格，需采取有利于控制项目投资和推进项目快速化施工的措施，保证项目的总体目标。例如，设置结构缝，减少因超长平面限制结构裂缝而采取的控制措施，减小温度应力和混凝土收缩应力的影响，有利于控制上部结构的土建造价。尽量统一结构柱、梁、板构件的截面尺寸，将构件配筋控制在经济配筋率范围内，拆分出设计和施工标准段，有利于提升设计和施工速度，提高模板利用率。对基础形式、首层结构形式和标准层结构形式进行方案对比，从投资和工期两个要素出发，进行方案优选，最大程度优化构件数量，并减少基础开挖量，提高施工效率并降低造价。

综合考虑设计及施工进度、产业招商灵活性等因素，为满足进出线及交通运输方便、供电半径及电压质量的要求，每栋厂房单独设置变配电所，既可以适应建筑物使用功能的变化，又可以缩短配电干线路由长度，保证标准厂房的灵活性与经济性。

因企业需求的不确定性，厂房工艺设备的负荷等级和负荷容量存在不确定性。为避免项目在后期运营过程中出现重大的电气改造问题，通过对招商企业方向中的同类企业进行多轮负荷容量需求数据摸查。既要保证负荷容量满足园区正常生产需求，又要预留容量，为后期改造和扩容提供条件，每栋厂房变配电所均预留扩容空间，并根据建设及招商情况分批安装变压器，分期申请供电容量，减少因初期装机容量较大，外线和电力投资比较高等建设成本。

预留空调、废气排放、工艺管道条件，每层预留两个空调管井、工艺管道井、废气排放井。屋面预留钢筋混凝土设备基础，满足后期多联机空调室外机、空调制冷机组、冷却塔、水泵和废气处理设备的安装需求，降低后期设备安装对屋面防水、保温和隔热层的破坏。

智能化设计考虑采用单体分区管理，地块集中控制方式，应对后期招商及运营管理的灵活性需求。园区通过 5G 通信、物联网等技术，实现信息数据与资源共享，远程监控，通过建筑设备监控及能耗监管系统，实现对建筑物设备实时监测和集中控制，水电能耗统计分析，达到低碳节能目标，提升建筑可持续性，保证园区精细化运营管理。

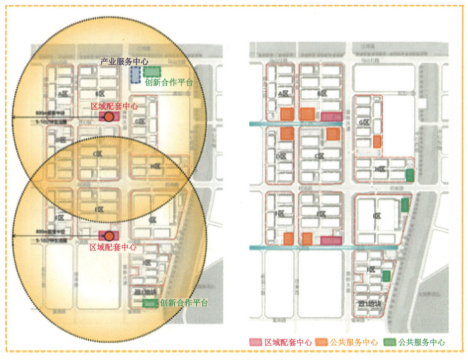

园区三级配套系统规划
【从大规划层面完善区域配套，形成三级配套的高效嵌套，为各地块细化设计提供基础】

图 11-1　园区各层次系统规划示意图

图 11-1　园区各层次系统规划示意图（续）

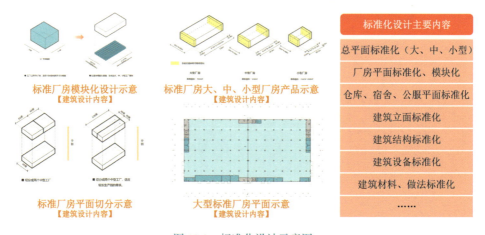

图 11-2　标准化设计示意图

11.1.3　设计全过程技术管控

在设计阶段，各专业技术总工全面参与并作为项目的技术指导，尤其是设计前期就着手研究合适的技术标准、构造做法等，避免后续修改反复，从源头把控设计成果质量。同时，积极与建设单位建立例会工作机制，确保建设单位的需求变化能及时反馈并落入设计成果。加强向施工图审查单位、消防验收部门、绿建验收部门的技术咨询，对存疑或有争议的技术问题提前沟通解决，集中解决厂房项目的重点和难点，为后续的设计工作消除阻碍，节省时间。

在施工阶段，为了保证设计成果的落地性，设计单位派驻专业设计师驻施工现场服务，对施工过程中发现的问题及时响应，给出设计解决方案，保证施工的连续性。建立设计巡场制度，各专业每周至少组织一次施工现场巡查，编制设计巡场报告，及时指出施工过程中未正确按图施工的部位，避免后续全部施工完成后返工。对材料样板及时进行选样及确认，对不满足设计参数要求的材料要求施工单位及时替换，为后续检测、验收提供保障。

11.2 应对深厚淤泥地质条件的技术创新

新型产业空间建设场地的原始地貌单元属滨海沉积平原地貌，场地地势较平坦，勘察测得各钻孔孔口标高为 2.01~4.69 米，拟建场地±0.00 米标高为 4.00 米。建设场地的地质情况较差，表层填土层较薄，淤泥层深厚，局部淤泥直接露出地面，地层自上而下的顺序依次描述如下：

人工填土层：由冲填土组成，主要为石英质砂粒，底部杂部分淤泥黏粒，含泥量高，未完成自重固结，具高压缩性，不具湿陷性。该层在场地均有分布，所有钻孔均有揭露，钻孔层厚为 0.70~6.80 米，平均为 3.05 米。层底标高为-3.23~2.75 米，平均 0.36 米。

淤泥：由淤泥黏粒组成，含有机质、贝壳碎屑等，质软，顶部杂部分砂粒，饱和、流塑，具高压缩性，该层在场地均有分布，所有钻孔均有揭露，钻孔层厚为 8.20~20.10 米，平均为 13.67 米。层底标高为-21.63~-8.50 米，平均-13.31 米。

淤泥质黏土：主要由淤泥黏粒组成，含石英砂粒，多为粉细砂，质软，含有机质或贝壳碎片，饱和、流塑，该层在场地局部地段有分布，钻孔层厚为 1.70~7.40 米，平均为 3.62 米。层底标高为-23.21~-12.09 米，平均-17.00 米。

粉质黏土：主要为黏粒组成，部分夹少量砂粒，湿，可塑，压缩性中等，干强度中等。该层在场地大部分地段有分布，钻孔层厚为 0.70~12.10 米，平均为 4.43 米。层底标高为-25.00~-13.38 米，平均-18.46 米。

砾砂：由石英砂粒组成，多为粗砂，含少量黏粒，砂粒呈次棱角状，分选较差，饱和、稍密~中密。该层在场地绝大部分地段有分布，钻孔层厚为 1.00~16.40 米，平均为 4.78 米。层底标高为-30.20~-12.25 米，平均-20.42 米。

砾质黏性土：由花岗岩风化残积而成，主要成分为黏粒及石英颗粒，岩芯呈土柱状，硬塑，具中等压缩性，遇水易软化。该层在场地大部分地段有分布，钻孔层厚为 1.00~17.30 米，平均为 6.35 米。层底标高为-33.69~-18.24 米，平均-26.99 米。

全风化花岗岩：褐黄色间灰白色，岩石结构、构造已基本破坏，有一定的原岩结构强度，但遇水易软化，岩芯呈砂土状。该层在场地均有分布，钻孔层厚为 0.70~21.00 米，平均为 6.51。层底标高为-47.36~-22.70 米，平均-33.00 米。

强风化花岗岩：褐黄色，岩石结构、构造已大部破坏，岩质极软，裂隙极发育，岩芯呈砂土状，岩体基本质量等级为Ⅴ级。该层在场地均有分布，该层大部分钻孔未揭穿，最大揭露厚 7.10 米。

中风化花岗岩：肉红色间灰白色，中粗粒花岗结构、块状构造，岩质较硬，裂隙较发育，岩体较破碎，岩体基本质量等级为Ⅳ级。该层埋深变化大，部分钻孔揭露，最大揭露厚 3.30 米。

本建设场地典型地块的地质剖面如图 11-3 所示。

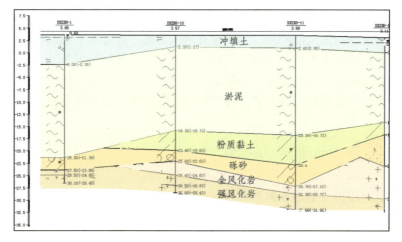

图 11-3　建设场地典型地块的地质剖面图

场地淤泥层（含淤泥质黏土层）的平均厚度约 15.0 米，最大深度 27.5 米，表层虽有冲填土层，但其填料为粉砂，含泥量高，呈饱和、松散状，承载力低，下部淤泥工程性质差，承载力低，大型机械设备直接在本场地施工容易产生沉陷，给工程桩的施工带来较大难度（图 11-4、图 11-5）。

图 11-4　建设场地表层淤泥外露

图 11-5　未经处理场地机械进场时陷机

11.2.1 深厚淤泥地质的应对措施

建设场地内施工条件较差，无法满足大面积开展施工的需求，应先进行浅层地基处理，常用的处理方式有排水固结法、填土置换法和就地固化法等。

排水固结法通过布置竖向排水井，使土中的孔隙水被慢慢排出，以加速地基土的固结，提高地基土的承载力，也是减小场地沉降的有效措施。此法处理深度可达 18 米，处理费用最低，但处理时间最长，通常处理时间在 6 个月以上。填土置换法采用填土或石渣换填表面淤泥层，换填深度 2 米，基本可快速形成施工硬壳层，但无法解决长期场地沉降的问题。此法换填材料的运输量大且受交通条件制约，还会产生淤泥挤压、鼓包、外运等问题，处理费用中等，处理时间中等，评估约至少需要 2 个月。就地固化法是一种针对淤泥等软土的浅层处理技术，采用固化剂对现场淤泥就地固化，固化深度 2 米，形成具有一定强度的人工硬壳层。此法处理效率高，7 天内固化范围场地可基本具备施工机械进场强度，可通过施工组织实现场地固化后快速铺开作业面的施工模式，处理时间最短，但处理费用最高，无法解决长期沉降问题，人工硬壳层对承台和井坑的开挖造成不便。

考虑项目的实际情况和工期要求，采用填土或石渣换填和就地固化技术相结合的处理方式（图 11-6、图 11-7），实现在一个月内全面具备桩基机械施工条件，桩基础施工得以大面积铺开作业，同时也具备一定厚度的桩顶嵌固层。

图 11-6 场地实施浅层固化

图 11-7 场地实施填土或砖渣换填

为控制施工机械的总体重量，降低对固化场地的影响，采用锤击法施工工艺（图 11-8），制定合理的打桩路线减小桩的挤土效应。打桩锤的锤击力大，能快速推进桩身。场地上部淤泥层范围内的沉桩速度快，淤泥层底部为相对较薄的粉质黏性土或全风化土，桩穿透淤泥层后很快即接触到强风化花岗岩层，采用锤击法也保证了桩尖能有足够的冲击力进入强风化层，达到设计要求的嵌岩深度。一般情况下，每根桩的总锤击数基本不超过 800 击，施工时间不超过 40 分钟，在保证桩基质量的同时，能够提升桩基施工效率，降低对已施工桩基的影响。

图 11-8　锤击法施工工艺

厂房项目采用高强预应力管桩，以全风化花岗岩（或强风化花岗岩）为持力层，桩底要求入全风化岩不小于 8.0 米（或入强风化岩不小于 1.5 米），最后 3 阵每阵的贯入度不大于 30 毫米。考虑场地地质情况差，淤泥层和淤泥质黏土层提供的桩侧摩阻力较低，管桩承载力特征值的取值是基础设计的重要参数。因此在桩基大面积施工前，分别原位试打 500 毫米、600 毫米和 700 毫米三种桩径的管桩若干根，并进行破坏性试验，为设计提供较为可靠的试验数据。

采用不同直径的管桩进行组合布桩，如中部结构柱的柱底轴力较大，采用 700 毫米管桩进行布桩，而周边结构柱和地坪桩等轴力较小，则采用 500 毫米管桩进行布桩（图 11-9）。经综合对比分析，组合布桩的基础方案比单一布桩的基础方案，桩基础造价虽增加了约 5.5%，但总桩数减少了 23.2%，有利于提升项目整体的施工速度，减小管桩的挤土效应，控制桩身的施工质量。

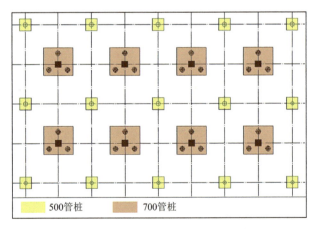

图 11-9　厂房项目组合布桩的平面示意图

11.2.2　淤泥流动影响的控制

项目厂房无地下室，淤泥层较深，设计桩长约 30～45 米，管桩全长范围内有约 60%～80% 的部分处于淤泥层中，桩底部嵌岩段的长度占比较小。管桩的长细比较大，水平抗剪刚度较弱，特别是管桩接头部位，淤泥层流动引起的水平推力对管桩有不利影响。为此，在中部结构柱底采用大直径的管桩布桩，通过增加桩径来提高桩身的抗剪能力。而在周边结构柱底，为提高桩基承载力的利用率，控制造价，故而仍然采用小直径的管桩，但对外围两排的小直径管桩增加机械连接接头，并对管桩接头采用焊接封闭（图11-10）。

图 11-10 带机械连接接头的管桩连接

对管桩送桩深度、接头焊接质量和焊接冷却时间进行了明确规定。为保证管桩顶部有足够厚度的稳定硬壳层嵌固，对送桩深度明确要求"应检测桩位垂直度与桩头质量合格后方可送桩，送桩深度不宜大于 1 米"。对管桩焊接的焊缝质量和冷却时间提出更严格的要求："焊接在桩四周对称地进行，焊接层数不得少于 2 层，第一层焊完后必须把焊渣清理干净，方可进行第二层施焊，焊缝应连续、饱满，焊好后的桩接头应自然冷却后方可继续锤击，自然冷却时间不少于 8 分钟，严禁采用水冷却或焊好即施打。"在现场实施过程中，也要求监理单位对焊接质量和时间进行监督，审查桩基施工记录，严格控制桩基施工质量。

无地下室的多层建筑，参考《高层建筑混凝土结构技术规程》JGJ 3—2010 的相关条文，综合考虑建筑物的高度、体型、地基土质、抗震设防烈度等因素，适当增加基础的埋深。然而，考虑到建设场地地质情况较差，浅层处理后的硬壳层厚度仅有 2 米，基础埋深也不宜过深，避免挖除硬壳层，加大坑侧淤泥滑动和坑底淤泥反涌的风险。综合考虑后，在建筑外围整周设置高大的结构外边梁（图11-11），加大外围承台高度，加深外围承台的埋深，控制基础埋置深度不小于 1.5 米，有利于平衡厂房两侧淤泥流动的水平推力，提升结构的整体性。外围桩的桩顶构造均按抗拔桩的设计要求，加大桩顶插筋的面积和锚固长度，加强桩顶薄弱区的连接构造。加强首层结构板的厚度和配筋，参照地下室顶板的构造要求设计，加强底板层的整体刚度和水平传力能力。

图 11-11 建筑外围整周设置结构的外边梁

11.2.3 场地开挖风险的控制

建设场地采用填土或石渣换填和就地固化结合的方案进行浅层处理，处理深度约为 2 米，形成的表层硬壳层较薄，可以满足施工机械进场的基本需求。但场地深层的软土没有得到有效处理，淤泥流动性大，且地下水较丰富，首层结构构件开挖的难度较大，如果开挖深度超出硬壳层，则易出现淤泥滑动和坑底淤泥反涌（图 11-12）等不利情况。

图 11-12　承台基坑底部挖穿硬壳层的淤泥反涌

新型产业空间厂房的首层结构荷载要求较高，荷载设计值达到 2 吨/米^2（局部 3 吨/米^2）。为尽可能减小首层施工的开挖风险，保证首层结构的施工质量，同时提高施工效率、减少工期，对首层的结构形式进行分析，对比了三种结构布置方案（图 11-13）。方案一为主梁大板方案，梁截面 450 毫米 × 900 毫米，板厚 250 毫米。方案二为单向主次梁方案，主梁截面 600 毫米 × 900 毫米，次梁截面 350 毫米 × 900 毫米，板厚 150 毫米。方案三为桩板结构方案，板厚 350 毫米，板跨中设 1500 毫米 × 1500 毫米地坪桩，以减小板跨度，控制结构大板的厚度和配筋。

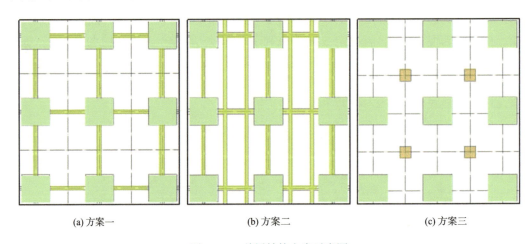

图 11-13　首层结构方案示意图

方案一中梁类构件较少，承台和大板可整体开挖，施工效率高，但由于首层设计荷载大，导致梁板构件截面和配筋较大，板跨中变形大，经济性差。方案二梁板构件截面和配筋合理，经济性优，结构整体刚度大，变形相对较小，但由于增加次梁，开挖工程量大，施工效率低。方案三将方案一和方案二优势相结合,整体开挖的工程量小,施工效率高,采用地坪桩作为大板结构的跨中支撑,由于首层板设计荷载大,采用小直径桩作为地坪桩其桩承载力利用率高,分担首层传给结构柱的荷载,优化柱下的布桩数量,有利于减小板的弹性变形,优化板厚和配筋,经济性相对也有优势。经综合对比,首层结构形式采用采用桩板结构方案(方案三),在节省工期和成本控制方面综合效应最好(图11-14)。

图 11-14　首层桩板结构的现场施工

为尽可能保证基坑开挖的稳定性和安全性,进一步优化中部结构柱下的承台高度,减小承台的开挖深度,控制基坑垫层的底部处于硬壳层的范围内,避免将硬壳层挖穿引起坑底的淤泥反涌。设计增加垫层的厚度和强度,采用150毫米厚C20混凝土垫层,提高承台、基础梁和首层板的混凝土强度等级为C35,板配筋采用双层双向拉通钢筋,提高首层结构的整体刚度。对集水井和电梯坑等较深基坑的开挖,根据施工现场的实际情况,采用钢板桩进行局部支撑围护(图11-15),钢板桩长度宜穿透淤泥层,如开挖过程中出现坑底淤泥反涌情况,可就地对坑底进行固化(图11-16),固化深度可控制到垫层底1～2米。采用此基坑支护和坑底加固的措施,有利于在基坑开挖过程中保护工程桩,减小工程桩被淤泥流动挤压后产生偏位,在较短时间内形成满足坑底施工的基本条件,保证桩身施工质量和基坑施工的安全性。

图 11-15　基坑侧边实施钢板桩

图 11-16　基坑底部实施固化

11.3 浅层固化技术

11.3.1 应用背景

富山二围北片区面积为 200 多万平方米，2021 年完成吹填。该场地原为现状水塘，吹填形成陆域的时间较短，场地含水量较大，场地地表承载力较差，施工机械不能直接进场施工，经常发生施工机械"沉陷"的现象（图 11-17）。根据政府的相关产业发展计划，该片区的厂房与市政路网同步建设。由于工期异常紧张，该片区需要快速形成重载临时便道。

图 11-17 机械进场事故

根据政府的相关产业发展计划，富山二围北片区的厂房与市政路网同步建设，但该场地含水量较大，场地地表承载力较差。根据工期要求，厂房先于市政道路完成施工，为避免市政道路施工对先完工的厂房产生不利影响，市政道路采用水泥搅拌桩复合地基。基于以上条件，后续市政道路的施工存在两个问题：一是搅拌桩的桩顶标高较市政道路路面低 2 米，加之厂房地坪标高较市政道路路面高 1 米，在施工水泥搅拌桩桩顶垫层时，将形成 3 米深的基坑，对先完工的厂房产生较大安全隐患；二是水泥搅拌桩桩顶存在大量淤泥需要挖除，淤泥的处置将成为比较棘手的问题。

11.3.2 浅层固化工艺简介

1. 固化原理

强力搅拌头（图 11-18）是一种专业型的立体搅拌设备，利用挖机液压驱动，2 个搅拌头按合理的角度对称分布在连接杆和喷嘴的两侧，其主要参数：①搅拌头按不同规格，其横向投影长度尺寸为 1300～1800 毫米，宽度尺寸为 800～1000 毫米，竖向高度为 800～1000 毫米，为了搭接合理，单次搅拌形状在平面上为矩形，单次搅拌面积不小于 1 平方米；②上部连接杆的长度不小于 3 米，并根据加固深度要求可设置加长杆，使最大处理深度达到 7 米；③液压控制：23～42 兆帕；④搅拌效率：20～40 米^3/时。

配套的挖机型号一般采用 25 吨级或更大动力的设备。

后台供料系统可实现多种固化剂的同时供料。固化剂由后台供料系统通过喷浆管进入喷嘴，利用搅拌头上螺旋分布的刀头立体切削土体和转动，使固化剂和土体均匀拌和。固化剂添加控制系统安装于后台供料系统中，能够实时控制固化剂的添加量，精确计量，减少材料浪费，并能实时记录和保存固化剂用量过程，并形成报告。

图 11-18　强力搅拌头设备

2. 浅层固化施工工艺流程（图 11-19、图 11-20）

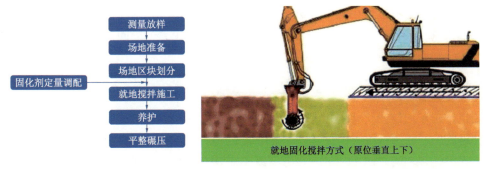

图 11-19　浅层固化施工工艺流程图　　　　图 11-20　浅层固化施工示意图

11.3.3　浅层固化在临时便道中的应用

工程上常采用挤淤形成稳定路基，但项目在局部路段采用抛石挤淤存在三个问题：一是抛石挤淤的进度相当缓慢，无法满足工期要求；二是抛石挤淤的厚度无法控制，达到 5~8 米；三是抛石挤淤影响后续永久构筑物的软基处理。针对以上问题，选择对地表直接采用浅层固化快速形成稳定可靠的路基（图 11-21），并通过现场简易试验迅速确定浅层固化的厚度与固化剂掺量。

考虑到该片区存在较为深厚淤泥，重载车辆高频次作用，短期内易产生较为明显不均匀沉降，导致路面易损坏。针对这一问题，路面选择钢筋混凝土路面，减小路基差异沉降，适当延长路面使用寿命，确保片区开发期内的正常使用。

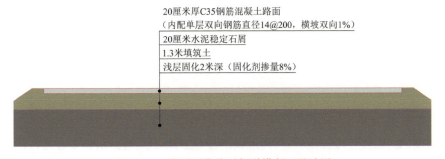

图 11-21　浅层固化临时便道横断面设计图

由于地基较软,施工机械无法在其上作业,固化土回填采取边回填边向前推进的方式(图11-22)。

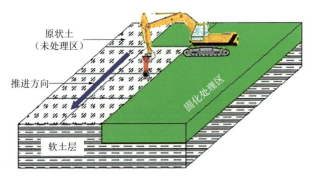

图11-22 边固化边推进的固化方式

固化施工完毕后,采用挖机等机械对表面进行拍打压实,以保证板体的整体性及浅层土体的压实度。固化土养生时间7天以上,采用自然养生。一般固化后养护7~14天可进行路基土、路面水稳层压实等工序。

11.3.4 浅层固化在道路软基处理中的应用

项目推出了浅层固化叠加水泥搅拌桩的复合型软基处理方案,即在现状地面先进行水泥搅拌桩施工、后进行浅层固化处理,采用Allu搅拌头进行原位搅拌固化,确保固化剂与地基土充分搅拌均匀(图11-23)。该方案既不需要开挖路基形成深基坑,也可将水泥搅拌桩桩顶部分的淤泥通过浅层固化后,直接作为整体路基,无需挖除外运。

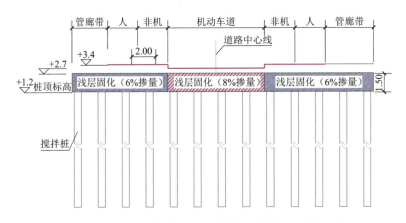

图11-23 浅层固化道路软基处理横断面设计图(单位:米)

11.4 基于GNSS和InSAR数据融合的沉降预警技术

11.4.1 多种监测手段应用的目的

富山工业园二围北片区,北邻江湾涌,南至现状填土区边,东邻中心涌,西至崖门水道。场地于2019年左右经人工填砂填土抬高形成,吹填淤泥及地下软土沉积深厚,且软土经历多次反复扰动、固结缓慢、承载力低、沉降大。园区内厂房建设与市政工程同步施工相互影响，直接导致建设过程费用、质量与安全风险增大。园区的大面积施工，对表层软土产生强烈扰动的同时使软土地基上荷载不断增大，场地后续沉降将持续增大，威胁正在施工和既有建筑物的安全。

为快速获取区域三维形变特征，需对形变及衍生地质灾害进行监测预警，应用融合人工、GNSS（全球卫星导航系统）和InSAR（合成孔径雷达干涉测量）多种监测手段对建设场地地面沉降进行监测，并对水文地质环境变化进行监测分析。通过深度学习技术，构建围海造陆区地面沉降预测模型（图11-25）对场地长期沉降进行预测；结合相关规范和理论，给出长期沉降风险评估，为新型产业空间可持续发展和防灾减灾提供技术保障。研究结果可以辅助决策，对早期预警和避免地面沉降灾害具有重要意义。

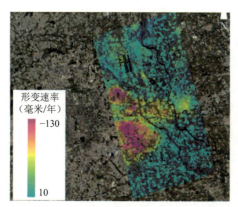

图 11-24　GNSS 和 InSAR 联合监测技术

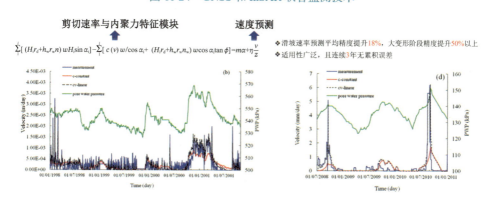

图 11-25　地面长期沉降模型

11.4.2　监测内容及方法

1. 地面沉降人工监测

根据工程所在的地形分布，选择20个监测点位，按变形测量规程中的要求和工程实际情况，采用电子水准仪、条纹码铟瓦标尺，按二级变形测量精度要求，采用闭合环法固定仪器、固定人员、固定线路进行施测。并要求视距长不大于50米，前后视距差不大于2米，前后视距累积差不大于3米，视线高度不小于0.3米，基辅尺分划读数差不大于0.3毫米；闭合差不大于±1.0毫米。

2. 地面沉降 GNSS 监测

GNSS 监测系统是一种用于全球导航卫星系统（GNSS）信号接收、测量和监测的系统。GNSS 监测系统通过接收和分析这些卫星发出的信号，可以实时监测地球表面的位置、速度和时间等信息。共设置 3 个 GNSS 监测站（图 11-26），具备自动采集沉降数据功能；另外，GNSS 兼做控制点，用作进行人工监测的起算数据。

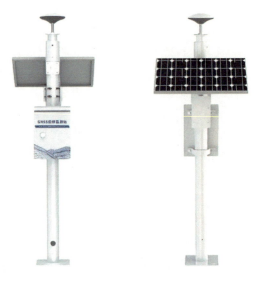

图 11-26　GNSS 监测站实物图

（1）全系统全频信号接收。GNSS 位移监测系统中 GNSS 位移监测站采用高精度 GNSS 芯片联合 RTK 载波相位差分定位技术，能够最大限度接收 GNSS 卫星信号，保证响应快速、测量准确，不受气候条件的限制，在风雨雾中仍能进行观测。

（2）24 小时全天监测。GNSS 位移监测站可以通过 4G 或者以太网的方式将监测到的数据 24 小时上传至环境监控云平台（图 11-27），构建全年无人值守的全自动化无人监测系统，不仅保障了长期连续运行，还大幅度降低了变形监测成本，提高了监测资料的可靠性。

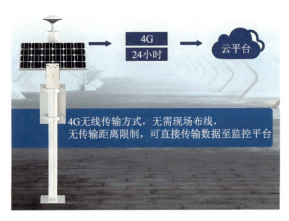

图 11-27　GNSS 监测传输示意图

（3）GNSS 参数。GNSS 监测站参数如表 11-1 所示。

GNSS 监测站参数 表 11-1

供电	太阳能板供电
功耗	0.9 瓦（平均功耗）
通信接口	4G，中国移动、中国联通或中国电信的手机网络
数据上传	数据上传间隔 30～10000 秒，可设（默认 60 秒）
参数设置	手机 APP "碰一碰" 蓝牙配置
变送器电路工作温湿度	−20～+60 摄氏度，0%RH～95%RH（非结露）
定位精度	水平精度：$\pm(2.5 + 0.5 \times 10^{-6} \times D)$ 毫米 垂直精度：$\pm(5.0 + 0.5 \times 10^{-6} \times D)$ 毫米
测定条件	晴天无云、环境温度 25 摄氏度、环境湿度 45%RH、空气质量优
响应时间	≤60 秒

注：D—基线长度。

（4）监测精度保障措施。①选择高精度的接收机，精度高的接收机可以更准确地接收卫星信号，从而提高定位精度；②选择适当的卫星，选择高高度角的卫星可以减小大气误差和多径误差，提高定位精度；③使用多频接收机，多频接收机可以减小多路径误差，提高定位精度；④人工监测部分，以 GNSS 基站下方的水准标点为起算依据，根据 GNSS 基站测得的变形修正水准标点的高程，以修正后的水准标点作为后续人工监测的起算点。

（5）环境监控云平台。云平台功能强大，可以查看实时位移数据、历史位移数据、累计位移数据、位置信息，还能够实现多级访问、电子地图、大屏可视化等功能（图 11-28）。

图 11-28　环境监控云平台界面图

（6）测点保护与数据连续。由于施工过程交叉作业，不可避免出现测站、测点破坏情况。为了保证监测数据的连续性，提出两项措施，①现场选择对施工影响小的区域埋设测站和测点，埋设完成后进行交底，加强保护意识，现场设置好保护警示标志，留好联系人电话，因施工需要确实需要挪动的点位提前联系处理；②测站、测点修复后重设初始值，累计变化量保留。

3. 水文地质监测

（1）水文监测孔（图 11-29）的埋设与布置：监测孔的孔径为 130 毫米，内下井管，井管和孔壁之间的环状空间用砾料及黏土充填。用特制井盖保护孔口，井盖不突出地面，每个观测孔的具体深度根据勘察资料确定。水位监测孔埋设采用 SH30 型钻机成孔，钻进方式为冲击干钻，钢套管护壁，成孔时钻孔直径为 130 毫米。成孔后，按照沉砂管、过滤器、井管的位置顺序，采用钢丝绳直接提吊法依次下入。井管下完后，采用静水填砾法填置砾料至设计高度，然后按要求用黏土球封填至孔口下料同时拔起套管成孔，成孔倾斜度小于 1 度。

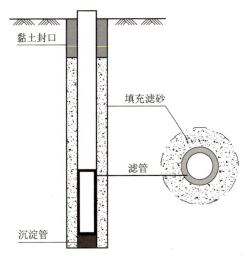

图 11-29　水文监测孔剖面图

（2）水样分析：利用已建设的水文孔取水样进行化学组分分析，检测指标包括：地下水氯离子浓度、地下水溶解性总固体、地下水电导率、地下水温度，从而对海水入侵进行监测与评价。

11.4.3　长期沉降规律及预测研究

1. 基于 InSAR 的地面沉降监测方案

地面沉降监测方案流程（图 11-30）大致分为四个部分：

（1）利用 GNSS 地面监测数据校正。

（2）利用 GNSS 改正后的 InSAR 结果作为形变的空间分布模型。

（3）利用克里金插值法对所有点进行估计，得到所有点的形变量即地面沉降量。

（4）对于沉降数据库通过深度学习算法形成预测模型。

2. InSAR 数据获取及处理

采用 ENVI、SARscape 软件处理卫星数据，通过采用某个时间段的 Sentinel-1A 雷达影像数据，基于 SARscape 软件与 SBAS 时序分析方法，已完成对研究区域 12 期 Sentinel-1A 雷达影像数据的处理，生成并分析该地区地面沉降变化量。

对卫星数据进行 SBAS-InSAR 处理，通过对数据的去平和滤波、相干系数计算、相位解缠、轨道精炼和重去平以及 SBAS 反演得到研究区域的形变速率。

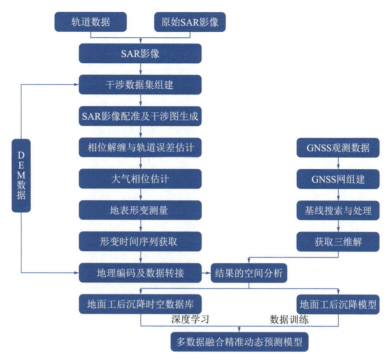

图 11-30　方案流程图

3. 研究区域沉降特征点划分

根据研究区域的沉降分布,将区域划分为 9 个部分(图 11-31),取每部分的沉降均值分别对沉降数据补偿,降低数据跳动幅度,便于数据的模型训练及特征提取。(对区域划分部分选取相应点位进行 InSAR 数据的预测,这里选取 9 个点位,包括 GNSS 监测点的位置。)

图 11-31　研究区域划分及特征点位选取

4. 基于长短期记忆人工神经网络(LSTM)地面沉降预测

(1)预测模型选择及构建:地面沉降值预测为一个多因素时间序列预测问题。对于时间序列的预测主要有两种方向,分别为时序模型以及深度时序模型。通过对深度时序模型的对比,选择 LSTM 作为地面沉降预测的基础模型,预测模型的具体结构如图 11-32 所示。

(2)LSTM 模型训练(图 11-33):LSTM 预测模型的精度与网络模型的超参数有关,其中输入样本长度 L、隐藏层深度 K、LSTM 层的神经元个数 S 以及初始学习率 R 对模型精度影响最大,在迭代过程中,Adam 利用这些矩的估计值来调整每个参数的学习率,从而实现更稳定的收敛效果。为完成所构建的 LSTM 网络的训练和预测,基于 Window10(64 位)

系统，使用 Matlab 进行程序代码编写和运行。

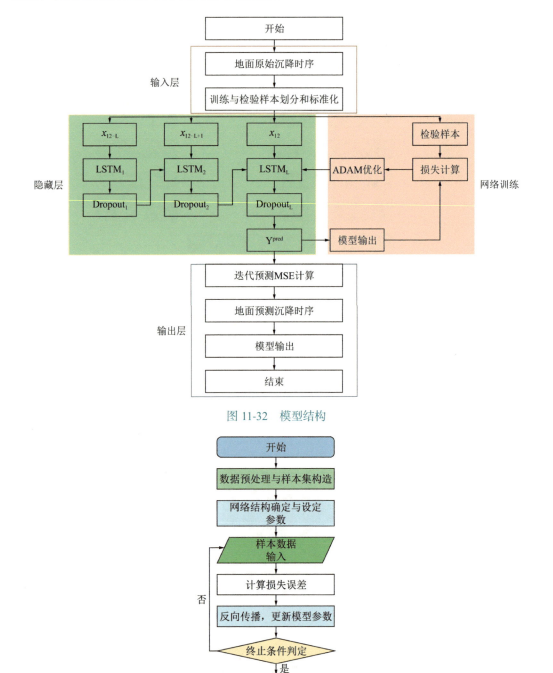

图 11-32　模型结构

图 11-33　训练流程

（3）InSAR 数据模型预测：为实现输入样本长度 L、隐藏层深度 K、LSTM 层的神经元个数 S 以及初始学习率 R 等参数最优化取值，本研究使用 Adam 优化算法进行模型参数确定。结果显示,平均绝对误差和均方根误差值越小,预测效果越好。

(4) GNSS-InSAR 融合数据模型预测:对 20240111—20240228 共 4 期 InSAR 数据进行 SBAS 处理,得到监测点的沉降数据,作为预测的验证数据(中间缺失数据通过深度学习进行数据补充)。对于 3 个 GNSS 点的预测,通过卡尔曼滤波器融合,整体的准确率达到 92.9%。GNSS-InSAR 融合数据的预测结果相较于 InSAR 预测结果有明显提升(表 11-2),GNSS1-3 点位的预测误差分别降低 11.27%、13.61%、12.38%。

卫星数据融合前后精度对比　　　　　　　　　　表 11-2

点位	InSAR 预测均方根误差	GNSS-InSAR 预测均方根误差
GNSS1	6.0454	5.3640
GNSS2	6.8970	5.9580
GNSS3	2.9088	2.5487

(5)模型验证:为确保模型的可靠性,将预测结果与监测结果进行对比,去除 GNSS 数据中的异常值,如由于信号遮挡或干扰造成的明显错误数据点,将 GNSS 监测点的数据与 LSTM 模型的预测结果对比进行均方误差计算,根据误差分析的结果调整 LSTM 模型的参数,得到更为可靠的模型。

工程验收篇

12.1 验收策划

12.1.1 验收目的

随着经济的快速发展和产业结构的优化升级，新型产业空间建设如雨后春笋般涌现。富山工业城新型产业空间以标准厂房、员工生活服务及宿舍、园区配套道路等多维度建设内容，成为珠海最具代表性的新型产业空间综合建设项目。为确保工程项目的顺利完工，达到既定目标，并保障项目未来的安全稳定运行，项目初期就对工程验收做了详细的策划，首先对工程验收的目的进行了明确：

（1）确保工程质量可靠。工程验收的首要目的是确保新型产业空间工程的质量可靠。对隐蔽工程、工程结构、材料、施工工艺及工序等方面严格检查；同时，对工程项目全过程进行全面、细致的检查和试验，确保各项建设内容符合设计要求和验收标准，从而避免因质量问题带来的安全隐患和经济损失，保证建筑物的安全性、稳定性和耐久性。

（2）验证工程进度。2022 年 7 月 28 日，富山工业城新型产业空间约 200 万平方米的建设工作正式启动。为实现 2022 年底交付 150 万平方米，以及实现 2024 年 1 月 30 日园区主干道竣工备案的艰巨任务，确定了以工程验收进度验证工程施工进度的重要举措。以项目验收节点为目标，倒排单位工程、专项工程、分部分项工程验收的计划，通过将各项验收计划与实际工程进度进行对比，评估工程是否按计划完成，以及是否存在延期或超前完成的情况。通过计划与进度的对比，有利于施工单位及时发现并解决工程进度中的问题，确保工程按计划顺利推进。

（3）履约承包合同。承包合同对项目工期、质量和安全均有明确的要求和约定，而完成合同的各项约定最直接的表现就是工程验收合格。为此，施工单位不仅要做好施工组织设计、施工方案以及各项交底和培训工作，而且必须对各工序实施全过程控制，严格执行自检、互检和交接检；更应高度重视各项验收工作，与验收人员的沟通和协调，验收执行规范是否符合合同和设计文件要求，以及验收流程是否合法合规等，对验收的结论都存在直接和间接的影响。因此，顺利完成各项验收工作，是施工单位按合同约定完成工程建设任务的重要过程。

（4）确保施工安全。工程验收对于确保施工安全具有重要意义。在验收过程中，将重点检查工程项目的安全设施、防护措施等是否完备、有效，确保施工过程中的安全措施得到有效执行，减少安全事故的发生。

（5）规范施工管理。工程验收有助于规范施工管理。通过验收，可以对工程项目的施工管理过程进行全面评估，发现施工管理中存在的问题和不足，提出改进意见和建议，促进施工单位提高管理水平，规范施工管理行为。

（6）保障施工合规。工程验收是保障工程项目施工合规性的重要手段。在验收过程中，依据承包合同、设计文件、技术规范、验收标准、相关法律法规和政策文件，对工程项目的施工材料、施工工序、隐蔽工程、结构实体、特种作业人员等进行全面审查,确保工程项目施工过程的合法性和合规性。

(7)保障资源利用。工程验收有助于保障资源的合理利用。通过验收,可以对项目的施工质量、安全管控、工程进度等做出评估;根据评估结果再进行原因分析,可形成项目人员、周转材料、机械设备、资金等资源情况报告。施工单位根据各项目的资源情况报告,可发现企业资源利用中存在的问题和不足,对企业相关资源进行调配,促进企业资源合理、高效利用,为企业创造更大的价值。

12.1.2 厂房的验收内容和要求

1. 建筑结构验收

验收内容:包括基础、墙体、梁、板、柱等主体结构的尺寸、位置、强度、稳定性等。

验收要求:主体结构应满足设计要求和国家相关建筑规范,无明显质量缺陷,无开裂、倾斜等现象。

验收方法:通过现场观察、测量、取样检测等方式进行。

2. 防水验收

验收内容:包括屋顶、外墙、阳台、卫生间、浴室等部位的防水层施工情况。

验收要求:防水层应无渗漏、无空鼓、无裂缝,表面平整、无积水现象。

验收方法:通过淋水试验、蓄水试验等方式进行。

3. 电气装置验收

验收内容:包括配电箱、开关、插座、灯具、电缆等电气设备的安装情况。

验收要求:电气设备应符合国家相关电气安全规范,安装牢固、接线正确、运行正常。

验收方法:通过外观检查、性能测试、安全检查等方式进行。

4. 燃气装置验收

验收内容:包括燃气管道、燃气表、燃气阀门、燃气灶具等燃气设备的安装情况。

验收要求:燃气设备应符合国家相关燃气安全规范,安装牢固、无泄漏、运行正常。

验收方法:通过外观检查、压力测试、泄漏检测等方式进行。

5. 室内装修验收

验收内容:包括墙面、地面、天花板、门窗等装修部位的质量。

验收要求:装修材料应符合设计要求和国家相关环保标准,无空鼓、开裂、脱落等现象,表面光滑、色泽一致。

验收方法:通过现场观察、敲击检查、材料检测等方式进行。

6. 空气质量验收

验收内容:包括室内空气质量检测,如甲醛、苯等有害气体浓度。

验收要求:室内空气质量应符合国家相关标准,无异味、无刺激性气味。

验收方法:通过专业仪器进行检测,并出具检测报告。

7. 安全设施验收

验收内容:包括消防设施、安全出口、疏散通道、应急照明等安全设施的设置情况。

验收要求:安全设施应符合国家相关安全规范,设置合理、数量充足、运行正常。

验收方法:通过现场观察、测试操作、模拟演练等方式进行。

12.1.3 配套道路的验收内容和要求

1. 验收内容

（1）地基基础工程

水泥搅拌桩：包括原材料、水泥用量、桩径、桩长、桩间距、桩身完整性、强度、单桩承载力、单桩复合地基承载力等。

真空预压：包括塑料排水板打入深度、满载天数、最终沉降量、卸载前沉降速率、固结深度、承载力、地基土强度等。

堆载预压：包括堆载土、堆载速率及高度、排水板深度、最终沉降量、卸载前沉降速率、卸载后地基土承载力等。

浅层固化：包括原材料、固化层厚度、强度、顶标高和底标高、复合地基承载力等。

（2）路基工程：包括分层填筑及压实厚度、填料、压实度、弯沉、路基宽度、高程等。

（3）路面工程

水泥稳定碎石层：包括原材料、配合比、压实厚度、压实度、强度、高程、横坡、纵坡、平面线形、弯沉等。

沥青混凝土面层：包括原材料、油石比、压实厚度、压实度、弯沉、横坡、纵坡、平面线形、路面平整度、防滑性、耐磨性等。

透层、封层、粘层：包括原材料、撒布宽度及范围、透层渗透深度、撒布的均匀性等。

（4）交通设施

交通标志：包括原材料、安装位置、净空高度、地基基础承载力、反光效果、夜间可视性、防雷接地等。

交通标线：包括原材料、位置、线型、颜色、宽度、长度、夜间放光效果等。

交通信号灯：包括测试信号灯的亮灭顺序、配时方案、立柱地基基础承载力、防雷接地等。

（5）绿化与景观验收：包括绿化覆盖率、种类、间距、成活率等。

（6）安全与环保验收：对施工过程中的安全管理和环保措施进行验收。

2. 验收要求

（1）技术标准：明确各项验收内容的技术标准和验收依据。

（2）资料完整：与验收有关的施工资料准备齐全，包括施工图纸、变更通知单、施工记录、影像资料、检验批资料、试验检测报告等。

（3）现场查验：验收组进行现场查验，对工程实体进行实测实量，必要时需要对实体进行抽样或破坏性检测。

（4）整改要求：对验收中发现的问题和不足，相关责任人必须在规定时间内进行整改，并重新进行验收，确保问题得到彻底解决。

12.1.4 验收团队组建

富山工业城新型产业空间建设用地属于典型的海相沉积和淤泥吹填地质结构，深厚流塑状淤泥地层不仅对项目施工组织是一个挑战，而且对项目施工安全和质量带来诸多不可预见因素。该项目属于珠海市重点项目，时间短、任务重，整个施工过程不容有半点差错，为此施工单位项目部成立工程验收组，全面负责项目安全、质量、进度等工作验收。验收组成员及主要职责见表12-1。

验收组成员及主要职责　　　　　　　　　表12-1

序号	组内职务	行政职务	职责
1	组长	企业分管领导	1. 统筹项目验收工作； 2. 组织开展安全、质量教育活动； 3. 监督项目施工过程中质量、安全、进度等检查工作； 4. 全面负责对外协调工作； 5. 负责对验收组全员考核
2	常务副组长	项目经理	1. 负责项目安全管理、质量管理体系的建立和完善； 2. 协助组长制定项目自检计划，并组织实施； 3. 负责监督项目施工过程中的安全、质量控制措施的执行情况； 4. 负责组织对自检中发现的问题进行汇总分析，并及时报告给组长； 5. 负责验收组团队建设及培训工作； 6. 负责与建设单位、监理单位等各方保持良好的沟通和协作关系
3	副组长	项目总工程师	1. 负责制定验收内容、流程及执行标准，并监督执行； 2. 负责项目的技术管理，对工程质量进行技术指导和监督； 3. 对项目的技术难题进行攻关和解决，确保工程按质保量完成； 4. 组织项目质量验收工作，参与项目进度、安全等验收工作，对技术问题提出改进意见
4	副组长	生产经理	1. 负责施工生产过程中的自检工作，确保施工进度和质量符合要求； 2. 监督施工人员的操作规范，防止生产事故的发生； 3. 协调施工资源，确保施工生产的有序进行； 4. 对施工现场进行日常管理和监督，确保施工现场的安全、文明和环保； 5. 组织项目生产进度验收工作，参与项目安全、质量等验收工作，负责组织对验收中提出的问题进行整改落实； 6. 负责对施工现场进行日常管理和监督，确保施工现场的安全、文明和环保
5	副组长	商务经理	1. 负责合同、成本和财务方面的自检工作，确保项目成本控制合理，合同条款履行无误； 2. 对商务风险进行评估和预警，并提出应对措施； 3. 参与项目验收工作，负责组织验收过程中提出的商务问题进行解释或整改落实； 4. 负责与业主、分包单位等相关方的商务沟通和协调
6	副组长	安全总监	1. 负责项目的安全管理工作，制定安全管理制度和应急预案； 2. 负责安全方面的自检工作，确保施工现场的安全防范措施到位； 3. 监督施工人员的安全操作，防止安全事故的发生； 4. 对安全隐患进行排查和整改，确保施工现场的安全环境； 5. 负责对员工及作业人员的安全教育和培训； 6. 组织项目安全验收工作，参与项目质量、进度等验收工作，负责对验收过程中提出的安全问题进行整改落实
7	组员	技术部部长	1. 负责项目技术方案的制定和审核工作； 2. 对施工现场的技术难题进行解决和指导； 3. 负责技术文档的整理和管理工作
8	组员	质量部部长	1. 负责施工质量的检查和验收工作； 2. 对施工过程中的质量问题进行记录和整改； 3. 制定和完善质量管理体系，提高施工质量水平
9	组员	工程部部长	1. 负责工程施工现场的日常管理和自检工作； 2. 监督施工人员的操作规范，确保施工质量符合要求； 3. 协调施工过程中的问题，确保施工进度不受影响； 4. 协助生产经理完成相关问题的整改工作

续表

序号	组内职务	行政职务	职责
10	组员	安全部部长	1. 负责施工现场的安全检查和管理工作； 2. 对安全隐患进行排查和整改，确保施工现场的安全环境； 3. 制定和完善安全管理制度，提高施工现场的安全水平
11	组员	商务部部长	1. 负责项目合同的签订和管理工作； 2. 对项目成本进行核算和控制，确保成本不超支； 3. 与甲方沟通合同款项及商务相关问题
12	组员	测量组组长	1. 负责施工现场的测量和定位工作； 2. 对测量结果进行审核和整理，确保施工位置准确； 3. 提供测量技术支持，确保施工精度符合要求
13	组员	试验室主任	1. 负责材料的试验和检测，确保材料质量符合标准； 2. 负责验收过程中的实体检测； 3. 负责试验报告及相关资料的收集、归档及储存
14	组员	资料室主管	1. 负责项目资料的收集、整理、归档和管理工作； 2. 确保项目资料的完整性和准确性，为项目验收和审计提供有力支持； 3. 协助其他部门进行资料查询和调阅工作

12.1.5 验收流程

1. 开工验收

项目各分部工程须在经验收合格后方能开工，验收的内容主要包括机械设备、施工用电、场地布置情况、原材料、计量仪器及仪表等，验收流程如下：

（1）班组按开工要求完成相应的准备工作，由班组长向施工员申请验收。

（2）施工员接到验收申请后，半小内完成相应的自检工作，自检合格后即刻向生产经理申请验收。

（3）生产经理收到施工员的验收申请后，组织技术部、质量部、安全部、试验室等相关人员1小时内到现场开展验收工作。

（4）验收合格后由质量部向监理工程师申请验收。

2. 隐蔽工程验收

隐蔽工程验收是工程项目中至关重要的一个环节，它涉及工程质量的保障、施工过程的规范、安全环保标准的达标等多方面内容。具体验收流程如下：

（1）隐蔽工程施工过程由施工员全程旁站，达到验收条件后向质量部部长申请验收。

（2）质量部部长接到验收申请后，向项目总工程师汇报隐蔽工程的具体情况。

（3）项目总工程师组织安全、质量、生产、技术、试验、测量等相关人员1小时内到达现场并展开验收工作。

（4）验收合格后由质量部向监理工程师申请验收。

3. 危大工程验收

危大工程是建设工程中危险性较大的分部分项工程的简称，具体内容执行《广东省住房和城乡建设厅关于印发房屋市政工程危险性较大的分部分项工程安全管理实施细则的通知》（粤建规范〔2019〕2号）的规定。危大工程施工过程中，专职安全员和施工员必须全程旁站，具体验收流程如下：

（1）专职安全员和施工员针对危大工程检查合格后，由施工员向项目总工程师申请验收。

（2）项目总工程师接到申请验收后，组织安全总监、生产经理、技术、质量等相关人员对危大工程进行验收。

（3）验收合格后，由项目总工程师向公司技术研发中心申请公司验收。

（4）公司技术研发中心接到验收通知后，向公司技术负责人汇报，由技术负责人或其授权的专业技术人员组织公司工程管理中心和安全环保部相关人员，对项目的危大工程进行公司级验收，方案编制人员、项目总工程师、安全总监、生产经理参加验收。

（5）验收合格后由项目总工程师向监理单位申请参建各方验收。

4. 其他工程验收

这里的其他工程验收指的是检验批验收、分项工程验收、分部工程验收、各专项工程验收、单位工程验收以及竣工验收等非施工单位组织的验收。其他工程验收前，由项目经理组织验收组成员对验收工作进行自查自纠，确保发现的问题在验收前全部整改完成后，项目部按国家建设工程相关验收要求，向相关方申请验收。

12.1.6 验收依据

建设项目验收主要是依据国家、行业及地方的相关现行标准，地方政府及行业主管部门下发的文件，合同，设计文件，变更文件，会议纪要等。以下针对富山工业城新型产业空间的建设内容，对验收标准、规范及文件进行梳理，见表12-2、表12-3。

标准厂房及公共服务中心验收依据 表12-2

序号	验收项目/阶段	现行标准/政策文件
1	地基基础工程验收	《建筑地基基础工程施工质量验收标准》GB 50202
2	主体结构验收	《建筑工程施工质量验收统一标准》GB 50300
3	装饰装修验收	《建筑装饰装修工程质量验收标准》GB 50210
4	给水排水验收	《建筑给水排水及采暖工程施工质量验收规范》GB 50242
5	电气工程验收	《建筑电气工程施工质量验收规范》GB 50303
6	给水排水管道验收	《给水排水管道工程施工及验收规范》GB 50268
7	地下防水验收	《地下防水工程质量验收规范》GB 50208
8	通风与空调验收	《通风与空调工程施工质量验收规范》GB 50243
9	消防工程验收	《建筑工程消防验收评定规则》XF 836
10	电梯验收	《电梯工程施工质量验收规范》GB 50310
11	环保验收	《建设项目环境保护管理条例》及相关地方标准
12	竣工验收	《建筑工程竣工验收管理办法》
13	其他专项验收	根据项目具体情况而定

园区配套道路工程验收依据 表12-3

序号	验收项目/阶段	现行标准/政策文件
1	地基基础工程验收	《建筑地基基础工程施工质量验收标准》GB 50202 《建筑地基处理技术规范》DBJ/T 15-38
2	给水排水工程验收	《给水排水构筑物工程施工及验收规范》GB 50141 《给水排水管道工程施工及验收规范》GB 50268

续表

序号	验收项目/阶段	现行标准/政策文件
2	给水排水工程验收	《建筑基坑支护技术规程》JGJ 120 《球墨铸铁排水管道工程技术规程》DBJ/T 15-218
3	检验批验收	《城镇道路工程施工与质量验收规范》CJJ 1
4	分项工程验收	
5	分部工程验收	
6	单位工程验收	
7	竣工验收	

12.2 验收风险识别及应对措施

在富山工业城新型产业空间建设实施过程中，工程验收是确保项目质量、安全、符合合同要求、业主及政府期望的重要环节。然而，从施工单位的角度，工程验收过程中存在诸多潜在风险，这些风险若不能得到妥善应对，可能会对项目的顺利进行和最终交付产生不利影响。

12.2.1 质量不达标风险

风险描述：工程质量不符合设计文件、相关技术规范及验收标准的要求。

风险影响：需进行整改甚至返工，增加成本和延误工期，同时可能存在安全风险，甚至被要求局部或全面停工整改。

应对措施：严格执行方案交底和技术交底制度，加强施工过程质量控制，现场施工员全程旁站，质量员加强日常巡查。项目以每周开质量周例会的形式，提出问题，解决问题，总结上周项目质量管理，明确下周质量管理重点，确保工程质量符合要求。

12.2.2 资料缺失风险

风险描述：工程验收所需的施工记录、检验批资料、试验资料、施工设计图、变更资料、影像资料和竣工图等不完整或缺失。

风险影响：影响验收工作的正常进行，可能导致验收延误。

应对措施：成立文档资料管理小组，项目总工程师担任组长，资料主管担任副组长，项目施工员、技术员、质量员、测量员及资料员为组员；建立文档资料管理制度，明确资料收集、整理、归档、借阅、移交等管理办法及流程。同时，每半月对资料情况进行检查，对资料收集、整理、归档不及时、不规范的班组或个人在每周质量例会上提出预警，并明确完成时间节点，且在再次检查时作为重点进行检查。

12.2.3 进度延误风险

风险描述：因材料供应不及时、工人操作失误、作业人员不足等原因导致施工进度滞后，影响工序验收，可能导致后续相关工程验收时间延迟。

风险影响：可能导致业主不满，增加项目成本；可能导致后续作业面不能正常开展、作业人员窝工，影响工人积极性，相关机械设备及周转材料的使用效率降低，增加项目成本。

应对措施：制定月度例会制度，针对月度工程进度计划、月度材料进场计划、月度作业人员计划的提出时间、审核及审批时间、审批流程进行明文规定；严格执行方案交底、技术交底和安全交底制度，严格执行过程控制管理办法，避免因工人操作失误或对施工工艺理解错误导致返工，有效保证施工进度按计划有序进行。

12.2.4 变更风险

风险描述：施工过程中发生的设计变更、规划变更等未得到妥善处理。

风险影响：可能导致工程质量问题、安全问题、成本增加和工期延误。

应对措施：成立变更小组，项目经理担任组长，负责总体变更策划和对外协调；项目总工程师担任副组长，负责变更文件撰写、资料收集、组织现场踏勘、组织专家会议，协助组长联系各参建单位；小组成员由技术部、质量部、工程部组成，负责施工现场管理工作、变更信息的收集和确认，协助副组长的相关工作。建立变更管理流程，明确变更信息的有效传递方式或方法；变更小组对变更内容应进行及时评估、协调、办理和完善相关流程。

12.2.5 合同履行争议风险

风险描述：施工单位与业主在合同履行过程中产生争议。

风险影响：可能影响验收工作的顺利进行，甚至导致法律纠纷。

应对措施：加强合同管理，明确合同条款和双方权利义务，及时解决合同履行中的争议。

12.2.6 安全隐患风险

风险描述：工程施工过程中存在的安全隐患未得到及时消除。

风险影响：可能导致安全事故发生，造成经济损失、工期延误。

应对措施：建立项目安全管理制度；实行全员安全管理责任制；严格执行"不教育不进场""不交底不作业""不安全不施工"安全管理要求；严格执行公司关于危险性较大的分部分项工程过程管理及验收办法；加强施工现场安全管理，定期进行安全检查，及时消除安全隐患。

12.2.7 沟通风险

风险描述：与业主、监理方在沟通过程中存在信息不畅或发生误解。

风险影响：可能导致工作重复、效率低下或产生纠纷。

应对措施：建立沟通机制、方式及流程，加强与业主、监理方的联系和沟通，确保信息准确、及时传递。

通过对工程验收风险的梳理和分析，施工单位可以更加清晰地认识到验收过程中可能面临的风险和挑战。为有效控制这些风险，施工单位应建立完善的风险管理制度和应急预案，加强过程管理和控制，确保工程每道工序顺利验收，并圆满完成竣工验收，交付给建设单位。

12.3 验收实施过程

12.3.1 检验批验收

1. 检验批验收的目的和意义

工程检验批验收是指在工程施工过程中，对工程质量进行检验、测试和评估的过程。其目的是确保工程施工符合相关技术标准和质量要求，保障工程质量安全。检验批验收是工程质量管理的必要环节，对于工程的顺利进行和后续使用具有重要的意义。

2. 检验批验收的依据

（1）相关法律法规：《建筑工程质量管理条例》《建设工程质量检验评定基本规程》等。

（2）施工图纸和技术标准：工程设计图纸、规范标准、产品质量标准等。

（3）施工合同要求：工程合同对于工程质量要求和验收标准做出具体规定。

（4）项目部制定的质量控制方案和工程工作计划。

3. 检验批验收的步骤

1）验收准备

（1）施工单位按验收内容提供检验批工程的施工准备和技术质量文件资料：①施工图纸、施工组织设计、施工方案等相关技术文件；②施工记录、检验报告、质量合格证明等相关质量文件；③项目部制定的验收方案等质量管理文件。

（2）确定检验批工程范围：①根据施工图纸和技术要求以及项目划分方案，确定检验批工程验收的具体内容和范围；②根据施工图纸和技术要求施工的，经过施工单位自检合格后的施工内容。

（3）组织验收人员：项目部组织技术人员、监理人员、施工单位的负责人员等组成验收小组。

（4）检验设备和仪器：根据验收标准和要求，准备相应的检验设备和仪器，包括测量工具、试验设备和实验室设备等。

2）实地检查

（1）验收小组对检验批工程进行全面的检查，查看材料和构件的安装质量和外观质量。现场使用材料是否与进场报审的材料一致等内容。

（2）按照验收标准和程序等相关技术质量文件，对检验批工程进行实地检查或者实验室检测。根据检验结果和验收标准，对检验批的质量进行评判。

（3）对现场发现的技术问题进行实时反馈，及时纠正和整改。

3）抽样检测

对需要取样的材料和构件进行取样检验，检查其技术性能是否符合相关技术要求。

（1）验收规程：根据项目的特点和验收要求，制定详细的验收规程，包括验收的方法、步骤、依据等。

（2）抽样检验：根据检验批的大小和特点，进行抽样检验。抽样方法可以采用随机抽样，比例抽样等。

（3）质量控制指标：针对不同的工程项目，制定相应的质量控制指标，包括尺寸、形状、强度、硬度、耐久性等方面的要求。

（4）检验结果：检验过程需要记录检验的时间、地点、方法、结果等相关信息，并填写相应的检验记录表。

4）验收资料

（1）查验施工内容是否按照施工图纸、施工组织设计、施工方案等相关技术文件进行施工。

（2）审核施工记录、检验检测报告、产品合格证明等相关质量文件是否齐全、真实、有效。

注：检验批合格质量应符合：主控项目的质量经检验全部合格；一般项目的质量经抽样检验全部合格，其中，有允许偏差的抽查点，除有特地要求外，80%及以上的抽查点应掌握在允许偏差内，最大偏差不得大于规定允许偏差的1.5倍。

5）验收结果

（1）验收合格：在对施工现场进场查验及审核检验批工程相关资料后，在施工单位自检合格基础上填写检验批报监理工程师审核合格并与现场吻合后予以签认。同时，应当及时予以批准通过，以便进入下一道工序施工。

（2）验收不合格：对验收工程质量不合格的，作出拒收的决定。

（3）限期整改：对于存在的质量问题作出限期整改要求。

4. 检验批验收注意事项

（1）现场验收需自检完成后方可通知监理人员验收。现场验收所需设备须准备完善。

（2）内业须准备相关的试验检测资料、检验批验收资料，以便现场记录、查验。

（3）如验收不合格，须及时整改完善，以便完成验收工作。

（4）验收工作需保存相关影像资料。

5. 污水管道安装验收实例

（1）污水管道采用球磨铸铁管，在施工前应确认已完成上一道工序（石屑垫层）的验收。

（2）管道铺设、连接施工完成后班组及现场施工管理人员就完成工序向项目质检员报验。

（3）质检员收到报验信息后，赶赴现场对管道安装是否合格进行检查：查看、测量管道两侧宽度是否符合要求，管道安装是否顺直、平整；根据施工图纸水流方向，检查是否存在倒坡现象；测量管道管径，管道尺寸是否符合设计要求；检查管道外观，是否存在裂缝、破损等缺陷；检查接口，是否按照图纸设计，设置橡胶圈，检查防腐涂层等。检查合格后，由质检员报监理人员验收。

（4）监理接到报验后，到施工现场进行验收，检查上述项目是否合格。合格后对验收批进行验收并保存相应的影像资料（验收照片、检查视频等）。进入下一道工序。如不合格，应由监理人员现场对存在问题提出整改要求，施工单位应立即按要求进行整改。整改合格后，再次报验。

（5）当日或第二日内，完成验收批、隐蔽记录等资料的编制，提交至监理单位完善签章流程。

12.3.2 分项工程验收

1. 分项验收的目的和意义

分项工程验收是工程项目建设过程中的重要环节，是对各个分项工程的质量、安全等方面的全面检查和评估。

2. 验收流程、步骤

1）验收准备

在分项工程验收前应做好以下准备工作：

（1）该分项工程已经全部完成（根据设计核查）、分项工程所含检验批工程的质量均应验收合格、质量控制资料应基本完整（施工、监理、设计签章应完整、符合要求）、分项工程有关安全及功能的检验和抽样检测结果应符合有关规定观感质量验收应符合要求。

（2）确定验收时间、地点和参与人员，通知相关单位和人员。

（3）制订验收计划，明确验收标准和要求。

（4）对验收所需的资料进行整理和审核。

2）验收资料审核

（1）施工图纸、施工合同、施工组织设计等相关技术文件。

（2）施工记录、检验报告、质量合格证明等相关质量文件。

（3）施工安全、环境保护等相关文件。

文件审核应重点关注文件的完整性、真实性和合规性，以确保分项工程施工符合相关法规、规范和合同要求。

3）实地检查

（1）施工实物质量：检查施工是否符合设计要求，是否存在质量问题。

（2）施工安全：检查施工现场是否存在安全隐患。

（3）施工环境：检查施工现场是否符合环保要求。

（4）施工实物功能性：检查施工是否符合设计要求，是否能够正常使用。

实地检查应采取实地勘察、量测、试验等多种方式进行，并对发现的问题进行记录和评估。

4）整改落实

对于现场检查中发现的问题，应要求施工单位进行整改，并进行整改后的复验。整改落实是分项工程验收的重要环节，必须严格把关，确保问题得到有效解决。

5）验收会议及结论

（1）验收记录是对分项工程验收的总结和记录。验收报告应包括：①工程概况（工程名称、地点、规模等基本信息）；②验收依据（相关法规、规范、合同等）；③验收过程（验收时间、地点、验收人员、现场检查情况等）；④验收结论（对分项工程质量的评估结论，存在的问题及整改要求等）；⑤验收人员签字。

（2）验收报告应客观、准确、完整地反映分项工程验收的实际情况，并作为工程竣工验收备案的依据。

（3）分项工程验收过程中产生的所有文件和资料，包括施工图纸、施工合同、施工组织设计、施工记录、检验报告、质量合格证明等相关文件，以及验收报告、整改落实情况等，都应进行整理和归档。归档资料是工程质量追溯的重要依据，也是对分项工程施工过程和质量评估的全面记录。

3. 分项工程验收注意事项

（1）验收分项工程是否全部已按施工图设计文件完成相关施工内容。

（2）验收计划内施工内容须及时完成，做到工完场清，工程外观、质量以及施工环境需符合验收要求。现场验收所需设备需准备完善。

（3）验收计划内与相关施工内容的试验检测资料、检验批质量验收记录是否齐全，签章是否完善、影像资料是否齐全等完成情况，验收前需准备齐全相关佐证材料。

（4）验收人员是否通知到位，分工是否明确。

（5）验收过程、验收会议影像资料需及时保存。

（6）验收过程发现的问题需要及时记录、整改，整改完成后尽快组织复查及验收工作。

（7）应及时跟进验收会议纪要及分项验收资料的签章工作，避免后续出现不签字、不盖章等问题。

4. 水泥搅拌桩地基基础分项验收实例

（1）组织验收人员：质监站、五方主体单位相关专业负责人。

（2）编制验收会议介绍材料：验收汇报材料、文档等。内容应包含工程概况、验收批次、验收内容、施工工艺、材料进场使用、施工记录编制、检测报告收集等情况。

（3）准备验收资料：材料进场使用台账及相应的，签章齐全的材料报审资料；过程施工记录文件（如桩基施工记录、小票等）、施工日志、监理旁站记录、抽查记录（泥浆相对密度抽查记录等）；施工影像资料（施工过程照片、视频文件等）；实体检测报告（水泥搅拌桩单桩承载力、复合地基承载力、抽芯检测报告等）；检验批、分项验收记录文件。

（4）召开相关验收会议，通过各单位相关负责人对该检验批/分项工程的综合评价，确定是否通过验收，并及时编制会议纪要，以正式文件形式记录验收结果。如未能通过验收，应于会上明确存在问题及未能通过的原因。如通过，则应尽快完善验收文件的签章、整理工作。

12.3.3 分部工程验收

1. 分部工程验收的目的和意义

分部工程验收是建筑工程质量验收的重要环节。分部工程验收主要针对工程项目中的土方、主体、附属构筑物等各个专业分部，对其整体质量进行评价。分部工程验收由监理单位组织，其他相关单位配合。验收内容主要包括主控项目、一般项目、质量控制资料、安全、节能、环境保护和主要使用功能的抽样检验结果等。分部工程验收合格后，标志着工程项目的整体质量达到了预期目标。

2. 验收内容

1）分部工程质量验收合格应符合的规定

（1）所含分项工程的质量均应验收合格。

（2）质量控制资料应完整。

（3）有关安全、节能、环境保护和主要使用功能的抽样检验结果应符合相应规定。

（4）观感质量应符合要求。

2）验收准备

（1）确定验收标准：根据设计文件和合同要求，确定分部工程的验收标准。准备好验收所需的各种条件,包括相关文件、图纸、技术规范等。

(2)制定验收方案:根据合同约定和工程进度,制定分部工程的验收计划、详细的验收方案,包括验收的具体内容、方法、技术要求等。

(3)验收人员的组织:根据分部工程的特点和要求,确定相应的验收人员,包括专业技术人员、监理人员、业主代表等。

(4)验收现场的准备:对分部工程进行验收前,需要检查现场是否已经准备就绪,包括施工材料、设备、工艺流程等。

3)资料审查

(1)验收人员对图纸、设计文件、施工组织设计、施工方案、设计交底、设计变更等技术文件进行审核,确定施工内容与相关技术文件吻合,施工质量符合设计要求。

(2)验收人员对施工记录、检验报告、质量合格证明等相关质量文件进行审核,施工记录是否真实、齐全、完整,检查检测报告结果是否符合设计要求,进场使用物资是否合格等。如:①分部工程的竣工图纸、设计变更和变更说明;②施工原始记录、原材料和半成品的试验鉴定资料和出厂质量证明文件;③工程质量检查、试验、测量、观测等记录;④工程验收签证及质量汇总、评定资料;⑤承包人对分部工程自检合格的资料;⑥特殊问题处理说明书和有关技术会议纪要;⑦其他与验收签证有关的文件和资料。

4)实体检查

(1)现场检查前准备:到达现场前,应了解工程的基本情况,包括施工进度、质量状况等。

(2)现场检查内容:对分部工程进行全面细致的检查,包括材料、设备、施工质量等方面。如结构物部位、高程、轮廓尺寸、外观是否与设计相符;各项施工记录是否与实际情况相符;现场材料的堆放、保护是否合理;使用的施工机具是否与设计情况相符。

(3)系统检查:对分部工程中的各个系统进行整体检查,确保各系统之间的协调性和功能性。

(4)综合审查:审查各分项工程的验收结果,评估整个分部工程的质量和安全性能。

(5)现场检查记录:对发现的问题进行记录,对存在的问题及整改要求等,及时沟通解决方案。

5)验收报告

(1)结果评定:验收人员根据检查和审核的结果,评定分部工程的质量合格或不合格,并提出相应的意见和建议。

(2)验收报告的编制:编制详细的验收报告,包括验收结果、意见建议、改进措施等。验收结果根据以下结论采取相应处理方式:

①合格:编制详细的验收报告,包括验收结果、意见建议、改进措施等;经验收人员签章,形成验收结论;并完善分部质量验收记录文件,形成归档验收文件。

②基本合格:编制详细的验收报告,包括验收结果、意见建议、改进措施等;经验收人员签章,形成验收结论;并根据结论上提出的建议,对需要整改的问题进行整改。

③不合格:根据验收过程中提出的问题及整改要求,对存在问题逐一整改,形成回复文件,经五方主体审查合格后,再组织分部工程验收。

3. 分部工程验收注意事项

（1）验收分部工程是否全部已按施工设计图完成相关施工内容。

（2）验收计划内施工内容需及时完成，做到工完场清，工程外观、质量以及施工环境需符合验收要求。现场验收所需设备需准备完善。

（3）验收计划内与相关施工内容的试验检测资料、检验批质量验收记录是否齐全，签章是否完善、影像资料是否齐全等，验收前需准备齐全相关佐证材料。

（4）验收人员是否通知到位，分工是否明确。

（5）验收过程、验收会议影像资料需及时保存。

（6）验收过程发现的问题需要及时记录、整改，整改完成后尽快组织复查及验收工作。

（7）验收会议纪要及分部验收资料需要及时跟进签章工作，避免后续出现不签字，不盖章等问题。

4. 道路工程的各分部工程验收实例

（1）验收前，应对现场进行修整、准备，确保在外观上不存在有明显缺陷的部位（例如路面开裂、人行道砖破损、铺砌样式错误、路缘石破损、缝隙明显过宽、灯杆锈蚀、灯杆检查口未封闭等）。

（2）验收资料应包含：①材料进场使用台账及相应的签章齐全的报审资料；②签章完善的过程施工记录文件（例如施工日志、回填记录、混凝土浇筑记录、水稳、沥青摊铺记录、隐蔽验收记录、闭水、水压试验记录等）；③施工影像资料（施工过程照片、视频文件、工序验收照片等）；④材料复检报告（钢筋、沥青、砖、土、混凝土、砂浆等）、实体检测报告（压实度、弯沉、厚度抽芯等）；⑤签章完善的检验批、分项验收记录文件；⑥各类试验汇总表（材料、试验汇总表、压实度检测汇总表、混凝土/砂浆留置汇总及评定表、弯沉试验汇总表等）；⑦分部工程质量验收记录等资料。同时，应提前与质监站人员沟通，提供以上文件交质监站查验。同意验收后，组织验收会议。

（3）组织验收会议：确定与会人员（质监站、五方主体单位的项目负责人）、会议时间、地点、会议流程。对验收人员进行分组，明确分工（道路组、管线组、资料组等），各组人员均应由五方单位各自安排一名人员。

（4）编制验收会议介绍材料：验收汇报材料、文档等。内容应包含工程概况、验收路段、验收内容（××分部工程）、材料进场使用、复检情况、实体检测情况、分部分项划分验收情况、检测报告收集情况等。

（5）验收结果应在会议过程中确定，并及时完成相应的会议纪要。在会议结束后尽快完成分部工程验收记录的签章工作。为后续单位工程验收、竣工验收做好相应准备。

另外，在检验批、分部分项工程验收前，可提前将需要验收的实体工程各项质检资料、检测资料以及汇报材料等资料提交至其他参与验收单位，各单位提前查验资料，施工单位持续跟进各单位资料查验情况，对资料有疑义的地方，在验收会议召开前，完成整改，确保验收会议顺利通过。

12.3.4 专项验收

1. 规划验收

规划竣工验收程序是确保建造工程质量和安全的重要步骤。通过严格的验收程序，可以保证建造项目按照设计要求和相关标准完成，确保结构物的使用安全性和持久性。

1）验收条件

道路主体、管网、交通、安监、园林绿化等工程已按设计图纸完成施工内容，建设单位委托有资质测绘机构测绘，并出具《建设工程竣工测量成果报告书》。

2）验收程序

（1）前期准备：①制定验收计划，在项目启动阶段，应制订详细的验收计划，包括验收时间、验收范围、验收标准等内容；②确定验收人员，确定参与验收的人员名单和职责分工，确保验收人员具有相关专业知识和经验；③准备验收工具，准备验收所需的工具和设备，如测量仪器、检测设备等，以确保验收过程的准确性和有效性。

（2）验收前检查：①检查施工质量，在进行验收前，应对建造工程的施工质量进行全面检查，确保各项工程符合相关标准和规范；②检查安全措施，检查建造工程的安全措施是否到位，包括消防设施（室外消防栓等）、交通安监设施等，确保结构物的安全性和适用性；③检查文件资料，检查建造工程的相关文件资料是否完整，包括设计文件、施工图纸、验收报告等，以确保验收的准确性和完整性。

（3）实地验收：①检查建造结构，对结构物的结构进行详细检查，包括路面、附属设施等部分，确保结构的稳固性和适用性；②检查设备设施，对工程项目附属配套的设备设施进行检查，包括给水排水设施等，确保设备设施的正常运行。

（4）验收记录和整改：①记录验收结果，对实地验收的结果进行记录，包括合格项和不合格项，确保验收结果的准确性和可追溯性；②制定整改方案，针对不合格项，制定详细的整改方案和时间表，确保整改措施的及时性和有效性；③复验和确认，对整改后的建造工程进行复验，确认整改结果是否符合要求，确保结构物的质量和安全性。

（5）竣工验收报告：①编制验收报告，根据实地验收结果和整改情况，编制详细的竣工验收报告，包括验收过程、结果和建议等内容；②提交相关部门，将竣工验收报告提交给相关部门，如建设单位、设计单位等，以便后续的使用和备案；③完成验收手续，完成竣工验收手续，确保建造工程的质量和安全性得到认可和确认。

3）规划验收注意事项

（1）设计施工图纸须准确、齐全，以便验收人员确认施工内容是否与图纸一致。

（2）测量设备及相关校正材料、相关测量坐标资料须准备齐全。

（3）验收人员是否通知到位，分工是否明确。

（4）验收计划内施工内容需及时完成，做到工完场清，工程外观、质量以及施工环境需符合验收要求。现场验收所需设备需准备完善。

（5）验收计划内与相关施工内容的试验检测资料、检验批质量验收记录是否齐全，签章是否完善。

（6）验收过程发现的问题需要及时记录、整改，整改完成后尽快组织复查及验收工作。

（7）现场验收后，须及时跟进报告出具事项。

2. 低影响开发雨水系统工程验收

低影响开发雨水系统工程专项验收程序是确保低影响开发雨水系统工程质量的重要步骤。通过严格的验收程序，可以保证低影响开发雨水系统工程按照设计要求和相关标准完成，确保低影响开发雨水系统工程设施符合设计要求。

1）验收条件

低影响开发雨水系统工程主体及附属构筑物已按设计图纸完成施工内容，建设单位上报城市海绵办，申请验收。

2）验收前准备

（1）检查施工质量：在进行验收前，应对建造工程的施工质量进行全面检查，确保各项工程符合相关标准和规范。

（2）检查文件资料：检查建造工程的相关文件资料是否完整，包括设计文件、施工图纸、验收报告等，以确保验收的准确性和完整性。

（3）准备验收工具：准备验收所需的工具和设备，如测量仪器、检测设备等，以确保验收过程的准确性和有效性。

3）实地验收

（1）检查建造结构：对结构物的结构进行详细检查，包括主体、附属设施、给水排水设施等部分，确保各项工程均已按照相关标准和规范完成施工。

（2）试验检测：对结构物进行透水试验，包括主体、附属设施、给水排水设施等部分，确保结构物的使用性能达到设计标准。

4）验收记录和整改

（1）记录验收结果：对实地验收的结果进行记录，包括合格项和不合格项，确保验收结果的准确性和可追溯性。

（2）制定整改方案：针对不合格项，制定详细的整改方案和时间表，确保整改措施的及时性和有效性。

（3）复验和确认：对整改后的建造工程进行复验，确认整改结果是否符合要求，确保结构物的质量和安全性。

5）验收资料收集

（1）编制验收报告：根据实地验收结果和整改情况，编制详细的竣工验收报告，包括验收过程、结果和建议等内容。

（2）提交相关部门：根据海绵办验收要求，将相关验收资料提交至海绵办，完善验收流程。

（3）完成验收手续：完成竣工验收手续，确保建造工程的质量和安全性得到认可和确认。

3. 给水排水工程验收

给水排水管道系统工程主体及附属构筑物已按设计图纸完成施工内容，建设单位上报城市供水公司，申请验收。

1）验收前准备

（1）检查施工质量：在进行验收前，应对建造工程的施工质量进行全面检查，确保各项工程符合相关标准和规范。

（2）检查文件资料：检查建造工程的相关文件资料是否完整，包括设计文件、施工图纸、验收报告等，以确保验收的准确性和完整性。

（3）准备验收工具：准备验收所需的工具和设备，如测量仪器、检测设备等，以确保验收过程的准确性和有效性。

2）实地验收

（1）检查建造结构：对结构物的结构进行详细检查，包括主体、附属设施、给水排水设施等部分，确保各项工程均已按照相关标准和规范完成施工。

（2）试验检测：对结构物进行试压试验，包括主体、附属设施、给排水设施等部分，确保结构物的使用性能达到设计标准。

3）验收记录和整改

（1）记录验收结果：对实地验收的结果进行记录，包括合格项和不合格项，确保验收结果的准确性和可追溯性。

（2）制定整改方案：针对不合格项，制定详细的整改方案和时间表，确保整改措施的及时性和有效性。

（3）复验和确认：对整改后的建造工程进行复验，确认整改结果是否符合要求，确保结构物的质量和安全性。

4）验收资料收集

（1）编制验收报告：根据实地验收结果和整改情况，编制详细的竣工验收报告，包括验收过程、结果和建议等内容。

（2）提交相关部门：根据供水公司验收要求，将相关验收资料提交至供水公司，完善验收流程。

（3）完成验收手续：完成竣工验收手续，确保建造工程的质量和安全性得到认可和确认。

4. 防雷工程验收

交通、安监、照明、缆线管廊工程主体及附属构筑物已按设计图纸完成施工内容，建设单位上报防雷所（公共气象服务中心），申请验收。

1）验收前准备

（1）检查施工质量：在进行验收前，应对建造工程的施工质量进行全面检查，确保各项工程符合相关标准和规范。

（2）检查文件资料：检查建造工程的相关文件资料是否完整，包括设计文件、施工图纸、验收报告等，以确保验收的准确性和完整性。

（3）准备验收工具：准备验收所需的工具和设备，如测量仪器、检测设备等，以确保验收过程的准确性和有效性。

2）实地验收

（1）检查建造结构：对结构物的结构进行详细检查，包括主体、附属设施等部分，确保各项工程均已按照相关标准和规范完成施工。

（2）试验检测：对结构物进行防雷电阻试验，包括主体、附属设施等部分。确保结构物的防雷效果达到设计标准。

3）验收记录和整改

（1）记录验收结果：对实地验收的结果进行记录，包括合格项和不合格项，确保验收结果的准确性和可追溯性。

（2）制定整改方案：针对不合格项，制定详细的整改方案和时间表，确保整改措施的及时性和有效性。

（3）复验和确认：对整改后的建造工程进行复检，确认整改结果是否符合要求，确保结构物的质量和安全性。

4）验收资料收集

（1）编制验收报告：根据实地验收结果和整改情况，编制详细的竣工验收报告，包括验收过程、结果和建议等内容。

（2）提交相关部门：根据防雷所验收要求，将相关验收资料提交至防雷所，完善验收流程。

（3）完成验收手续：收集防雷验收报告，确保建造工程的质量和安全性得到认可和确认。

5. 专项验收注意事项

（1）设计施工图纸需准确、齐全，以便验收人员确认施工内容是否与图纸一致。

（2）验收计划内施工内容需及时完成，做到工完场清，工程外观、质量以及施工环境需符合验收要求，现场验收所需设备需准备完善。

（3）验收计划内与相关施工内容的试验检测资料、检验批质量验收记录是否齐全，签章是否完善。

（4）验收过程发现的问题需要及时记录、整改，整改完成后尽快组织复查及验收工作。

（5）现场验收后，须及时跟进报告出具事项。

（6）另外，在涉及专项验收的工程施工前，其施工图纸须由对应专项验收部门进行审核后同意后方可进行施工，施工过程中也须及时与验收部门保持良好沟通，确保验收部门了解现场施工进展与施工质量。

12.3.5 单位工程验收

单位工程验收是建筑工程项目管理中的关键环节，旨在确保工程质量符合设计要求、国家标准及合同规定，保障工程安全、可靠地投入使用。单位工程验收的程序，包括从施工单位自检到最终备案与交付的全过程，以确保验收工作的系统性和规范性。

1. 验收前提

（1）已完成工程设计和合同约定的各项内容。

（2）施工单位在完成所有合同约定的施工任务后，首先进行内部自我检查，确保工程质量达到设计要求和施工规范标准。

（3）施工单位对施工技术资料进行检查，确保施工材料、构配件、设备的质量证明文件、施工过程质量验收资料有效、齐全、完整。

2. 验收准备

（1）创建验收小组：在进行单位工程验收之前，须组织验收小组（道路、管网、资料等小组），包括相关部门的技术人员、监理单位的代表、建设单位的代表等。

（2）制定验收计划：验收小组根据工程的具体情况，制定验收时间、地点、验收范围、验收标准等内容，并通知相关单位参与验收。

（3）验收工具准备：全站仪、水准仪、塞尺、钢尺、线绳、小锤等。

3. 资料审核

（1）综合资料：工程准备阶段文件、地质勘察报告、施工综合管理文件、分部分项划分方案、施工组织设计、方案、设计变更相关文件等［参考《珠海市市政工程档案验收归档指南》(2022)］。

(2) 施工技术资料：原材料、半成品出厂质量证明文件及抽样复检报告；隐蔽工程验收记录及施工记录；检验批、分项、分部工程验收记录；安全和功能检验资料；工程的重大质量问题的处理方案和验收记录；施工日志以及其他必要的文件和记录等。

(3) 监理资料：监理规划、监理细则、监理例会记录、材料见证取样记录、监理旁站记录、监理通知书、监理工作联系单、监理日志、监理月报、工程质量评估报告等。

(4) 竣工验收资料：施工总结、竣工验收申请报告、质量评估报告（监理单位）勘察文件质量检查报告、设计文件质量检查报告、单位（子单位）工程质量控制资料核查记录、单位（子单位）工程安全和功能检验资料核查及主要功能抽查记录、单位（子单位）工程外观质量检查记录、单位（子单位）工程实体质量检查记录、单位（子单位）工程质量竣工验收记录、工程质量验收计划书、竣工图等［参考《珠海市市政工程档案验收归档指南》(2022)］。

4. 实地查验

实地查验项目包括但不限于：

(1) 沥青混凝土面层：表面平整、坚实、接缝紧密、无枯焦；无明显轮迹、推挤裂缝、脱落、烂边、油斑、掉渣等现象，未污染其他构筑物；面层与附属构筑物接顺，无积水现象。

(2) 检查井井盖安装：各部位尺寸准确，井框与井口位置吻合；加固混凝土，表面平整光洁、无裂纹；井框与沥青相接平顺，结合紧密；井内清理干净，无建筑垃圾等杂物。

(3) 路平石：坐浆饱满、安装稳固，缝宽均匀、勾缝密实，外露面清洁、颜色一致、无污染，立面垂直、线条直顺，立沿石外露高度一致；平沿石表面平整，不阻水。

(4) 雨水箅子安装：井框、井箅完整、配套，安装平稳、牢固；混凝土小梁位置准确、与井框结合紧密；符合收水要求，周边无积水。

(5) 附属构筑物：路灯及交通标牌安装垂直，位置正确，安装稳固，表面无污染物，交通标线清晰完整。

5. 单位工程验收注意事项

(1) 单位工程是否全部已按施工设计图完成相关施工内容。

(2) 验收计划内施工内容需及时完成，做到工完场清，工程外观、质量以及施工环境需符合验收要求，现场验收所需设备需准备完善。

(3) 验收计划内与相关施工内容的试验检测资料、检验批质量验收记录是否齐全，签章是否完善、影像资料是否齐全等，验收前须准备齐全相关佐证材料。

(4) 验收人员是否通知到位，分工是否明确。

(5) 验收过程、验收会议影像资料须及时保存。

(6) 验收过程发现的问题需要及时记录、整改，整改完成后尽快组织复查及验收工作。

(7) 应及时跟进验收会议纪要及单位工程验收资料的签章工作，避免后续出现不签字、不盖章等问题。

12.3.6 工程竣工验收

1. 竣工验收必备条件

(1) 施工单位自检评定：单位工程完工后，施工单位对工程进行质量检查，确认符合设计文件及合同要求后，填写《工程验收报告》，并经项目经理和施工单位负责人签字。

（2）监理单位提交《工程质量评估报告》：监理单位收到《工程验收报告》后，应全面审查施工单位的验收资料，整理监理资料，对工程进行质量评估，提交《工程质量评估报告》，该报告需经总监及监理单位负责人审核、签字。

（3）勘察、设计单位提出《质量检查报告》：勘察、设计单位对勘察、设计文件及施工过程中由设计单位签署的设计变更通知书进行检查，并提出书面《质量检查报告》，该报告应经项目负责人及单位负责人审核、签字。

（4）建设（监理）单位组织工程预验收：建设单位组织监理、设计、施工等单位对工程质量进行初步检查验收。各方对存在问题提出整改意见，施工单位整改完成后填写整改报告，监理单位及监督小组核实整改情况。初验合格后，由施工单位向建设单位提交《工程竣工报告》。

（5）建设单位组成验收组、确定验收方案：建设单位收到《工程竣工报告》后，组织设计、施工、监理等单位有关人员成立验收组，验收组成员应具有相应资格，工程规模较大或是较复杂的应编制验收方案。

（6）施工单位提交工程技术资料：施工单位提前7天将完整的工程技术资料交质量监督部门检查并归入档案馆，合格后领取资料档案验收意见书或验收合格证。按照相关要求按时完善相关资料的整理工作。

（7）竣工验收：建设单位主持竣工验收会议，组织验收各方对工程质量进行检查。如有质量问题提出整改意见。监督部门监督人员到工地现场对工程竣工验收的组织形式、验收程序、执行验收标准等情况进行现场监督。

（8）施工单位按验收意见进行整改：施工单位按照验收各方提出的整改意见及《责令整改通知书》进行整改，整改完毕后，编制整改报告，经建设、监理、设计、施工单位签字盖章确认后送质监站，对重要的整改内容，监督人员参加复查。

（9）工程验收合格：对不合格工程，按《建筑工程施工质量验收统一标准》GB 50300—2013和其他验收规范的要求整改完后，重新验收，直至合格。

（10）验收备案：验收合格后5天内，监督机构将监督报告送区建设局。建设单位按有关规定报区建设局备案。

2. 工程竣工验收的程序

（1）工程完工后，施工单位向建设单位提交工程竣工报告，申请工程竣工验收。实行监理的工程，工程竣工报告必须经总监理工程师签署意见。施工单位在工程竣工前，通知质量监督部门对工程实体进行质量监督检查。

（2）建设单位收到工程竣工报告后，对符合竣工验收要求的工程，组织勘察、设计、施工、监理等单位和其他有关方面的专家组成验收组，制定验收方案。

（3）建设单位应当在工程竣工验收7个工作日前将验收的时间、地点及验收组名单通知负责监督该工程的工程监督机构。

（4）建设单位组织工程竣工验收：①建设、勘察、设计、施工、监理单位分别汇报工程合同履行情况和在工程建设各个环节执行法律、法规和工程建设强制性标准的情况；②审阅建设、勘察、设计、施工、监理单位提供的工程档案资料；③查验工程实体质量；④对工程施工、设备安装质量和各管理环节等方面作出总体评价，形成工程竣工验收意见，验收人员签字。

参与工程竣工验收的建设、勘察、设计、施工、监理等各方不能形成一致意见时，应报当地建设行政主管部门或监督机构进行协调，待达成一致意见后，重新组织工程竣工验收。

3. 工程竣工验收备案

建设单位应当自工程竣工验收且经工程质量监督机构监督检查符合规定后 15 个工作日内到备案机关办理工程竣工验收备案，建设单位办理竣工工程备案手续应提供的文件包括：①竣工验收备案表；②工程竣工验收报告；③施工许可证；④施工图设计文件审查意见；⑤施工单位提交的工程竣工报告；⑥监理单位提交的工程质量评估报告；⑦勘察、设计单位提交的质量检查报告；⑧由规划、公安消防、环保等部门出具的认可文件或准许使用文件；⑨验收组人员签署的工程竣工验收意见；⑩施工单位签署的工程质量保修书；⑪单位工程质量验收汇总表；⑫法律、法规、规章规定必须提供的其他文件。

4. 竣工验收注意事项

（1）验收时现场须达到的条件：市政道路工程的地基基础、路基、路面、雨污水、给水、缆线管廊等主体工程全部完工，包括交通、安监基本完工，正式用水、用电接通。房屋建筑的结构地基与基础、结构主体、装饰装修、电梯、消防、电气、给水排水、暖通、门窗、场内道路、海绵城市、照明等主要工程全部完工，场内交通和安监工程基本完工，正式用水、用电已接通。

（2）验收前半个月内，项目部应组织公司工程部、质量部、设计部、安环部及监理公司、施工单位各专业工程师联合自检，将常见的建筑通病作为检查重点，将检查出的质量问题在正式验收前迅速处理完毕。

（3）验收前半个月内项目部应重点检查工程施工内容有无违反强制性条文。如无障碍坡道、路沿石高差、井盖高差等，及时修整处理。

（4）验收前施工单位须准备竣工验收相关资料，编制竣工验收总结、填写《竣工验收报告》，监理单位提交《工程质量评估报告》，勘察、设计单位提出《质量检查报告》。所有竣工验收表格需相关单位专业负责人签字并加盖单位公章。

（5）验收时各方对存在问题提出整改意见，施工单位整改完成后填写整改报告，监理单位及监督小组核实整改情况。初验合格后，由施工单位向建设单位提交《工程竣工报告》。并及时完善后续备案工作。

12.4 验收复盘

12.4.1 总结经验、反思教训

（1）在项目初期策划阶段，必须明确各项验收执行的验收标准和政策文件，并与设计单位、监理单位、建设单位、质量监督单位、安全监督单位等进行确认，避免验收时因标准不一致或遗漏地方政策文件，给施工单位带来额外工作和潜在风险。

（2）施工过程中应严格执行施工技术规范和设计要求，任何违背规范或设计要求的操作都应及时予以纠正。通过现场检查、过程监督和记录，有效保证每一步施工都符合规范

要求，为后续验收提供有力保障。

（3）材料是构成工程实体的基础，其质量直接影响工程质量。因此，在材料采购和使用过程中，应严格把控材料质量，确保所使用材料符合设计要求和国家标准。对于不合格材料，应坚决予以清退，避免因使用不合格材料而导致的工程质量问题。

（4）完善的工程资料是验收的重要依据。在施工过程中，应建立完善的资料管理制度，确保所有工程资料都得到妥善保存和更新。包括承包合同、施工图纸、设计变更、施工记录、施工影像、会议纪要、质量检测报告、过程验收资料等。完善的工程资料有助于在验收过程中快速准确地找到相关证据和数据，提高验收效率。

（5）工程项目涉及多个利益方和部门，各方之间的沟通协调对于确保工程顺利进行和合格验收至关重要。在项目实施过程中，应加强与业主、设计、监理、检测、质监、档案馆等各方之间的沟通协调，确保信息畅通、理解一致。通过及时沟通解决问题和消除误解，可以有效避免信息不畅导致的延误和损失。

（6）质量检测是验证工程质量的重要手段。在施工过程中和验收前，应严格执行质量检测流程，对施工材料、关键部位和隐蔽工程进行重点检测。通过质量检测可以及时发现并纠正存在的质量问题，确保工程质量达标。同时，质量检测报告也是验收的重要依据之一，应妥善保存并作为验收资料的一部分提交给相关部门。

12.4.2 完善验收制度和措施

（1）设立验收标准和程序。合理的验收标准是保证工程项目质量的基础。在项目启动之前，应该明确制定验收标准，并制定详细的验收程序。验收标准应包括项目的技术要求、质量要求、安全要求等方面。验收程序应包括验收人员的组成、验收时间节点、验收方法和验收流程等。确保所有相关人员清楚明确验收的标准和程序，并按照标准和程序进行操作。

（2）严格监督施工过程。工程项目的质量和进度主要依赖于施工过程的控制。为加强工程项目验收管理，需要严格监督施工过程，确保施工按照设计要求进行，并及时发现和纠正施工中存在的问题。监督施工过程可以通过设立监督小组、定期检查和报告等方式进行。监督人员要有丰富的技术经验和专业知识，能够及时发现和解决问题。

（3）做好验收前的准备工作。在项目完成之前，应做好验收前的准备工作。准备工作主要包括对工程项目的全面检查和整改，确保项目符合验收标准。检查工作应覆盖工程项目的各个方面。对于存在的问题，应及时进行整改，并形成整改报告。验收前的准备工作要充分准备，确保项目能够顺利通过验收。

（4）成立专门的验收团队。为加强工程项目验收管理，可以成立专门的验收团队。验收团队应包括各个相关部门的代表，例如设计单位、施工单位、监理单位以及业主单位等。验收团队的成员应具备较高的专业素质和判断能力，能够全面、客观地评估工程项目的质量。验收团队应认真履行职责，按照验收标准进行评估，并形成验收报告。

（5）加强验收结果的运用。验收的结果对于项目的质量和进度有重要的指导作用。项目完成后，应及时将验收的结果运用到实际的工程项目中。如果工程项目通过验收，应及时颁发验收合格证书，并在合同约定时间内支付款项。如果工程项目未能通过验收，应进行整改并重新进行验收，直到达到标准要求为止。通过充分运用验收结果，可以不断改进和提高工程项目的质量和进度。

第 13 章

沟通协调篇

项目的成功来自各方面的支持，良好的沟通协调工作能够使项目参与各方在行动上协调一致，减少矛盾和冲突，朝着共同的目标努力。在富山工业城新型产业空间建设过程中，建设单位对外需协调政府职能部门、行业监管部门等，对内需要协调施工、设计、监理、造价咨询、检测等参建单位。建设单位对项目建设总目标负责，而每个单位又有自己的经营目标，这就产生了大量需要沟通协调的工作。

13.1　沟通协调的对象

（1）政府职能部门。在新型产业空间建设中，地方政府负责非经营性的市政基础设施和政府有产权的厂房建设。对于这些项目，地方政府是业主，具有与其他类型业主相似的特点；同时，地方政府也是建筑行业监督和管理机构，发挥其他类型业主不可比拟的作用。

（2）参建单位。建设单位与各参建单位通过合同关系组织在一起。在新型产业空间建设中，与建设单位有直接合同关系的设计、施工、监理和造价咨询单位多达40余家（不含分包、专业检测单位等）。大部分参建单位对建设单位的管理制度了解较少，需要建设单位投入较多精力让参建单位熟悉，并按照这些管理制度开展工作。建设单位对项目的安全、进度、质量、成本等总体目标负责，而参建单位仅需对其合同义务负责，且每个企业都有各自的经营目标，这些不同的利益需求也产生了需要双方沟通协调解决的问题。

13.2　外部沟通协调

本书将建设单位与政府职能部门、行业监管部门等沟通协调归类为外部沟通协调；与政府职能部门的沟通需要熟悉政府职能部门职责划分、各层级会议召开机制等；针对问题的具体内容，找准政府对应的职能部门或者对应层级的会议。在新型产业空间建设中，各类需外部沟通协调解决问题均可找到对应的解决途径，保障了项目高效推进。

13.2.1　政府各层级会议

以下列举了富山工业城新型产业空间建设中，政府职能部门和各层级会议协调解决事项的范围。

（1）富山工业园管理委员会建设局（简称建设局）局务会议。建设局负责解决项目建设过程中涉及规划调整、项目启动、方案审批、初步设计审批、用地手续、征地拆迁、概预算审批、设计变更等方面问题。

（2）规划建设工作联席会。项目建设过程中需政府分管工程和规划设计的领导及有关部门共同决策的事项。

（3）每日生产调度会。在项目冲刺阶段，由政府相关职能部门召开的高级别协调会议，对项目急需解决的问题进行研究和决策，当天印发会议纪要。

（4）主任办公会。研究建设局和规划建设工作联席会认为需提请主任办公会决策的事项。

（5）项目建设工作领导小组会议。为高效解决新型产业空间建设中的问题，政府专门成立了工作领导小组，设立两层解决问题机制：第一层由项目所在地政府最高级别领导组织召开会议；第二层为项目所在地辖区的政府最高级别领导代表所在地市的最高级别领导召开建设工作领导小组会议。

项目建设相关议题须按自下而上的原则依次提交会议决策。例如，超过估算总投资的10%设计变更，须依次上报建设局局务会议、规划建设工作联席会、主任办公会。在富山工业城新型产业空间建设上，建设单位牵头梳理了政府各类会议的会议规则，包括所研究议题的范围、会议组织单位、议题上会流程、参会单位、议题格式等，形成手册，以便各参建单位能快速找到问题协调解决途径（图13-1）。

富山工业城各项目协调解决问题工作指引

为了提高问题解决效率，明确富山工业城各项目协调解决问题机制如下：

一、内部会议

1、监理例会

（1）议题范围：施工单位在项目实施过程中遇到的问题，应首先提交监理例会协调解决；

（2）会议组织单位：监理单位；

（3）议题上会流程：施工单位整理议题材料->监理单位审核->安排上会；

（4）参会单位：业主代表、监理单位、施工单位及相关参建单位；

（5）议题格式：暂无要求。

2、工程例会

（1）议题范围：监理例会无法解决的问题，总监理工程师需及时提请业主代表组织召开工程例会协调解决；业主代表认为有必要召开工程例会研究的事项。

（2）会议组织单位：大横琴城投、电子公司工程部及分管领导；

（3）议题上会流程：施工单位整理议题->监理单位审

（3）议题上会流程：指挥部工作小组整理议题->指挥部办公室审核->指挥部唐文彬副总指挥审核->指挥部肖时辉副总指挥审核->安排上会；

（4）参会单位：指挥部领导及相关工作小组；

（5）议题格式：暂无要求。

二、外部会议

（一）富山工业园层面

1、富山建设局内部会议

（1）议题范围：项目建设过程中涉及的规划调整、项目启动、方案设计审批、初步设计审批、用地手续、征地拆迁、概预算审批、设计变更、施工时序等需富山建设局职能范围内的事项。

（2）会议组织单位：富山建设局；

（3）议题上会流程：大横琴城投、电子公司相关业务部门整理议题->分管领导审核->总经理审核->与富山建设局沟通并上报议题->富山建设局安排上会；

（4）参会单位（大横琴方）：分管领导、部门负责人、项目经理；

（5）议题格式：暂无要求。

2、珠海市富山工业园规划建设工作联席会

（1）议题范围：项目建设过程中涉及的规划调整、项目启动、方案设计审批、初步设计审批、用地手续、征地拆迁、概预算审批、设计变更、施工时序等需富山管委会分管工程、规划设计的分管领导及相关政府职能部门协调明确的

图13-1 富山工业城各项目协调解决问题工作指引

13.2.2 问题台账化管理

对项目推进过程中各类需外部协调解决问题，建设单位均采取台账化管理的方式，确保每一个问题都记录在案、有对应的协调解决途径、有专人负责跟进，详见表13-1。台账罗列了问题内容摘要、要求议题材料的完成时间、责任部门和责任人、需提交的会议层级、议题上报时间、开会时间、会议纪要印发时间等。各环节工作做得扎实与否，很大程度上影响着问题的解决效率。

需要上报政府协调解决的问题台账

×××工程需报政府协调解决问题台账

表 13-1

填报日期：年 月 日

序号	事项来源	议题名称	布置时间	要求议题整理完成时间	责任部门	责任人	分管领导	落实情况	提交决策的会议级别	富山管委会规划建设工作联席会			富山工业城二圈北片区市政配套道路项目建设工作领导小组会议			富山管委会主任办公会			区委书记主持的工作会议			备注
										上报时间	开会时间	会议纪要印发时间	上报时间	开会时间	会议纪要印发时间	上报时间	开会时间	会议纪要印发时间	上报时间	开会时间	会议纪要印发时间	是否需上报更高级别会
一、应提交未表决的议题																						
二、已上报待解决的议题																						
三、已上会解决的议题																						

说明：1./表示不需办理；2.蓝色字体为本期更新内容

（1）议题材料整理。议题材料是针对需协调解决的问题所形成的专题报告，应将问题产生的原因和背景交代清楚，提炼问题的协调经过，附上支持材料，准确表述需要政府决策的内容。对于急需解决的重大问题，应限时完成议题材料的整理：①信息要确保准确性、及时性；②涉及技术方案的，应提供多个比选方案；③应兼顾技术可行性和经济可行性。

（2）议题上会。议题材料整理完成后，应及时对接政府，完成相关审批程序后安排上会。上报多个议题时，要提前梳理各个议题的关系，相互有影响的议题，按逻辑和时间的先后顺序进行上报。有时议题不能一次过会，还需按会议要求完善议题材料后继续上会。

（3）会议纪要印发。上报议题的部门要及时整理会议纪要代拟稿，并提供给会议纪要印发单位。会议纪要是开展后续工作的依据文件，因此需确保内容准确，并包含开展后续工作所需的全部信息。会议纪要的印发也要有专人跟进，以便及时取得会议纪要。

13.3 内部沟通协调

本书将建设单位与施工、监理、设计、造价咨询等参建单位的沟通协调归类为内部沟通协调。内部沟通协调主要工作方法包括：组织各层级工程协调会议、专题汇报沟通、现场检查工作、书面往来函件和与参建单位正式面谈等。

13.3.1 每日现场碰头会

每日现场碰头会一般由施工单位牵头召开，建设、施工、监理、检测等相关单位参会。会议将当日施工计划、材料到场情况、现场遇到的具体问题等作为议题；现场碰头会需对各方反映的问题拟定解决方案、责任人和完成时间；形成会议纪要或备忘录，会议布置事项需形成督办台账，并由专人负责跟进督办事项落实情况。

作为每日现场碰头会的外延，各路段、工区的建设单位和参建单位管理人员也可以组建微信工作群，对现场遇到的问题实时在工作群中通报。相关责任单位必须在工作群及时回复，不能置之不理。在项目冲刺阶段，遇到材料进场、举牌验收等需各方有关人员及时到场的情况，也可在工作群里提前告知，以便相关单位提前安排人员到场。

13.3.2 监理例会

施工单位在项目实施过程中遇到的问题应首先提交监理例会协调解决。新型产业空间建设过程中，除进度、质量、安全等监理例会内容以外，建设单位还要求将每周工作计划作为监理例会固定议题，包括：①布置每周工作计划；②检查上周实际完成情况与上周工作计划的对比；③对偏差情况研究确定纠偏措施。关于周工作计划相关内容详见第4章。

13.3.3 建设单位组织的会议

在新型产业空间建设过程中，监理例会无法解决的问题，可提请建设单位召开会议研究，由建设单位牵头召开的会议分为以下三类：

（1）工程例会。对监理例会无法解决的问题，建设单位业主代表组织召开工程例会协调解决；建设单位代表认为有必要通过会议研究的其他事项，也可召开工程例会；工程例会一般由建设单位现场管理人员、监理单位等工程口的人员参加。

（2）专题会议。针对同时涉及设计、成本和施工等方面的问题，建设单位需组织设计、成本、工程等职能部门及这些职能部门所管理的施工、监理、设计、造价咨询等参建单位召开专题会议研究。

（3）联合会议。在新型产业空间建设过程中，若遇到涉及多个项目的问题，而这些项目又分属于不同的建设单位，则建设指挥部组织相关的建设单位及时召开联合会议予以协调解决。联合会议由相关建设单位的分管领导或以上级别的领导牵头组织召开，各单位根据所涉问题的具体情况指定参会人员。

13.3.4 指挥部工程协调会

指挥部工程协调会是新型产业空间建设中内部沟通协调方面最高层级的会议，由建设单位指挥部组织召开，各建设单位、参建单位主要领导和项目负责人参会。

1. 会议召开机制

（1）会议时间：每周六上午 10:00 召开。

（2）会议组织：会议由建设单位在工作群发会议通知；建设单位与各项目部协商确定具体参会人员名单，形成标准化格式，每次到场后签名留底，作为是否到会的依据；建设单位负责议题收集、纪要印发，将会议确定的督办事项录入督办台账等。

（3）会议主持人。

（4）参会人员要求。

（5）会议纪律：应参会人员如因故未能按时参加，要说明请假原因报建设单位审批；应参会人员确因其他原因未能参会，要指定熟悉情况的人参会，参会人员会后要将相关会议精神和要求及时传达给应参会人员。

2. 会议内容

凡新型产业空间范围内所有在建项目推进有关的各个方面问题均可作为会议议题。会议内容涵盖项目前期、设计、工程、合同、计划、成本、质量、安全、三防、维稳、文明施工等。会议包含以下固定议题：

（1）听取汇报。新型产业空间涉及多个在建项目，为了确保会议高效进行，建设单位规定了汇报材料模板，以使汇报形象直观、重点突出。汇报材料要求体现以下几方面内容：①项目进度简报，概述项目规模、建设内容、总体进展情况等；②项目形象进度，会议规定了如图 13-2 所示的汇报方式，还需附上最新的航拍图；③人员设备投入情况，重点对比建设单位要求投入的人员设备数量和施工单位实际现场投入的人员设备数量，以评判现场资源投入是否满足施工进度要求；④材料进场情况（图 13-3），对未完工程量所需的材料统计总量、本周已到场总量、累计到场材料百分比等，以评判材料进场情况是否满足施工进度要求；⑤历次会议督办事项完成情况，对历次工程协调例会布置的事项逐一汇报落实情况；⑥存在问题及解决措施；⑦下周工作计划。

（2）检查计划执行情况。对下达的一级计划、二级计划、周工作计划等进行检查。在富山工业城二围北片区厂房（一期）项目中，指挥部除了检查计划完成情况，还将各标段周计划完成率、产值完成进度等进行排序，让各单位之间形成良性竞争。

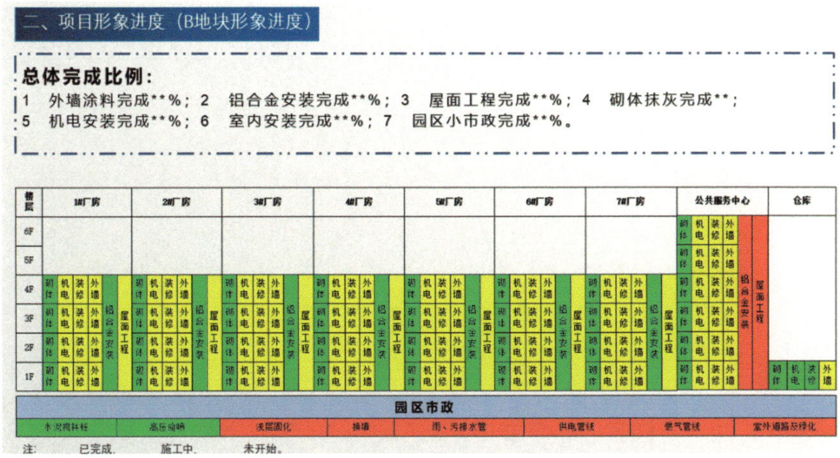
二、项目形象进度（B地块形象进度）
总体完成比例：
1　外墙涂料完成**%；2　铝合金安装完成**%；3　屋面工程完成**%；4　砌体抹灰完成**；
5　机电安装完成**%；6　室内安装完成**%；7　园区小市政完成**%。
楼层
1#厂房
2#厂房
3#厂房
4#厂房
5#厂房
6#厂房
7#厂房
公共服务中心
仓库
6F
5F
4F
3F
2F
1F
砌体
机电
装修
外墙
铝合金安装
屋面工程
园区市政
浅层固化
雨、污排水管
供电管线
燃气管线
注：　已完成，　施工中，　未开始。

图 13-2　形象进度汇报模板

五、一标段材料进场情况

序号	未完工程需要材料名称	单位	未完工程所需材料总量	含本周累计已到场总量	累计到场材料百分比	备注
1						
2						
3						
4						
5						
6						
7						
8						
9						
10						

图 13-3　材料进场情况汇报模板

（3）研究需协调解决问题。在新型产业空间建设过程中，建设单位指定专责部门收集制约项目推进的问题，形成台账化管理（表 13-2），按专业划分，将问题分为前期、设计、施工、成本等方面问题；按问题归属的单位将问题分为内部问题和外部问题。研究需协调解决问题，在加强沟通协调方面有以下几点作用：①对有关重大问题及时进行决策；②研究确定问题的解决方案，加强协作；③相互借鉴，举一反三，不断积累管理经验。

（4）业务培训。建设单位在工程协调例会上组织参会单位集中学习政府文件、管理制度、剖析技术难题等，加强了各单位之间的沟通协调，也统一了工作思路和方法，例如：①各级政府相关通知、函件等要求；②安全生产制度；③质量控制要点：水泥土搅拌桩常见问题分析及管控要点，真空预压质量管控要点，浅层固化常见问题分析及管控要点，钢板桩常见问题分析及管控要点，回填土、砂以及石渣常见问题分析及管控要点等。

（5）历次会议督办事项。若会议决策得不到落实，相关沟通协调工作也就没有实际效果。建设单位对每期工程协调例会布置要求均录入督办事项台账，各事项经办人填报落实情况。建设单位还将历次会议部署事项进行整理，不定期拿到会上进行再次强调。详见表 13-3。

表 13-2

需协调解决问题台账

项目需解决事项汇总表

填报日期：

说明：1. 绿色底纹为已完成事项；2. 黄色底纹为正在开展事项；3. 白色底纹为对项目推进影响较人事项；4. 红色底纹为未开展事项；5. 蓝色字体为本期更新内容。

序号	项目名称	项目类别	标段	项目概况	2023年月度/季度计划	项目完成情况	工作建设	问题类型	需解决问题及解决措施	责任人	分管领导	设计变更情况	上级通知及要求	历次调研会强调事项
一、富山片区														
1-1	富山工业园北围片区市政配套道路工程	市政重点	设计施工总承包	1. 项目建设内容：项目于珠海市富山工业园二期北片区范围内，一期已开工，北邻江湾大道，南至现状城轨用地以南，西至海岸线及规划南山涌，东邻中心涌、西至蓝门大道、演港路、马山北路2023年4月26日起总长约15.546千米，其中主干路4条，次干路6条，支路3条，主要建设工程：道路工程、桥梁工程、隧道工程、给排水工程、海绵城市工程、给排水工程、同时预留燃气等管线接口、绿化工程、管线综合工程等。2. 投资概况：项目总投资***亿元。（概算）3. 工期要求：期约两年，项目开工日期定为****，工期总日历天数。*** （1）是否下达了开工令：□是 □否；（2）施工合同约定的工期：（3）施工许可证书的办理情况：□有 □否。（4）工期总日历天数：（5）目前执行对比计划是：有**个无**个。4. 主要参建单位（1）勘察单位：（2）设计单位：（3）监理单位：（4）造价咨询：	计划开工日期2022年3月10日，计划完工日期2024年6月15日，计划近2024年工期为2024年9月15日，工期为920天。2023年10月30日前，完成城轨（合心路～兴隆路～临港路）、合心路（雷岭大道～临港路、与欣港路交界两北至延伸50米）对应重大活动线范围施工	前期建设完成情况（1）前期：可研、备案证、用地红线图、环评、水保、社稳、交评、节能、地灾、防洪、施工许可、临时用地使用证，勘察：勘察2023年3月28日起办理完成土地批复手续：2023年4月26日正在办理中。 投资完成情况，施工许可办理至2023年4月26日正在办理中。投资完成情况，竣工图审核完成情况：□是 □否。设计完成情况：（1）初步设计：（2）施工图设计：□是 □否。（3）施工图审查：□是 □否。（4）造价咨询：□是 □否。（5）概算：□是 □否。是否完成设计变更咨询：□是 □否。各类合同履约情况：施工和方案审批情况：□是 □否。材料设备招标和比价情况：（1）材料设备定价材料：□是 □否；（2）材料设备是否到货：□是 □否。设计是否有变更：□是 □否。是否存在因变更产生的拆除工程、滞工等长期问题：□有□否	施工1 尽快推进施工协调问题	**【内部问题】关于富山工业园北二期片区配套建设工程预桩检测未通过事宜** 1. 问题描述：1）正在开挖桩，马山北路〜桩基检测其中心地坐标已完成检测，第一期工程上报桩基检测232根，合格99根，其他未合格，第二期上报桩基检测117根，合格112根，合格率94%，不合格率6%；截至目前桩基部分质量较低，主要检测出地质情况不良，表层软弱土，桩底承载力较大，设计支撑方案可予以考虑。顶部打破钢筋混凝土桩开挖完成后部分不合格数量大，影响下一步实施。2. 解决方案：（1）根据地方主管部门予以协调处理。（2）桩基施工单位按要求进一步加强，由设计单位在现场进行复查复核，90天的强度指标合格后施工单位应提高复工质量。（3）正在要求测试桩的不合格项进行复核，若复检合格不合格，若不合格的进一步调查。（4）类型地质情况对产生桩位不合格的，若需要停工处理的，必要时要对复核方案进行进一步修改完善。 3. 责任人：由工程二部负责，对接相关部门协调解决。4. 完成时间：2023年8月 5. 协调路径：一、①是温度不满足要求的，由中心区内承担60天、90天的强度指标合格后再上报。②其类型地质情况对产生桩位不合格的，若需要停工处理的，必要时要对复核方案进行进一步修改完善。10月12日，斗区质监协同一期北询场方、提出是否不合格桩的解决方式，进一步加强监管，对不合格按出项处理	施工		本项目设计变更总数：22，已办理设计变更数：20，目前正在办理设计变更数：2，具体包括：1）永久管线规划调整（17号变更）：2）雷岭大道（合心路～兴港）、合心路（雷岭大道～临港路、与欣港路交接处及以北至延伸50米）对应重大活动范围重新划分（19号变更）	2023年4月20日，苏书记专题公室要求：2023年11月30日前完成三条主干路第一层沥青铺设，别设交通信号。现场调研时要求：2023年10月30日前，完成城轨大道（合心路～兴隆路、合心路（雷岭大道～临港路、与欣港路交界两北至延伸50米）对应重大活动线范围施工	445期工作例会：一是由工程二部负责，设计部门督进行水泥搅拌桩检测同类型事项；二是主要负责人提出，要由二部本期负责，提醒质监部开展工作。工期：工期进度同期临时组织集中办进度协调会议 446期例会要求：人力资源部、市政管道开展同类型工作调整
							施工3	尽快推进施工协调问题	**【外部问题 已解决】关于雷峰大道二围北市政配套建设路两至一围南欣兴路的事宜** 1. 问题描述：目前在中一围北市政配套进行施工，已基本上报建设会议表示应承担。 解决方案：由工程二部负责，对接相关部门协调解决。 责任人：工程二部负责，对接相关部门协调解决。2023年8月 （1）8月23日已完成上报局务会。（2）8月28日已上报规划委员会会。（3）9月6日取得会议纪要。（4）9月18日取得会议纪要 《珠海市富山工业园规划建设工作联席会议纪要（2023 269）》					
							施工2	尽快推进施工协调问题	**【外部问题】关于雷峰大道二围北景会园处施工事宜 新办** 1. 问题描述：雷峰大道二围北长轮线处的临时园路，艺此具不通过临时通过道路，艺此具不通过临时原有的公园改建交叉临时路口，与园区和珠海标志景观对接。临时改造空园区使用面影响施工情况，需将空园周边施工恢复，与园区主管部门协调。2. 解决方案：由工程二部负责，对接相关部门协调解决。2023年8月 （1）9月5日局务会同意通过报批会。（2）9月11日完成上报规划委员会会。（3）9月18日取得主持纪要会。（4）10月10日召开局务会议纪要（珠海市富山工业园规划建设工作联席会议纪要（2023 27号）					

历次会议督办事项台账

表 13-3

自第 X 期建设工程协调例会明确事项落实情况表

说明：蓝色字体为本期更新内容　　　　　　　　　　　　　　　填报日期：　年　月　日

序号	事项来源	工作任务	具体要求	布置时间	要求完成时间	经办责任人	部门负责人	部门分管领导	落实情况	办结日期 年 月 日	是否办结	备注
1	第36期例会	**每天清点工人和设备数量，并在群里通报**	1. 由工程部负责，设备责任人落实到人数、设备统计表》；点实到人数、设备情况统计表》；责任人晚班和照片汇总到城投公司工程部并归档。 2. 由任务分解表至各路段建设单位责任人，监理单位配合，每天白班和晚班至现场清点工人和设备数量，相关统计表和照片汇总到城投公司工程部并归档。 3. 由任务分解表、现场清点、存在问题群里通报：责任人负责，在微信群反馈，每天在微信群里通报； 4. 由任务分解表上各直接责任人负责，现场清点工人、设备数量情况，存在问题和相关工作要求，持续做好每天在微信群里通报，并通报应投入与实际投入资源的对比情况	2023/8/12	2023/10/31							
	第37期例会			2023/8/12	2023/10/31							
	第39期例会			2023/8/12	2023/10/31							
	第41期例会			2023/8/12	2023/10/31							
				2023/8/12	2023/10/31							
				2023/8/12	2023/10/31							
				2023/8/12	2023/10/31							
				2023/8/12	2023/10/31							

（6）现场问答。为巩固各参建单位对历次会议内容、业务培训等的学习效果，建设单位采取了现场提问的方式，随机抽查管理人员对业务的熟练程度。参会人员须不断学习历次会议内容、加强对项目进展情况的了解，做到对自己负责范围内的工作胸中有数。

在富山工业城新型产业空间建设过程中，建设单位共召开了 76 期指挥部工程协调例会。每期例会都对现场进度问题进行深入研判，针对重点施工部位，或者影响现场施工的有关问题，参会人员对有关工期节点进行充分讨论，形成集体决策意见。保障这些计划节点的按期完成对保障项目总工期目标具有至关重要的作用。以下是这类计划指令的摘录：

（1）经各方现场踏勘并共同明确，园区市政配套道路工程以下部位必须限期完成，否则依据合同条款进行严重违约处罚：①雷蛛大道北旋喷桩施工于 12 月 5 日前完成，剩一段雨水渠要求 12 月 10 日前完成；②马山北路东管线施工于 12 月 10 日前完成；马山北路西，除出水口以外的雨水管和雨水渠施工，于 12 月 10 日前完成；③欣港路东线缆管沟施工于 12 月 10 日前完成；欣港路西（含滨港路—规划二路段）生活污水、雨水渠施工于 12 月 15 日前完成。

（2）关于园区市政配套道路工程桩基检测，2023 年 11 月 30 日晚须准备好第二天检测需要的 48 个工作面（即三条主路剩余的检测工作面）。

（3）马山北路东与马山北路西衔接段（江湾涌桥下）要求 12 月 24 日 24:00 前拆除加工棚并清理好场地，12 月 25 日前闭合原外单位实施工程拆除相关手续，1 月 5 日前接通马山北路东、西雨水管、污水管，1 月 15 日前完成水稳层施工。

13.3.5 专题汇报

在园区市政配套道路工程建设冲刺阶段，建设单位要求每条路段的直接责任人、第一责任人每天微信汇报所负责路段具体情况，格式规定如表 13-4 所示。

专题汇报格式　　　　　　　　表 13-4

信息报告人：_____　路段名称：_____　现场踏勘时间：_____	
_____路段：	
1.《1.30 和 3.30 节点关键工序完成时间签署军令状》	1)《军令状表》中要求各工序完工时间：_____； 2) 截至当天（__月__日）实际完成情况：_____； 3) 实际与计划偏差情况：_____，滞后___天；关门工期风险评判等级：_____； 4) 滞后原因及措施：_____； 5)《施工组织逐日考核表》：是否参与编排：是□否□；《施工组织逐日考核表》详见附件（要求每天信息上报人每天发送此表）
2.《富山二围北市政配套道路材料供应商情况表》	1)《富山二围北市政配套道路材料供应商情况表》要求到场时间：_____； 2) 截至当天（__月__日）实际到场情况：_____； 3) 实际与计划偏差情况：_____，滞后数量_____； 4) 滞后原因及措施：_____； 5)《富山二围北市政配套道路材料供应商情况表》：是否现场核实：是□否□
3. 重点关注部位的各点具体进展及存在的问题	

专题汇报一方面帮助项目管理者及时掌握一线情况；另一方面编写汇报材料过程本身也是督促现场管理人员梳理手头工作，理清工作思路的过程。

13.3.6 现场检查

现场检查过程是建设单位与现场管理人员沟通的良好时机。通过现场检查，项目管理人员可及时了解到施工进度、施工遇到的问题、现场投入的工人和设备数量、班组工效、安全管理措施落实情况、劳务班组的工作状态等。如果一个现场管理工程师能够对所负责工区的相关数据和具体情况有较好的掌握，那么大概率该工区的管理是较好的。

13.3.7 书面发函与复函

书面发函是一种正式的沟通方式。口头沟通一般是一次性的，且沟通结果难以追溯；书面发函是可追溯的。书面函件发送到接收单位后，可以在其内部进行传阅；书面文字较口头沟通有更强的系统性和逻辑性，能够提高沟通协调的效率。书面发函也可以作为接收单位进一步开展其内部沟通协调工作的依据。发函大体可分为对政府（业主）的发函和对参建单位的发函。对参建单位的发函一般是建设单位出于指出当前存在问题、明确项目管理要求、提示重大风险等目的而发起的。无论是对业主的发函还是对参建单位的发函，都涉及项目本身需协调解决的重大问题，因此应形成台账（表 13-5），持续跟进发函事项的进展。

复函可以督促参建单位对建设单位提出要求进行落实。在新型产业空间建设中，建设单位在各类合同中约定参建单位必须对建设单位的发函进行书面回复，复函情况是履约评价的重要依据。

发文事项统计台账　　　　　　　　　　表 13-5

×××工程发文事项统计表												
说明：蓝色字体为本期更新内容									填报日期：			
序号	事项来源	工作任务	布置时间	要求完成发文时间	经办责任人	部门负责人	部门分管领导	落实情况	办结日期	是否办结	发文编号	收文编号	备注
一、需发文政府协调解决的事项												
（一）已发文政府，已回复的议题												
（二）已发文政府，待回复的议题												
（三）准备发文政府的议题												
二、需发文参建单位的事项												
（一）已发文参建单位，已回复的												
（二）已发文参建单位，待回复的												
三、其它												

13.3.8　正式面谈

在项目现场施工进度缓慢且长期未有改善的情况下，建设单位可采取约谈参建单位的方式。正式面谈须将项目进展、当前存在的问题等重点信息准确、全面地传达给对方。

13.4　其他协调解决问题途径

（1）社会专家。当项目遇到设计、施工等方面技术难题，可考虑引入社会专家召开专家评审会。专家意见是相关问题决策的依据文件之一，因此专家评审会必须及时召开，避免影响后续工作计划。社会专家往往对项目背景信息了解不全面，需会议组织单位提前与专家做好沟通，确保专家评审会的成果能够帮助到项目的下一步工作。

（2）第三方专业机构。当项目业主与参建单位存在争议时，可考虑引进第三方专业机构，包括：律师事务所、政府司法部门、定额站等，取得相关司法或专业方面意见。

（3）仲裁或诉讼。若上述办法仍无法协调解决问题，可以考虑通过诉讼等法律途径，帮助推进问题解决，避免问题被搁置。

第 14 章

风险管控篇

14.1 技术风险管控

14.1.1 冲填土层对基础施工的风险分析及应对措施

富山工业城新型产业空间建设场地内均有冲填土分布，平均深度为 2～4 米，局部厚度达到 7 米，填料主要为粉细砂，为近十年人工吹填而成，未完成自重固结，结构松散、饱和、均匀性差、压缩性大、承载力低，特别在饱水状态下，其承载力极低（图 14-1）。施工期间，正值雨季，粉细砂呈饱水状态，且下卧土层为淤泥，此双层地基承载力极低，设备在该地基上施工容易产生沉陷。因此，施工前需先铺垫一定厚度的砖渣、碎石或进行软基处理，机械设备才能进入本场地施工。

图 14-1　冲填土层地质条件

经过理论研究分析，分别采取混合砂回填、200 毫米厚混凝土垫层、强力搅拌法固化三种方案进行了现场工艺试验。综合分析后发现，通过混合砂回填和 200 毫米厚混凝土垫层处理后，设备仍发生较大沉陷，无法满足机械作业要求（图 14-2、图 14-3）；浅层固化处理后，能显著提高表层地基土的承载力，基本满足锤击桩设备等进场施工的需要。

图 14-2　混合砂回填后处理效果

图 14-3 200 毫米厚混凝土垫层

浅层固化处理技术是一种利用固化剂对软土等土体进行固化处理，使土体达到一定强度，满足软土开挖、再利用以及施工所需的承载要求，同时形成板体效应，达到地基处理目的的地基处理技术。此外，也可结合复合地基进行深层处理。新型产业空间采用的浅层固化技术参数如下：

（1）固化剂：固化剂建议采用 P·O 42.5R 级普通硅酸盐水泥或以水泥基为主要材料的新型固化剂。

（2）固化剂掺量：根据现场固化情况分析，当固化深度不超过 2 米时，固化剂掺量建议按 10%考虑；固化深度不超过 4 米时，固化剂掺量建议按 12%考虑；固化深度超过 4 米时，固化剂掺量建议按 15%考虑。

（3）水灰比：水灰比建议为 0.5~0.6，当浆液输送路径较长时，建议水灰比取 0.6，避免发生爆管的情况。

（4）固化深度：固化深度一是满足材料堆放、施工机械等承载力要求，二是满足承台及筏板土方开挖要求。当仅用于满足材料堆放、施工机械等承载力要求时，固化深度取 1.5~2 米；当需要满足土方开挖要求时，固化深度建议取开挖深度+(1~1.5)米，避免淤泥反涌。

（5）固化设备：固化设备分履带式和水陆两栖式，水陆两栖式不受场地和设备站位影响，适用范围广。

14.1.2 深厚淤泥对基础施工的影响及应对措施

1. 深厚淤泥层地质条件分析

本新型产业空间建设场地内分布有淤泥软土，平均深度为 12~18 米，局部深度 19~22 米，该场地软土的主要特征为天然含水率高、孔隙比大、压缩性高、强度低、渗透系数小，具有如下工程性质：

（1）触变性：当原状土受到扰动后，破坏了结构连接，降低土的强度或很快地使土变成稀释状态，易产生侧向滑动、沉降及基底形变等现象。

（2）流变性：软土除排水固结引起变形外，在剪应力的作用下还会发生缓慢而长期的剪切变形，这对基础的沉降有较大影响，对地基稳定性不利。

（3）高压缩性：软土属高压缩性土，极易因其体积的压缩而导致地面和建（构）筑物沉降变形，使基础沉降量过大。

（4）低透水性：因其透水性弱和含水量高，对地基排水固结不利，反映在基础沉降延缓时间长，同时，在加载初期地基中常出现较高的孔隙压力，影响地基强度。

（5）低强度和不均匀性：软土分布区地基强度很低，且极易出现不均匀沉降。

2. 施工风险分析

（1）桩基失稳下沉

在堆载或进行其他工程活动时，深厚淤泥层可能产生负摩阻力，引起对桩基的下拉荷载，降低了桩基的实际承载能力，增大了桩基的受力，严重时可能导致桩基失稳下沉，需要重视软土固结沉降对本工程的影响。

（2）挤土效应

桩基数量较多，场地先施工完成管桩受后施工管桩影响，形成挤土效应，造成管桩偏移，甚至焊接节点本身作为管桩整体薄弱节点，受剪过大形成断桩；

场地未进行软基处理，下方大片淤泥层流塑性较强，造成整块淤泥层相互流动挤压，且上方硬壳层太薄弱，不能有效固定，造成管桩偏移。

由于预应力管桩施工是挤土桩，偶尔会出现挤压上抬，特别对于短桩，易形成所谓的吊脚桩。

（3）施工影响

场地内有重型施工车辆、桩机行走，增大场地内下方侧向土压力，造成周边已完成管桩偏移。

场地内承台、土方等开挖作业，导致硬壳层（上方填土）厚度减小，加之本身素填土厚度较薄弱，开挖后土体受力不均，下方淤泥应力释放，造成基坑及承台开挖区域淤泥上返，周边土体沉降。

3. 应对措施

（1）管桩选型及配桩设计

根据类似工程施工经验，不同桩径管桩施工存在如下特点：①不同桩径桩基础施工速度一致，因此大直径桩施工可明显提高施工效率；②桩数量增加，偏桩、断桩数量可能增大；③桩数量减少，桩间距相应增加，挤土效应大幅度降低；④桩径增大，桩基本身抗剪能力明显提高。

因此，设计阶段管桩选型时，管桩同时考虑500毫米、600毫米、700毫米三种桩型，以500毫米、600毫米桩型为主，700毫米桩型为辅：①500毫米桩径，单承台桩基数量为5根；②600毫米桩径，单承台桩基数量为4根；③700毫米桩径，单承台桩基数量为3根。

根据上述原则配桩，采用600毫米桩径，管桩数量可以减少15%~20%，采用700毫米桩径，管桩数量可以减少35%~40%。

具体配桩设计为：①大型厂房内部柱底桩采用700毫米桩径桩基础、柱间及边柱采用500毫米桩径桩基础；②中型厂房内部柱底桩采用600毫米桩基础、柱间及边柱采用500毫米桩径桩基础；③小型厂房内部柱底桩采用500毫米桩径桩基础。

（2）桩基施工设备的选型

液压锤故障率低，工效易保证。桩基施工主要以液压锤施工为主，柴油锤施工为辅，并配备足够的柴油发电机，保障桩基施工。

（3）施工过程管控

采用山砂堆载预压或浅层固化处理，整个场地上面有一层山砂或固化形成的壳，约束桩并分散桩机应力，桩机可直接在上面行走打桩。每个厂区内规划一条管桩运输道路，铺设2米厚石渣，防止车辆荷载传递侧向力挤压周边管桩造成桩身倾斜、断裂；运输道路范围内管桩最后施工。针对淤泥较深的区域，采用块石（直径40厘米）作为桩的回填料，防止车辆荷载传递侧向力挤压周边管桩造成桩身倾斜、断裂。采取降低沉桩速率、合理安排打桩顺序、布置应力释放孔、降低设备自重对地基的不良影响等措施，以减轻或消除不良影响。

（4）施工期间周边环境监测

在施工过程中，由业主委托有资质的监测单位对周边环境进行监测，监测过程发现异常情况立即通知施工单位及设计单位，及时采取措施，沉桩时采取相应技术措施如挖防震沟或引孔等减少挤土效应。

（5）偏桩或断桩的处理措施

因桩基施工时难免出现偏桩、断桩现象，为节约处理时间，在设计时应考虑富余，若施工出现个别偏桩时，由设计单位进行承载力复核，若能满足要求，则无需处理。

设计单位主要人员驻场，及时解决施工过程中桩偏位、断裂等问题，对于三类、四类桩，设计单位重新出具补桩图纸，图纸审核完成后进行补桩施工。

14.1.3　中风化花岗岩孤石对基础施工的影响及应对措施

本新型产业空间建设场地内残积土（砾质黏性土）、全风化花岗岩、强风化花岗岩中间局部地段分布有中风化花岗岩孤石，局部地段孤石揭露率为15%～25%，孤石厚度为1.0～4.0米，预制桩施工难以穿过，桩长及单桩承载力不能满足设计要求，须采取相应的措施进行处理。对于因孤石造成断桩的，须对潜在桩位进行补勘（图14-4），探明孤石的范围、埋深和尺寸。

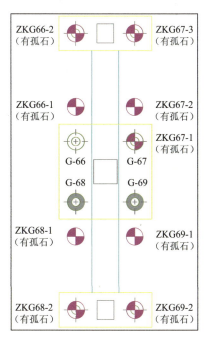 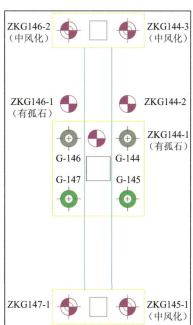

图14-4　潜在桩位进行补勘结果示意图

根据孤石的具体情况，由设计人员复核后，确定如下补桩方案：

（1）补勘后潜在补桩桩位无孤石，具有补桩条件的，正常补桩，承台根据补桩位置进行调整或扩大，如图14-5所示。

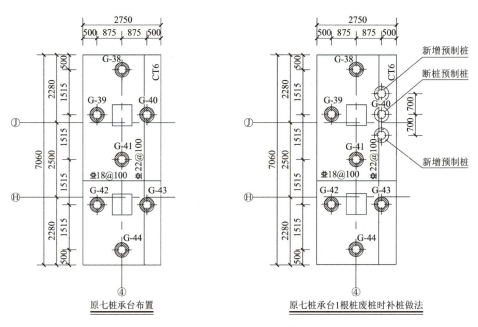

图 14-5　补勘后无孤石时正常补桩示意图

说明：1. ⊙表示原预制桩；⊘表示废弃不用的桩。
　　　2. ⊚表示新增预制桩，桩径均为500毫米，要求同本工程直径500毫米的桩。

（2）补勘后潜在补桩桩位仍存在孤石，无法通过扩大承台的方式补桩的，可通过调整承台＋增加地梁的方式，重新确定潜在补桩桩位，并再次进行补勘，确定新的潜在桩位，如图14-6所示。

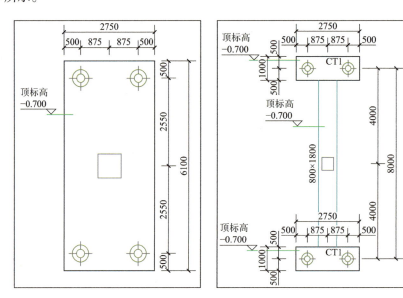

图 14-6　调整承台和增加地梁的方式处理

（3）上述方案仍不能解决的，建议在原桩位（原桩位未施工）或潜在桩位（原桩位已施工，需要扩大承台的桩位）采取引孔措施，可采用潜孔锤引孔（孤石厚度较小）或旋挖引孔（孤石厚度较大），如图 14-7 所示。

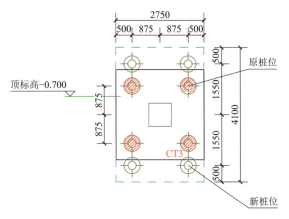

图 14-7　引孔补桩示意图

14.2　质量风险管控

14.2.1　软土地基对室外管线的影响及应对措施

由于场地内淤泥厚度不均，部分地段淤泥层层底坡度大于 10%，上部荷载可能分布不均匀，容易产生不均匀沉降，进而导致场地管线和道路断裂和开裂。应对措施如下：

（1）柔化管道。对于排水管道，为减轻荷载、防止不均匀沉降，采用轻质管材，DN800 以下排水管采用双壁波纹管（电热熔连接）、DN800 及以上排水管使用克拉管（电热熔连接），轻质管道不需做钢筋混凝土基础，可减轻自重，相应减小沉降。

（2）强化地基。管线沟槽开挖后采取加强措施减小沉降，若无流砂及涌土情况，管线基础施打 6 米长松木桩（梅花形布置，间距 500 毫米），木桩上满铺毛竹脚手片，毛竹脚手片搭接 15 厘米以上，搭接处绑扎牢固，上方回填 200 毫米厚级配碎石及 200 毫米厚素土夯实。沟槽开挖后若出现流沙及涌土情况，回填 1 米干土后采取同样措施加固。

（3）减小地面荷载影响。淤泥开挖出来后立即转运至远离沟槽处，管线排布尽量避免与临时道路及永久道路重叠，管道尽量布置在人行道及绿化上，降低地面荷载以减小沉降。

（4）加强支护开挖。沟槽开挖采用拉森钢板桩支护，减小挖土量，避免开挖施工时原土体产生涌土扰动；开挖完成后，立即进行基础施工及管道敷设，管道施工完成后立即回填，同时雨季尽量避免沟槽泡水。

（5）管道保护。横穿马路的管道采用大两级钢管进行保护，两侧长度超出路边 1 米。对于埋深小于 700 毫米的管道，采用混凝土裹封加固处理，裹封厚度 200 毫米。

14.2.2　软土地基对市政道路的影响及应对措施

由于场地内淤泥、淤泥质土层深厚，地基处理不到位将引发道路工后沉降超限的风险，具体应对措施如下：

（1）采用管桩作为路桥过渡段软基处理措施，管桩布置参照与本工程地质情况相似的道路进行布置，采用 PHC400A-95 预制管桩，桩间距 2.4 米，桩长 20 米（桩底深入砂质土层不小于 1 米），能满足工期进度及道路沉降控制要求。

（2）采用水泥搅拌桩作为厂区道路软基处理措施，根据现场实际情况，采用水泥搅拌桩作为软基处理，可以满足厂区道路沉降控制的要求，预计施工工期为 1～1.5 年。

（3）采用真空预压作为道路软基处理措施，可满足园区的运营需求，预计会有 5～10 厘米的工后沉降，施工工期为 1.5～2 年，且需要在道路两侧 5 米左右范围进行黏土密封墙的施工。

14.2.3　软土地基对水泥土搅拌桩质量的影响及应对措施

在不适合采用真空联合堆载预压处理区域，园区配套道路工程采用了水泥土搅拌桩复合地基处理。由于本工程场地内淤泥层顶面标高较高，软土地基对水泥土搅拌桩复合地基质量的影响较大。

以园区配套道路工程为例，根据工程初勘、初设资料，淤泥顶面标高在 +1.5 米以上的路段有：中心西路、富港路、马山北路（中心西路—雷蛛大道）局部，马山北路（滨港路—雷蛛大道）东段，滨港路北段，复合地基的水泥土搅拌桩桩顶很大概率位于淤泥层中。

针对上述情况，在加强水泥土搅拌桩施工过程质量管控的基础上，通过采取浅层固化工艺或回填土，一方面可以形成"固化硬壳层 + 桩体复合地基形式"，另一方面可以控制水泥土搅拌桩桩顶标高，有效降低道路工后沉降。

对仅采用水泥土搅拌桩复合地基处理的其中一条道路进行工后沉降模拟计算得出，在 15 千帕路面荷载下，路基填土厚度 0.2 米、1.0 米的道路工后 2 年最大沉降分别为 6.41 厘米、7.40 厘米（发生在道路中心，如图 14-8 所示），可见由于该路段淤泥厚度有限（小于 20 米）且水泥土搅拌桩穿透淤泥层进入到良好持力层（粗砂）中，工后沉降能够有效控制。但通过计算也发现，在桩顶平面处，由于桩间土为淤泥，桩与桩间土均有显著的沉降差出现，当路基填土厚度较薄时（0.2 米），在道路面层内可见反射上来的差异沉降波形；采取浅层固化工艺或路基填土厚度较大时（1.0 米），桩土差异沉降在路基填土范围内得到了有效衰减，毫米级沉降差不至于反射到路面面层中。且采用浅层固化 + 复合地基工艺后，工后 2 年最大沉降更小。

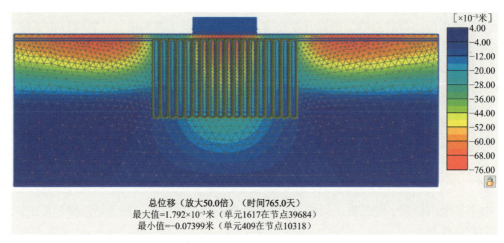

总位移（放大 50.0 倍）（时间 765.0 天）
最大值 =1.792×10⁻³ 米（单元 1617 在节点 39684）
最小值 =-0.07399 米（单元 409 在节点 10318）

图 14-8　路基填土厚度 1.0 米，路面荷载 15 千帕下工后 2 年道路沉降云图

总结得到，路基填土厚度 1.0 米、0.8 米、0.6 米、0.4 米、0.2 米时，均布 15 千帕路面车辆荷载作用下，道路横断面整体呈凹字形沉降，桩顶平面处桩土差异沉降均显著存在；随着垫层上方路基填土厚度增大，对桩顶处反射上来的沉降差衰减越明显，有助于预防路面出现波浪形沉降。推荐设计选用复合地基垫层上方路基填土厚度 0.6 米以上，桩顶范围浅层固化厚度建议取 1 米以上，以控制水泥土搅拌桩复合地基质量风险。

14.3 工期风险管控

14.3.1 雨季、台风引起的工期风险分析

1. 雨季统计分析

经统计，珠海市雨水主要集中在 5~9 月。2020 年 6~9 月雨季天数达 31 天，其中降水量超过 100 毫米的天数达 9 天；2021 年 6~9 月雨季天数达 27 天，其中降水量超过 100 毫米的天数达 11 天（图 14-9）。经咨询珠海市气象局，珠海斗门区降雨量普遍多于市区，2022 年 4~6 月为汛期，持续降雨较多；2022 年 10 月~2023 年 2 月降雨量相对减少；2022 年 6~9 月暴雨预计影响施工进度 9 天。

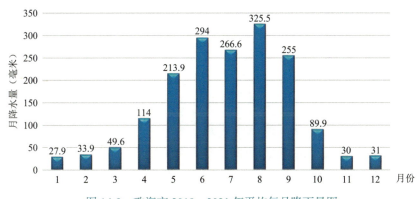

图 14-9　珠海市 2019—2021 年平均每月降雨量图

2. 台风统计分析

通过统计 2020 年和 2021 年全年台风路径，可得：

（1）2020 年全年共 24 场台风，主要分布在 8~10 月，其中珠海市斗门区周边的台风共 2 场。

（2）2021 年全年共 25 场台风，主要分布在 7~10 月，其中珠海市斗门区周边的台风共 3 场。

（3）项目开工前，经咨询珠海市气象局，2023 年下半年预计有 4 场台风。预计每场影响施工 2 天，总共 8 天。

14.3.2 雨季、台风应对措施

1. 雨期施工保障措施

（1）雨期施工主要以预防为主，采取防雨措施及加强排水手段，确保雨期施工不受季节性条件影响；设置天气预报员，负责收听和发布天气情况，防止暴雨及台风的突然袭击，

合理安排每日的工作。

（2）各个厂区增加钢板等行车辅助措施。

（3）在管桩焊接时，采取防雨棚遮挡及两人对焊，减少焊接时间等。

（4）采用天泵进行混凝土浇筑，缩短混凝土浇筑时间；浇筑混凝土前，准备好帆布、彩条布、塑料薄膜备用，并用吸水泵将基层积水清除干净。在混凝土浇筑过程中，如果突遇降雨，用彩条布、塑料薄膜遮盖挡雨，雨停后二遍收光。

（5）各个厂区均布置排水明沟，采用自然排水和抽水形式进行现场排水，雨季增加排水设施及应急物资，如车辆、水泵等相关器材，彩条布、油毡、沙袋等材料。

（6）配置充足的雨具，按照"小雨不停、大雨不断"的原则组织施工。

2. 台风季节施工措施

（1）加强台风季节施工时的信息反馈工作。收听天气预报，并及时做好防范措施。台风到来前进行全面检查，现场停止施工作业；台风过后，进行现场清理，制定赶工措施。

（2）针对近海施工，预判天气对材料运输的影响，及时做好材料备货计划，根据施工进度安排，采取提前1个月备货的方式及时部署材料使用计划。

（3）台风预警前，对于已铺设模板的板面，集中人员进行抢工，争取在台风到来前完成混凝土建筑；对于支模架搭设完成开始铺设的模板进行加固。

（4）台风来临前，对桩机、塔式起重机及临电系统进行保护，确保台风过后迅速复工、复产。

14.4 资源保障风险管控

14.4.1 材料与机械设备投入及保障措施

1. 高峰期材料与机械设备投入统计

项目软基处理需要的回填材料（山砂、中粗砂、土方等）约220万立方米，石方约320万立方米，砖渣材料约60万立方米。按60天工期计算，每天需要进场约10万立方米。

项目预制管桩总工程量约131万米，按30天工期计算，每天需要进场约43667米。

项目混凝土总量约77.6万立方米，按100天工期计算，平均每天需要进场6000~10000立方米。

项目钢筋总工程量约60万吨，按100天工期计算，平均每天需要进场5000~7000吨。

项目施工高峰期预计投入200余台桩机、80余台塔式起重机、100余台施工电梯、200余台挖掘机、50余台起重机、2000余台吊篮等。

2. 材料与机械设备投入管控措施

（1）发挥粤港澳大湾区协同作战优势，加大统筹协调力度

本项目使用的建材与机械设备大部分来自粤港澳大湾区，通过向属地供应商或主管部门发"生产协助函"，提请相关管理部门从中协调等措施，解决项目建材与机械设备供应问题。

通过统筹协调，在正式施工前，协调到回填材料500余万立方米，料源距离工程所在地20多千米，协调到土方运输车辆500余辆（35~50吨）；协调到管桩供应商6家，500/600

毫米桩径的管桩日均保供 9.1 万米，700 毫米桩径的管桩日均保供 1.5 万米（需要提前 30 天排产）；协调到混凝土拌合站 9 家，运距 31～42 千米，单日可为本工程供应总量约 2.45 万立方米；协调到钢筋供应商 20 余家，单日可为本工程供应总量约 1.5～2.0 万吨；协调到机械设备供应商 50 余家，可为项目提供充足的机械设备。

（2）主动服务一线，精准统计需求

公司物资部不断加大深入施工一线的频次，靠前服务、精准对接，主动向项目部问需，协助项目部做好物资采购计划和与机械设备供应计划，实时掌握工程进度、及时跟踪物资发货到货等衔接工作，确保工程物资与机械设备及时到达现场，保障工程顺利开展。

（3）热线电话专人值守，建材保障不舍昼夜

为了有效保障项目建材供应，成立资源供应保障临时指挥部，开通资源供应服务保障"直通车"热线，并以"有电必接，不错过一起求助，不推诿一起咨询"的高标准严格执行电话接听、登记、转办制度，坚持 24 小时全天候和每周 7 天不间断在线服务。

（4）争分夺秒主动向前一步，精准对接项目需求

由指挥部详细统计各个标段的建材与机械设备应急需求，并在第一时间组织填写《项目建材与机械设备应急保障转办单》，安排专人进行限时督办，办理时间原则不超过 24 小时，接件时间、办结时间全部精确到分。

（5）充分利用"互联网+"和大数据，搭建沟通桥梁

以"互联网+"为基础，为项目沟通提供交流平台，组建"大横琴集团富山工业城二围北片区建材应急调度企业群""工程建材需求群""施工单位建材管理交流群"等多个微信群，在群内收集项目建材应急需求，并实时公布建材供需动态信息，鼓励企业之间互帮互助。用大数据作支撑，摸清建材企业分布，依据"建筑节能与建筑材料管理服务平台"的大数据，重点梳理建材企业分布情况和建材生产供应情况，有针对性地与重点企业对接了解复产和库存信息。充分发挥行业协会作用，每周推送混凝土、砂石、钢筋、预制管桩等重点建材生产企业复产和库存信息，为工程选购建材提供参考。

14.4.2　劳动力投入及保障措施

1. 劳动力投入计划

（1）项目前期准备阶段预计投入 520 余人。

（2）项目桩基施工阶段预计投入 200 台桩机，平均每台配置 3 人，加之电工、普工、室外机电安装工人等其他工人，共计 2500 余人。

（3）项目结构施工工期共 3 个月（8～11 月），其中钢筋工、木工、混凝土工三大工种占比最大，其比例为混凝土工：钢筋工：木工 = 1：2：3，在高峰期穿插瓦工、抹灰工、机电及装修工人等，劳动力最大投入超过 20365 人。

2. 劳动力投入保障措施

（1）建立重点企业服务清单

成立资源供应保障临时指挥部，设立用工服务专员，建立 24 小时用工调度保障机制，即时响应、"一对一"服务，挖掘本地劳动力资源，多渠道满足项目用工需求。

（2）促进人岗有效对接

开展工人上岗"畅通行"活动，通过"点对点、一站式"办法，让家门、车门、工地

大门"三门"全程无缝连接,全力保障工人上岗。

(3) 实行"同城工友共享计划"

针对公司和项目不同施工区域用工"不平衡"状况,打造"企对企""区对区"共享工友新模式,加强公司劳动力资源整合、互通,搭建劳动力资源调剂平台,引导工友富余单位向用工短缺单位派遣员工,"共享"劳动力资源。

(4) 积极开展就业线上培训

创新培训方式方法,依托人社部、省厅公布的线上职业技能培训平台,充分利用门户网站、移动APP、微信等多种渠道,扩大线上培训覆盖面。加强线上、线下培训融合,提高培训质量。

14.5 安全风险管控

安全风险是指生产经营活动中固有的危险源或有害因素可能导致生产安全事故及其后果的组合。风险点则指伴随安全风险的设施、设备、部位、场所、区域和系统,以及这些元素中的作业活动,或两者的结合。安全风险具有如下属性:

(1) 固有性:安全风险是生产活动中客观存在的固有属性。
(2) 概率性:安全风险涉及发生事故的可能性。
(3) 不确定性:风险因素的存在具有不确定性。
(4) 寄生性:风险存在于作业活动或相关载体之中。
(5) 动态性:风险因素会随着时间和条件的变化而变化,各种风险因素相互作用、彼此叠加,形成潜在的隐患。

14.5.1 安全风险因素分析

1. 人的不安全行为是事故的直接原因

大多数施工企业虽设有安全部门,但在施工安全管理制度建设上相对滞后,在安全生产责任制和施工安全管理措施的落实上不够严格,整体安全管理体系仍不够健全。

体现在人这一最主动的因素身上,主要表现为:①个别工程管理人员抢工期、赶进度,未做足安全措施费预算和安全管理人员配备;②部分安全管理人员未足额使用安全措施费、调查深度不够、三级安全教育工作不到位以及违章指挥;③部分一线施工人员在施工作业中安全意识淡薄、存在侥幸心理,不遵守规章制度和操作流程违章作业等。

2. 物的不安全状态是事故的根本原因

建筑材料的不安全状态一方面源于松散的采购管理,如企业采购的物料、构件、配件等不符合安全规定;另一方面源于粗放的现场管理,包括建筑材料、构件、料具随意堆放,以及易燃易爆物品未分类存放都会影响施工过程的安全性。

建筑设备的不安全状态主要来源于塔式起重机、施工升降机、物料提升机等建筑起重机械,包括施工企业允许存在超过安全使用年限、老旧"带病"及来源不明等情况的起重机械进场,以及在使用过程中疏于日常检查、保养、维修,都可能埋下安全隐患。施工电梯也是安全生产事故的重要风险源。

3. 环境不安全是发生事故的重要原因

受自然气候影响,项目所在场地夏季容易发生的大风、暴雨、高温等特殊气候,可能导致气象安全风险，影响安全施工。

受作业环境影响，施工过程中涉及的大量高空作业、地下作业、用电作业、起重作业各自存在不同的危险源，容易引发不同类型的安全事故。

受现场环境影响，由于项目的分部分项工程较多，各工种经常需要交叉或平行作业，各种建筑材料、车辆机械、施工队伍集中出现在一个现场，都可能对安全管理构成挑战。苛刻的生产环境也会影响人的行为或机械的运作，如狭小的场地、众多的人员、高密度的设备都可能增大安全事故的发生概率。

14.5.2 安全风险的管理

1. 建立健全安全风险管理体系

生产经营单位是安全风险管理的责任主体，必须将安全风险辨识、评估和管控作为安全生产管理的重要内容，并纳入全员安全生产责任制，强化监督和考核，建立安全风险管理体系，如图 14-10 所示。体系的健全与落实措施如下：

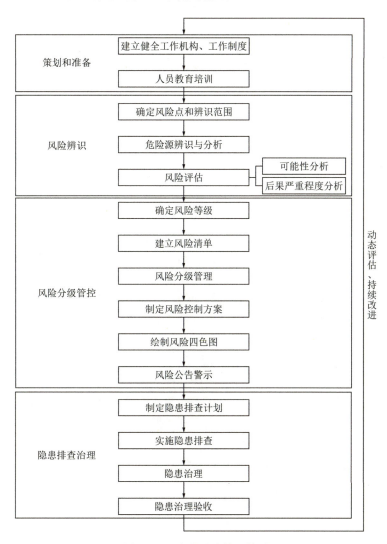

图 14-10　安全风险管理体系

（1）责任体系建设。参建单位应建立完善的安全风险管理责任制，从主要负责人到岗位从业人员，明确风险管理责任，构建清晰的风险管理体系。

（2）责任分解落实。安全风险管理责任应层层分解落实，确保责任横向到边、纵向到底，做到人人有责，避免任何岗位和环节的遗漏。

（3）建立长效机制。配置相应的安全奖惩机制，进行日常检查、动态监督、及时考核和总结，确保责任制的落实。

2. 安全风险的辨识、评估和分级

安全风险按照事故发生的可能性及其后果严重程度，分为重大安全风险、较大安全风险、一般安全风险和低安全风险四个等级，重大和较大安全风险统称为较大以上安全风险，需重点管控。根据较大以上安全风险目录，对较大以上安全风险进行辨识、评估和分级管理。推进较大以上安全风险的目录化管理，确保无漏项。定期按规定动态更新风险目录，确保管理的及时性和有效性。

3. 全面系统的安全风险辨识和评估

安全生产管理、工程技术、岗位操作等相关人员，开展全面、系统的安全风险辨识和评估，确定或调整安全风险等级，每年至少进行一次。

（1）制度制定：制定安全风险分级管控制度，按照规章制度实施相应的安全风险管控。

（2）细化流程：细化安全风险辨识和评估的参与人员、流程、程序及方法，确保可操作性。

（3）培训资料：制定完善的安全风险管控清单，可作为岗位培训和学习的资料。

（4）警示设置：在较大以上安全风险区域的显著位置，设置安全风险警示牌。

（5）动态调整：根据实际情况，每年调整安全风险等级，保持管理的适应性。

14.5.3　安全风险的预防

1. 从人的因素着手提升人员的安全意识

牢固树立"以人为本，安全第一"理念，变被动抓安全为主动促安全，确保安全责任到人、到岗、到环节。健全安全管理体系，包括在施工前开展安全教育培训、制定安全生产标准，在施工中强化安全监督、落实安全责任制度。具体而言，建立安全文明施工措施费管理制度，并在合同中明确安全费用的预付、支付计划以及使用要求、调整方式；健全安全生产奖惩制度，一方面确保专职安全管理人员履职，另一方面调动员工安全生产的主动性和积极性。

2. 从料的因素着手提高物料的安全程度

在材料管理方面，选择信誉良好的供应商进行采购，物料运抵施工现场后按照规格和品种分别堆放，并做好防雨、防潮、防损坏措施。在设备管理方面，全面加强建筑起重机械安装、拆卸、维修保养、作业过程等安全管理，做好电力、机具、设备的维护和保养工作，避免出现安全隐患。

3. 最后要从环的因素着手维护环境的安全状态

除了遵守《中华人民共和国安全生产法》《建设工程安全生产管理条例》《建筑施工安全检查标准》等法律法规外，勘察设计单位严把勘察设计质量关，施工和监理单位在施工现场落实日常安全监督管理。参建单位推进项目安全管理标准化，助力工程质量安全标准化工地建设。

第 15 章

产业成效篇

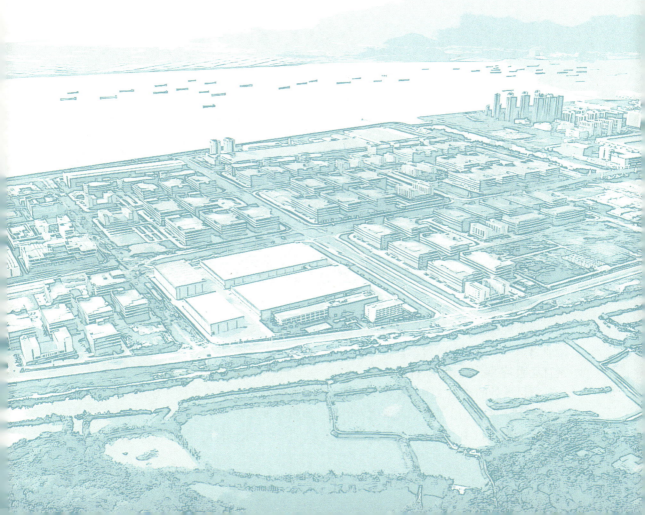

富山工业城厂房（一期）布局以集群为特色，带动不同产业链上下游企业协同发展，园区配套道路工程为该厂房工程提供交通、水电配套设施，服务"制造业当家"，推动高质量发展。珠海市、斗门区、富山工业园管委会等各级领导高度重视，督促各参建单位统一思想，聚力攻坚，优化技术方案，确保项目稳步推进、如期建成。

15.1 项目实施情况

15.1.1 新型产业空间

富山工业城新型产业空间是珠海市重点工程，分为国企投资的标准厂房、定制厂房和政府专项债投资的高标准厂房两部分。

1. 国企投资的标准厂房及定制厂房

大横琴集团投资建设的标准厂房及定制厂房，总投资逾 78 亿元，总用地面积 100.73 万平方米、总计容建筑面积 200.2 万平方米、总建筑面积 161.72 万平方米，规划建设 63 栋标准及定制厂房和 20 栋相关配套设施（图 15-1）。

图 15-1　富山工业城（一期）厂房项目效果图

作为大横琴集团践行珠海市产业高质量发展工作部署的鸿篇巨制，贯彻广东省委"制造业当家"战略要求的行动宣言，参建各方开局即以笃行不息的奋斗姿态踏浪前行，因地制宜克服各类不利施工条件。

项目所处的富山二围北片区原始地貌属滨海滩涂，系吹填形成，场地内遍布深厚淤泥层，部分范围甚至出现淤泥直露地表情况，地质条件复杂，环境恶劣。初期勘察结果显示，在 215 个勘探点中，有 119 个点位淤泥露头；且地下水位较高，原始地貌标高在 2.0～3.5

米之间,而地下水位标高介于 1.49~3.4 米,大部分区域为水洼及淤泥饱水态。此外,在空前的建设体量下,项目可依赖的唯一出入通道仅存江湾涌大桥,限载限行叠加片区内无任何正式市政道路通道的负面影响,项目开展险象环生。

2022 年 7 月奠基仪式伊始,适逢华南地区高温酷热之时,台风高发季节,暴雨频现。但因场内市政道路同期施工,市政排水体系缺失,遇台风、暴雨时场地积水难以及时排出,淤泥反涌导致工程无法如常开展。据统计,仅 2022 年 7 月—2022 年 12 月,因极端天气原因造成工期影响约 20 天。

加之各种不利因素的影响,对项目管理过程中涉及的资源调配、进度管理、风险控制带来巨大考验。

既不占地利,也没有天时,但有建设者的勇毅担当。通过精心谋划、精准施策,现场高峰期组织管理人员、施工人员逾 16000 人,作业车辆超五千车次,全力以赴赶工期,加班加点齐冲刺。

2022 年 10 月 21 日,2 标段 F 区 3 号厂房最后一方混凝土浇筑完成,成为富山工业城首栋完成主体结构封顶的标准厂房。

2022 年 11 月 11 日,在反复尝试突破工程建造上限后,富山工业城一标段 D 区实现全面封顶(图 15-2),"5 天一层楼,38 天一栋楼,95 天完成整区封顶"的珠海速度、大横琴速度,刷新项目建设纪录。

图 15-2　富山工业城一标段 D 区-电子装备制造项目全面封顶

捷报频传,关键里程碑节点逐一如约达成。开工仅五个月后的 2022 年 12 月 30 日,现场已建成厂房面积 162 万平方米,首期 150 万平方米标准厂房的建设任务超额完成。

2023 年 6 月 30 日,原定额工期为 625 天的富山工业城厂房(一期)项目再次迎来重要里程碑,计划工期 337 天,最终实际工期 337 天,不差分毫,只争朝夕,186 万平方米厂房顺利落成。

斗转星移,沧海桑田。时至 2023 年 12 月 31 日,建成厂房面积已突破 200 万平方米,规模之大、工期之短、条件之困都不足以阻碍珠海新型产业空间发展新奇迹的书写。今日,沿雷蛛大道南行驶入富山工业城,昔日滩涂已然不再,一栋栋巍然耸立的标准厂房映入眼帘(图 15-3、图 15-4)。

图 15-3　富山工业城新型产业空间鸟瞰图

图 15-4　富山工业城新型产业空间实拍图

针对进驻企业的特定生产要求，富山工业城中部分厂房为定制厂房。定制厂房由企业提出生产使用需求，大横琴集团承接建造工程部分，实现双向奔赴，无忧入驻。纬景储能厂房位于富山工业城 I 区（图 15-5），其厂房由大横琴集团量身定制，总用地面积 14.18 万平方米，计容建筑面积 18.52 万平方米，共 4 栋厂房及仓库，16～24 米层高，33 米大跨度钢结构，包含 2.8 万平方米十万级洁净车间，该项目于 2023 年 7 月 30 日完成产线配套安装，交付使用。

图 15-5　纬景储能项目实拍图

在新型产业空间建设过程中，招商同步进行，来自国内外的企业纷至沓来，开启了定制厂房"垫资代建"的新模式。海四达 6 吉瓦时储能项目（一期），总建筑面积 8.4 万平方米，包括 10 栋单体建筑，其中生产区含有两栋钢结构车间，最高层高达 24 米，配备万级洁净车间（图 15-6）。该项目从 2023 年 9 月开工建设到完成厂房封顶，仅用时 97 天。

图 15-6　海四达项目效果图

2. 高标准厂房

高标准厂房项目由斗门区政府财政出资，斗门区科技和工业信息化局为业主单位，大横琴城投负责代建。项目位于富山工业园二围北片区雷蛛大道东侧，昭启路西侧，北侧为韶华路；用地面积约 4.06 万平方米，总建筑面积 13.21 万平方米，其中，地上建筑面积 10.71 万平方米；共计 7 栋单体建筑，包括 6 栋高标准厂房和 1 栋公共服务中心；地下室建筑面积 2.5 万平方米，可提供 740 个停车位（地下 668 个 + 地面 72 个）。

工程原场地土属于未经处理淤泥土质，进场施工困难（图 15-7），同时，连续强降雨恶劣天气对土方开挖及地下室部分施工造成影响。

图 15-7　富山工业城高标准厂房一期工程进场施工航拍图

大横琴集团以高度的社会责任感和专注的工匠精神做好项目管理，不怕客观困难、及时响应、日夜兼程。两年时间，原本荒芜的滩涂上，一栋栋厂房已拔地而起。

2023 年 7 月 12 日，富山工业城高标准厂房一期项目首栋厂房（4 号厂房）主体结构顺利封顶（图 15-8），单层占地面积为 2100 平方米，与其他 5 栋厂房建设在同一个地下室上。2023 年 6 月恰逢龙舟水，大量雨水对土方开挖及地下室底板的及时施作提出了更高的要求。建设过程中，代建单位一是排细计划，将施工计划具体到每一道工序，并注明工效和资源投入，以备随时检查、分析进度；二是积极协调，及时协调周边道路场地、检测投入，为工程快速推进提供保障；三是下沉管理，在赶工的冲刺阶段，要求施工单位组织每日推进会，项目主要管理人员全程旁听并及时提出施工单位对班组管理的合理建议。同时，项目部安排专人驻场，与监理一道每天分两班清点资源投入，协调各参建单位加大人力物力的投入，勤排水、抢天气，加班加点赶工期，将原计划 7 月 30 日封顶的首栋厂房封顶时间提前 18 天。

图 15-8　富山工业城高标准厂房一期项目首栋厂房封顶仪式现场

继 2023 年 7 月 12 日富山工业城高标准厂房一期项目首栋厂房主体结构提前 18 天顺利封顶后，12 月 18 日，项目又迎来好消息，1 号～6 号厂房、公共服务中心全面封顶（图 15-9）。

图 15-9　富山工业城高标准厂房一期项目全面封顶

2024 年 8 月 31 日，富山工业城高标准厂房一期工程顺利通过竣工验收，作为富山工业城新型产业空间的重要组成部分，补齐了富山工业城一块重要的"拼图"，塑造出一个颜值、内涵与实力并存的新型产业空间（图 15-10～图 15-12）。

图 15-10　富山工业城高标准厂房一期项目效果图

图 15-11 富山工业城高标准厂房一期工程外景实拍图

图 15-12　富山工业城公共服务中心大门

为丰富新型产业空间使用功能，高标准厂房一期工程根据企业实际需求，将 6 号楼打造成一个集生产、企业服务于一体的多功能场所，促进园区企业相互了解和发展。6 号楼 11～12 层为企业服务区，室内环境让人耳目一新。整体采用现代工业风设计，黑白灰装修、水泥天花板、原始砖墙、金属管道和横梁等元素，被巧妙地融入设计中，简单、大方、内敛的风格，不仅降低了装修成本，更赋予了空间一种原始而质朴的美感。大横琴城投公司严格把控细节，注重实用性和功能性，让品质融入每一寸产业空间。11 楼设置了多功能室、大小会议室、洽谈室等，中庭与 12 楼相通，设置了旋转楼梯和攀岩墙，寓意企业步步高升，体现企业家勇攀高峰的精神。12 楼主要以企业服务区、会客室为主。屋顶设置了开放式观景区域等，方便企业商务洽谈。6 号楼屋面层结构高度为 59.65 米，是目前富山工业城内最高的建筑，可俯视整个富山工业城新型产业空间全域。原墙坦露、水泥质感、金属装饰……黑白灰装修拥抱简约、摒弃繁杂、追求自然，让空间回归纯粹，这是工业与自然的刚柔相济、融合之美（图 15-13）。

图 15-13　富山工业城高标准厂房公共服务中心内景实拍图

图 15-13　富山工业城高标准厂房公共服务中心内景实拍图（续）

15.1.2　市政配套道路工程

富山工业园二围北片区园区配套道路工程北邻江湾涌，南至现状填土区域，东邻中心涌，西至崖门水道。包含雷蛛大道、马山北路东、欣港路东、欣港路西、马山北路西、合心路、兴港路、富港路、临港路、中心西路、滨港路、规划一路和规划二路共13条市政道路，总长约15.55千米，其中主干路4条，次干路6条，支路3条。建设内容包括道路工程、交通工程、安监工程、电力及通信管沟工程、给水排水工程、海绵城市工程、电气工程、巴士站工程等。项目采用EPC模式，与二级开发同步进行，项目建成后将构建"五纵七横"的棋盘式城市路网格局，将片区内各功能组团有机地联系起来，对周边土地开发、产业经济的发展起到极大的带动作用。

项目团队盯紧全年建设任务，根据大横琴集团下达的一级总控计划、二级（季度）实施计划进行挂图作战。该市政配套道路工程先后遇到场地淤泥深厚、工程地质极差、公共市政与房建同步建设、严重影响工效质量、工期极限压缩等问题。为此，项目团队对应采取了多项措施：一是多轮试桩，研究出最适合的软基处理及开挖方案，克服了高含水率淤泥地层搅拌桩成桩问题；二是细化任务分解，责任落实到人，代建单位各路段直接责任人、第一责任人对该路段施工的进度、质量、安全负直接责任，并负责项目对应路段进度款中的工程量确认审批工作；三是建立多层协调机制，每周六由代建单位召集片区内各项目参建单位召开指挥部会议，每周四由代建单位召集参建单位召开项目例会，每晚由代建单位召集施工单位、监理单位、设计单位组织召开每日推进会，确保项目建设有序推进。

2023年11月15日，珠海市政府主要领导召开富山工业园二围北片区园区配套道路进度督促会，要求按质保量加快建设。2023年11月21日起，富山工业园管委会分管领导驻场办公，每日召开生产调度会，协调现场检测及施工进度。2023年11月23日，斗门区组织召开斗门区、市国资委、大横琴集团建设三方联席会，明确工期目标和具体措施。大横琴集团将富山工业园二围北片区园区配套道路工程列为"重点"攻坚工程，组织各参建单位、劳务公司、检测单位召开富山工业园二围北片区道路工程决战大会。传达部署八项工作"硬措施"，要求全体工作人员统一思想，全力以赴，各参建单位科学部署、靠前指挥、压实责任，迅速加大资源投入，有条件的工序及作业面保持24小时施工，力保项目通车目标。

真干才能真出业绩。勘察、设计、施工、监理、造价、检测等参建各方全力配合，锚定"1·30"节点积极投入，日夜奋战，高峰期人员投入近2000人，大型机械设备超300台。

2024年1月30日，雷蛛大道中段、欣港路东西、马山北路东西、中心西路及滨港路北段等约6千米道路按预定计划建成通车，富山二围北片区初步形成"一大环、两小环"交通路网，基本满足片区内各厂区出行需求（图15-14）。

图15-14　市政配套道路工程"1·30"节点工程

项目"3·30"节点主要建设任务包括临港路、规划二路（部分）、雷蛛大道南段、滨港路南段、中心西路南段等共约5千米市政道路。"3·30"节点路段主要为次干路和支路，道路红线多为18米，与厂区红线基本重叠。两侧厂房均已建成，道路下方的工业污水管深度达到5~6米，距离厂房道路结构不足3米，现场钢板桩施工异常困难，管沟开挖也无法大面积施工。此外，因施工组织流线单一，无法满足多条管网同步错位施工的条件，多设备无法同时作业。

指挥部继续强化管控措施：坚持"八项工作硬措施继续生效"，严格执行"工作项目化、项目清单化、清单责任化、责任限时化"四化管理，对表作战，化整为零、各个击破。高频高效协调调度，对项目推进过程实时纠偏、压实责任、解决难题，为项目快速推进提供保障。同时，"3·30"节点正处于珠海地区雨季来临前的短暂施工黄金期，气温回升、降雨不多，指挥部调集"人马"，对危险性不高、工期紧迫的工序安排双班作业，与时间赛跑。

指挥部步步为营、见缝插针，加大施工人员、材料、机械设备投入，优化施工工序，优化人员排班，采取分段、跳仓等方式组织现场管网施工，稍达施工条件，就把机器动起来。

2024年3月30日，时隔60天再次刷新"进度条"，"3·30"节点建设任务圆满完成。至此，富山二围北片区11千米市政配套道路建成通车。临港路、滨港路、中心西路3条主要"南北"通道全部拉通，富山二围北片区形成"纵环贯通"状态，交通条件得到进一步改善（图15-15）。

如今的富山二围北片区，宽阔的马路延伸至各个园区，茵茵绿草书写着春的盎然，红绿交替的交通信号灯掌控着车来车往的节奏，园区配套道路工程就像脉络神经一样，激活了园区的勃勃生机，为区域经济快速发展持续造血赋能。

图15-15 市政配套道路工程"3·30"节点工程

15.2 产业成效

15.2.1 产业集群赋能万亿工业强市建设

中国南海边，粤港澳大湾区，星河璀璨。湾区西岸，广东珠海最西端，西江虎跳门水道畔,一颗工业新星正在升起。珠海,正成长为广东省又一重要引擎。擂响"制造业当家"战鼓的珠海,正加速迈向"万亿工业强市",一场拓空间、强载体的硬仗打响,掀起新型产业空间建设热潮。

珠海将 2024 年定为"项目攻坚年"和"企业服务年",重点抓好"盘根计划全铺开""立柱项目快落地""产业空间大整合"三件大事,旨在助推珠海产业高质量发展。富山工业城新型产业空间是珠海制造业发展的主战场之一,富山工业城高标准厂房一期项目适应新形势、赋能新技术、承载新产业,助力实体经济的发展和现代产业体系的构建,全面助力珠海向"新"而行。

1. 产业布局

富山工业城新型产业空间位于斗门区富山二围北片区,北接江湾涌,南至沙龙涌,西至崖门水道,东临高栏港高速,2 小时车程内可通达 6 大机场、9 大口岸。其核心区范围(富山二围片区)约 9.8 平方千米(约 14800 亩),相当于 1385 个标准足球场大小。富山二围北片区总投资约 160 亿元,建设规模超 398 万平方米,其中由大横琴投资建设的工业厂房面积超 200 万平方米,致力于打造成粤港澳大湾区"制造业当家"的示范园区以及全省闻名的新兴科技城、新兴产业城、新兴工业城,是珠海连片规模最大、全省单一项目建设总量领先的新型产业空间,成为珠西产城融合示范标杆。富山工业城的建设,推动富山整个园区乃至斗门加快完成工业化和城市化,成为珠海增强对外影响力的发动机,成为辐射粤西地区的桥头堡,助力珠海更好发挥珠江口西岸核心城市作用。

大横琴集团以富山工业城新型产业空间载体建设和产业招商为抓手,以大空间、大投入牵引大项目、大产业,加快打造产城融合现代化园区,为珠海建设新时代中国特色社会主义现代化国际化经济特区,担起责任、展现作为、贡献力量。按照珠海市统一部署,大横琴集团通过"边招商、边定制、边建设"的模式,积极落实珠海市驻外招商中心建设和运营工作,加快推进上海、深圳、西安等驻外招商点的设立,在所在地重点做好新型产业空间的推介和招商引资工作,重点围绕珠海市"4+3"产业集群,持续跟进推动矩阵数据、耀灵时代等 150 多个优质招商项目落地见效,积极培育前瞻性战略性新兴产业,为珠海重点产业"强链""补链""延链",并用好用足政策性开发性金融工具,助力斗门产业项目建设。

此次政企牵手,是一场全链条、全方位的合作。大横琴集团与政府深度对接,利用自身丰富的产业和城市运营经验,全程参与片区产业策划、城市规划的优化提升,并统筹区域基础设施以及产业空间建设。而在政企携手共谋发展的路上,大横琴集团的探索由来已久。深耕横琴 15 年,大横琴集团充分发挥横琴粤澳深度合作区独特的资源优势,探索出了"横琴政策+珠海空间"发展模式。在富山工业城新型产业空间项目的运营管理中,也将采用大横琴"超级星"园区先进、成熟的运营模式,构建招商服务管家、园区服务管家、企业服务管家和人才服务管家"四位一体"的产业管家服务体系,为产业发展提供涵盖孵化加速、研发办公、生产加工、仓储物流的全产业品线空间,激发产业活力。

在 2022 年 7 月 28 日珠海市新型产业空间集中开工(签约)暨富山工业城奠基仪式上,新型产业空间新引进项目共 19 个,总投资额约 350 亿元,纬景储能便是其中之一。纬景储能投资不低于 17 亿元,入驻富山工业城高标准定制化厂房,建设年产 1.5GW 锌铁液流电池项目,着力打造先进液流储电装置及系统的智能制造中心。纬景储能富山工业城项目计划 2026 年全面达标投产，将实现年产值 100 亿元，贡献年税收 5 亿元，提供就业岗位超过 1500 个，预计年均综合贡献 200 万吨级碳排放降低。

龙头牵引，以商引商。以纬景储能富山工业城项目形成龙头效应，吸引其上下游产业不断入驻，让富山工业城"形成配置完善的高端产业生态圈"，推动招商引资。在与纬景储能项目完成签约基础上，并与耀灵时代超高效 N 型硅基异质结太阳能电池、组件项目等超 20 家龙头企业达成入驻意向，产业空间需求近 150 万平方米。

此外，大横琴集团还加强与深创投、清科、珠海先进集成电路研究院、蜜蜂科技等专业机构的合作，建立招商引资联动机制，创新打造"全球技术、澳门承载、横琴研发、斗门制造"的产业发展新模式，以投促引，着力构建跨境产业生态圈，为产业高质量发展引入强劲源头活水。

目前，园区初步形成了新能源新材料、智能短途交通、关键核心零部件及未来前沿产业四大产业集群，已入驻企业包括纬景储能科技有限公司、南通隆力电子科技有限公司、上海比路电子股份有限公司和河南科隆集团有限公司等，入驻企业规划年产值超 600 亿元。其中，鸿钧项目实现当年签约、当年投产、当年获得销售收入，鸿钧组件成为珠海生产的第一块异质结组件；纬景储能珠海超"G"工厂建成投产，带领锌铁液流电池行业实现从兆瓦级向吉瓦级产能跨越；江苏海四达投资"年产 6GWh 储能电池项目"，从开工建设到厂房封顶仅用了 97 天；曜灵（广东）新能源落户富山工业城，成为目前国内 TOPcon 路径光转化效率最高的企业之一。一条条市政道路不断完善，一个个自带科技创新的项目结伴入驻，处处呈现出高质量发展的万千气象（图 15-16）。

图 15-16　富山工业城新型产业空间展厅大门

2. 经济情况

截至 2023 年，园区新增投产企业 30 家，贡献产值 79.5 亿元，新开工项目 16 个，新增规模以上工业企业 20 家，同比增长 17.6%。龙头企业逐渐做大做强，园区超 10 亿企业 12 家，产值 326.3 亿元，同比增长 40.4%，占园区比重 62.2%，其中爱旭拉动园区工业总产值增长速度 18.1%。

主导产业结构持续优化。2023年新一代电子信息、新能源新材料、智能装备制造三大主导产业完成产值453.2亿元，占园区产值接近九成，主导产业比重进一步加强，结构进一步优化。其中，新能源新材料产值累计增速达117.2%，重点企业爱旭拉动园区新能源新材料产值增速126.1个百分点。

工业投资高位运行。园区工业投资快速增长，投资结构持续优化，重点项目超额完成投资。2023年，完成工业投资121.4亿元，保持百亿级别工业投资，为历史第二高位。园区重点项目32个（含省重点项目10个），年度投资计划110.4亿元。园区市重点项目投资额完成135.64亿元，完成进度122.9%。基础设施工程项目（4个）投资计划7.4亿元，年内累计完成投资8.45亿元，年度投资完成率114.2%。重点产业工程项目（27个）年度投资计划95亿元，年内累计完成投资119.06亿元，年度投资完成率125.3%。

经济内生动力强。2023年园区拥有高新技术企业100家，比上年新增8家，科技型中小企业78家，比上年新增13家，新增省级专精特新企业18家。

2023年，新引进产业项目共60个，总投资额213.85亿元，固定资产投资136.09亿元，达产后年产值606.11亿元，年纳税额21.13亿元。截至目前，富山工业城已明确进驻计划项目共29个，总投资额164.93亿元，达产后年产值约573.9亿元，年纳税额约22.02亿元。已进场企业9个，投资额约101.65亿元，总年产值约341.05亿元，总税收约13.11亿元。富山工业城产业立柱项目共计9个，计划总投资177亿元，达产总产值达566亿元，税收达21.92亿元。其中，已签约落地项目7个，重点在谈项目2个。

15.2.2 多元配套完善生产生活需求

在项目建设、招商不断取得新成果的同时，新型产业空间同步完善相关配套设施。

在生产配套方面，配备了高标准园区智能管理系统、园区地面停车中心、污水处理中心、高危品仓库、货运物流通道、动力中心独栋设置，便于产权分割独立管理。项目通过5G通信、智能网以及能源管理技术，实现信息数据共享、远程监控，实现精细化管理。此外，首批项目屋顶全部建设分布式光伏系统，预计年节省燃煤817万吨，年减少二氧化碳排放约8482吨，将打造成为珠海最绿色、最环保、最节能的新型产业空间之一。

在生活配套方面，为进一步提升空间价值，覆盖进驻企业的生产需求，富山工业城项目生活配套设施共计16万平方米，将持续提高新一代产业工人在园区工作生活的便利度和幸福感。在规整紧凑的布局中，规划有9个公共服务中心，分设于各个地块之中。每个公服中心包括倒班宿舍、员工饭堂、活动中心、小超市等产业及生活配套，部分公服中心还具有产服中心、人才中心、共享会议室等功能，与厂房步行距离约50~250米。9个公共服务中心共提供1400余套倒班宿舍，9个饭堂能容纳近万人同时就餐（图15-17）。倒班宿舍配置电热水器、冷暖空调、宿舍家具、洗衣房、开水间等，宿舍楼设置屋面休闲平台（图15-18）。首个公共服务中心还将设置展厅、产业服务大厅、户外咖啡吧等功能空间，设计独具匠心，助力产业发展。

富山工业城高标准厂房一期工程相关物业由政府主导，便于降低中小企业落户门槛。同步完善项目配套建设，配建了一栋公共服务中心，设置有员工食堂、活动室、宿舍等，其中，宿舍共119间，包括单人间、双人间、四人间，帮助企业解决企业员工生活问题，降低企业进驻成本。

图 15-17　公共服务中心餐厅就餐实拍图

图 15-18　倒班宿舍内景实拍图

1. 蓝领社区

根据珠海市委市政府统筹部署，大横琴集团为富山工业城创新打造以蓝领社区为主导的三级生活配套体系，打造创新型集中式产业生活社区，满足产业人群"吃住行游购娱教医保"的全方位生活配套需求，以完善的配套、多样的居住空间和低廉的成本，满足现代产业人群的需求。

蓝领社区总占地面积约 752 亩，总建筑面积约 154 万平方米，总投资预计达 93 亿元，预期可服务周边约 9 万产业人群的生活、服务及其他配套需求。蓝领社区的规划设计，处处彰显对品质的追求。其中，在运营层面，创新性打造包含商业、服务、活动、交通、教育五个板块在内的蓝领社区赋能体系：

（1）商业赋能，将秉持贴近客流、高效空间、落位分级的原则，打造汇聚餐饮美食、休闲和娱乐等多种场景的活力商街。

（2）服务赋能，将秉持适配规范、快捷服务、全面覆盖的原则，打造服务空间及设施便捷可达。

（3）活动赋能，重点打造中心涌滨水空间，塑造美好水畔活力公园，并通过运动、休息、公园三种活动赋能，提供多种休闲活动空间。

（4）交通赋能，秉持多样共存、各行其道、高效安全的交通流线布置原则，对区域公交对接站点及线路进行全面规划。

（5）教育赋能，秉持足量配置、动静分离、安全独立的教育配套布置原则，在设计上动静分区明确,办公区与活动区相对独立,城市活动场地与周边活动街道联动但不干扰教学区。

新型产业空间面向入驻企业提供"有归属感、有品质感、有幸福感、有烟火气"的新型产业社区,以完善的配套、多样的居住空间和低廉成本,满足新时代产业人群的需求。

2023年7月下旬,大横琴集团完成蓝领宿舍片区整体概念策划以及初步规划方案,2024年8月,富山二围东片区蓝领宿舍一期项目地块一、地块二首批约1000套蓝领宿舍封顶,计划于2025年建成约5000余套蓝领宿舍。品富社区(蓝领宿舍)设计了单人间、双人间、四人间等户型。此外,在每个楼层设置共享空间,为入住工友提供了休闲交流场所,并降低建筑层数,把街区开放与组团管理相结合,形成半开放式创新社区,有业、有住、有家的全产业链条空间载体,满足了人民群众对美好生活的新期盼。

作为蓝领宿舍的配套项目,小学(48班)、幼儿园(12~15班)以及一期邻里中心(建筑面积2.4万平方米)的开发建设也在加快启动。

从一纸蓝图到一座新城,富山工业城新型产业空间雏形初显,珠海产业发展再添家园,但富山工业城的建设者并未满足于此,他们仍在坚守岗位,务求打造珠西产城融合示范标杆,为推动珠海西部地区能级量级迈进更高层次做出新的更大贡献(图15-19)。

图15-19　富山工业城配套创新型集中式产业生活社区蓝领社区效果图

2. 公交入园

除了市政道路建设的"硬联通",富山工业城公共配套服务的"软联通"也同时升级。2024年4月,直达井岸镇的406路公交车开通。如今,富山工业城内,406路、410路、Z289路、富山工业城穿梭巴士1号线正常运行,平均10分钟发一趟车,实现了园区与周边商业、景区和井岸镇、乾务镇、白蕉镇的有效连接,为园区入驻企业员工的日常通勤提供了更多选择(图15-20)。

驱车驶过江湾涌大桥,进入富山工业城,眼前是一栋栋拔地而起的新型产业空间标准厂房,灰白相间的外立面大气磅礴,与远处的崖门水道形成一幅壮阔的画面(图15-21)。

图 15-20　富山工业城新型产业空间公共交通

图 15-21　富山工业城新型产业空间航拍图

15.2.3　入驻企业心语

珠海云铝科技有限公司 2023 年搬迁至珠海，成为富山工业城新型产业空间 A 区首家入驻的企业。公司副总经理表示，彼时基于业务需求的拓展，公司亟需找到一个场地更大、设施更完善的厂房。由于设备对厂房的长度、层高等要求较高，经过一系列考察对比后，云铝科技最终选定了富山工业城新型产业空间。"首先最有吸引力的是它低租金、高标准、规模化、配套好、运营优的优势，又是政府和国企合力打造的标准化厂房，园区企业陆续入驻后，在生产、运输方面，我们可以利用园区内企业的资源进行对接，在园区内就近解决上下游配套的需求。"云铝科技副总经理说道。

"园区的保姆式服务对于我们这样刚入驻的企业而言，真的减轻了不少压力。"朝曦时代（广东）新能源有限公司副总裁谈及企业入驻的考量时表示，除了颇具吸引力的产业政策外，园区还为公司员工在衣食住行上都给予了无微不至的照顾。如今员工在园区食堂就可以享用三餐，而且园区宿舍条件完善，不少员工自愿住进园区宿舍，实现"走路上下班"。此外，随着多路专线巴士开通和班车接驳，员工通勤也获得更大的便利。"在企业运营过程中，不管是统筹动力匹配、电力运行，园区都想方设法为企业降本增效，也给企业在管理上提供一些建议，对于我们而言都受益匪浅。"朝曦时代（广东）新能源有限公司副总裁表示，生产成本的下降为企业运营带来很大的优势。

在入驻企业珠海隆力新能源有限公司副总经理看来，富山工业城新型产业空间为入驻企业提供了周到的一站式服务。一方面，政府部门和园区的服务流程非常高效，其项目从公司注册、立项入驻到设备进场、准备投产只用了 4 个月。另一方面，该新型产业空间的产业和生活配套完善，为企业解除了后顾之忧。因此，既有产业链配套，又有上下游企业，集群效应显著；再加上租金低廉，能大幅降低企业的运营成本。

"富山工业城配套一期项目建成后可提供 5080 套蓝领宿舍，总共可以居住 1.9 万人，社区内还将配套建设学校、医院、公园、商超等设施，便利入驻企业员工的生活。"据斗门电子公司总经理助理介绍，富山工业城新型产业空间的蓝领社区项目分为两个地块同时进行，总共有 20 栋楼，"地块一的 1~2 号楼和地块二的 1~4 号楼已经进入装修施工阶段，2025 年 4 月可以完成整个项目的竣工备案。"

"新型产业空间不仅是厂房的概念，更着眼于产城融合的体系。"珠海斗门大横琴产业发展有限公司资产运营管理部总监表示，园区除了建设工业厂房之外，还具备一系列配套设施，"整个项目分为 9 个地块，每个地块都设有 1 个公共服务中心，提供餐饮、住宿以及商业配套，满足员工的衣食住行和娱乐等相关需求。"目前园区引进企业的出租率将近 70%，重点引进新能源新材料、新一代信息技术和高端装备三大行业内的优质企业入驻。接下来，园区的招商方向将会围绕目前已引进企业的上下游相关企业，不断健全整个产业链条，同时将根据企业需求不断提升园区配套环境。

参考文献

[1] 珠海市人民政府. 珠海市城市总体规划 (2001—2020 年) (2015 年修订): 珠府函〔2015〕110 号[Z].

[2] 珠海市人民政府. 珠海市产业空间拓展行动方案: 珠府办〔2022〕60 号[Z].

[3] 珠海市工业和信息化局. 珠海市产业新空间建设运营工作意见: 珠工信〔2022〕112 号[Z].

[4] 广东省人民政府. 广东省人民政府关于印发广东省全面开展工程建设项目审批制度改革实施方案的通知:粤府〔2019〕49 号[Z].

[5] 生态环境部. 建设项目环境影响评价分类管理名录: 生态环境部令第 16 号[Z].

[6] 广州市生态环境局. 关于印发广东省豁免环境影响评价手续办理的建设项目名录（2020 年版）的通知: 粤环函〔2020〕108 号[Z].

[7] 水利部. 开发建设项目水土保持方案编报审批管理规定: 水利部令第 5 号[Z].

[8] 水利部. 水利部关于修改部分水利行政许可规章的决定: 水利部令第 24 号[Z].

[9] 珠海市人民代表大会常务委员会. 珠海经济特区土地管理条例[Z].

[10] 国家林业局. 国家林业局关于印发占用征收征用林地审核审批管理规范的通知: 林资发〔2003〕139 号[Z].

[11] 国家林业局. 建设项目使用林地审核审批管理办法: 国家林业局令第 35 号[Z].

[12] 珠海市工程建设项目审批制度改革工作领导小组办公室. 珠海市深化工程建设项目审批分类改革实施方案: 珠建法〔2022〕9 号[Z].

[13] 珠海市工程建设项目审批制度改革工作领导小组办公室. 关于进一步推进工程建设项目审批提速增效的若干措施: 珠建法〔2022〕10 号[Z].

[14] 珠海市工程建设项目审批制度改革工作领导小组办公室. 关于进一步加大工程建设项目并联审批的通知[Z].

[15] 应急管理部. 生产安全事故应急预案管理办法: 国家安全生产监督管理总局令第 88 号，应急管理部令第 2 号修正[Z].

[16] 国家市场监督管理总局.生产过程危险和有害因素分类与代码: GB/T 13861—2022[S]. 北京: 中国标准出版社, 2022.

[17] 应急管理部. 危险化学品重大危险源辨识: GB 18218—2018[S]. 北京: 中国标准出版社, 2018.

[18] 国家卫生和计划生育委员会. 职业病危害因素分类目录: 国卫疾控发〔2015〕92 号[Z].

[19] 广东省住房和城乡建设厅. 广东省住房和城乡建设厅关于房屋市政工程危险性较大的分部分项工程安全管理实施细则: 粤建规范〔2019〕2 号[Z].

[20] 住房和城乡建设部. 建筑地基基础工程施工质量验收标准: GB 50202—2018[S]. 北京: 中国计划出版社, 2018.

[21] 住房和城乡建设部.建筑工程施工质量验收统一标准: GB 50300—2013[S]. 北京: 中国建筑工业出版社, 2014.

[22] 广东省住房和城乡建设厅. 建筑地基处理技术规范: DBJ/T 15-38—2019[S]. 北京: 中国城市出版社, 2019.

[23] 住房和城乡建设部. 建筑基坑支护技术规程: JGJ 120—2012[S]. 北京: 中国建筑工业出版社, 2012.
[24] 住房和城乡建设部. 城镇道路工程施工与质量验收规范: CJJ 1—2008[S]. 北京: 中国建筑工业出版社, 2008.
[25] 珠海市城市建设档案馆. 珠海市市政工程档案验收归档指南 (2022) [Z].